动力多灾害作用下工程结构防护研究新进展

郝　洪　郝逸飞　主编

中国建筑工业出版社

图书在版编目（CIP）数据

动力多灾害作用下工程结构防护研究新进展/郝洪，郝逸飞主编. —北京：中国建筑工业出版社，2018.12
ISBN 978-7-112-22920-8

Ⅰ.①动… Ⅱ.①郝… ②郝… Ⅲ.①工程结构-防护结构-研究 Ⅳ.①TU352

中国版本图书馆 CIP 数据核字（2018）第 257454 号

责任编辑：徐晓飞　张　明　辛海丽
责任校对：王雪竹

动力多灾害作用下工程结构防护研究新进展

郝　洪　郝逸飞　主编

*

中国建筑工业出版社出版、发行（北京海淀三里河路 9 号）
各地新华书店、建筑书店经销
北京科地亚盟排版公司制版
广州市一丰印刷有限公司印刷

开本：880×1230 毫米　1/16　印张：17　字数：485 千字
2018 年 12 月第一版　　2018 年 12 月第一次印刷
定价：**300.00** 元
ISBN 978-7-112-22920-8
（33031）

本书编委会

编委会（按姓氏拼音排序）：

主　编：郝　洪　郝逸飞

编　委：陈　力　金　浏　刘东滢　刘中宪　师燕超　王宏伟　王仲琦
　　　　吴　昊　姚　勇　张春巍　张锦华　周宏元　朱丽影

学术委员会（按姓氏拼音排序）：

主　席：郝　洪

委　员：蔡春声　曹万林　陈小伟　崔　杰　丁　阳　杜修力　范　峰
　　　　方　秦　高玉峰　郭安薪　韩林海　韩　淼　韩庆华　浣　石
　　　　蒋丽忠　姜锡权　李爱群　李国强　李宏男　李　惠　李　杰
　　　　李庆明　李夕兵　李小军　李小珍　李永乐　李忠献　刘汉龙
　　　　刘晶波　刘伟庆　陆新征　吕西林　卢国兴　马国伟　马宏伟
　　　　梅国雄　潘　鹏　戚承志　强洪夫　乔丕忠　任凤鸣　任伟新
　　　　史才军　谭　平　滕　军　王　成　王汝恒　王景全（东南大学）
　　　　王仲琦　吴成清　吴　波　吴　刚　吴智深　肖　岩　邢　锋
　　　　徐世烺　徐赵东　薛伟辰　杨庆山　姚　勇　叶继红　叶列平
　　　　张春巍　张庆明　张勇强　赵唯坚　赵兴权　赵衍刚　周　颖
　　　　周　云　朱宏平　宗周红

序

　　人类发展史，也包括一部人类不断认识自然灾害、不断探索防灾减灾科学技术的发展史。1566 年的嘉靖大地震，是中国历史上破坏力最强的一次地震，山体倒塌，渭河改道，伤亡惨重；1906 年旧金山大地震是 20 世纪美国大陆遭受的最严重地震，随之而来的大火，将十平方公里的市区化为灰烬。近代以来，自然灾害更是层出不穷。2005 年热带风暴"斯坦"在危地马拉引发泥石流，1400 人为此遇难，成为拉美地区近年来最大的灾难之一；2008 年的汶川大地震，是中华人民共和国成立以来破坏力最大的地震，直接经济损失达 8452 亿人民币，近七万人遇难；近几年台风频繁登陆，特别是 2018 年 9 月的超强台风"山竹"，造成 1200 余间房屋倒塌，近 300 万人受灾，经济损失达 52 亿人民币。

　　土木工程基础设施与民用建筑不仅面临着地震、强台风等自然灾害，也可能遭受人为因素导致的爆炸、冲击等强动力荷载。震惊世界的"9·11"恐怖袭击事件就是动力多灾害的典型案例，世贸中心双子塔在遭受冲击荷载后，继而引发了火灾，两小时内相继倒塌，并摧毁了临近其他建筑，遇难人数高达 2996 人，直接经济损失达 2000 亿美元，间接经济损失达到一万亿美元左右；2015 年的天津滨海新区"8·12"爆炸事故，造成 165 人遇难，直接经济损失 68.66 亿元。因此，为保护人民生命安全和经济发展，基础设施和民用建筑都需要具有一定程度的抵抗多灾害作用的能力。

　　国家自然科学基金委工程与材料科学部将土木工程结构的多灾害问题列入"十三五"优先发展领域。动力多灾害问题，往往比单一灾害更为复杂，其破坏性也更为可怕。在地震、火灾、风灾、爆炸、冲击等单一灾害来源的工程结构性能与设计方面，学术界与工程界已经取得了丰硕的成果；但如何降低工程结构在动力多灾害作用下的损伤，提高其可恢复性，减轻灾害损失，目前仍鲜有研究，成果十分有限。如何综合有效地提高结构抵抗动力多灾害作用的能力，为国家和老百姓提供更为安全可靠的结构体系，是结构工程研究人员的初心和使命。为了加强结构工程学者之间的相互交流，广州大学、国家自然科学基金委员会工程与材料科学部、国际防护结构学会、国际生命线与基础设施地震工程学会共同主办了第一届全国动力多灾害工程结构防护学术研讨会，这是国内乃至全世界范围内首次举办的以动力多灾害为主题的学术会议。

　　此次会议以"动力多灾害作用下工程结构防护研究"为议题，汇集了相关领域国内外知名专家与优秀学者，是一场宏大的土木工程学术盛会。会议以特邀主题论文的方式形成本论文集，灾害来源主要针对地震、爆炸、撞击、火灾、强风、波浪等单独或联合作用。作者均为其研究领域的领军人物，在学术界久负盛名，研究成果具有很高的前瞻性和代表性。

　　希望《动力多灾害作用下工程结构防护研究新进展》的出版能在土木工程结构相关领域起到引领和推动作用，感谢各位论文作者，感谢会议承办及协办单位及其组织者们，感谢为大会做出贡献的各方人士。

　　热烈欢迎各位参会代表，祝你们身体健康，工作顺利！

周福霖

目　　录

结构多灾害作用易损性研究

李宏男[1,2]，李　超[1]，郑晓伟[1]，刘　杨[1]

（1. 大连理工大学建设工程学部，大连　116024；2. 沈阳建筑大学土木工程学院，沈阳　110168）

摘　要： 发展高性能结构是我国结构工程未来发展的核心战略，高性能结构在其全寿命期间不可避免地会遭受地震和强风等多种灾害的作用。本文首先基于采集的地震和风速数据研究并建立了多灾害联合发生概率模型；其次，在现有的易损性分析方法的基础上提出了一种简洁有效的多灾害易损性曲面分析方法，并基于该方法开展了地震与风耦合作用下组合结构和超高层结构的动力反应分析及易损性分析。研究结果表明：工程结构在地震与风耦合作用下的动力反应和易损性均要大于单种灾害的作用，且和地震与风的相对强度关系密切；考虑多灾害的耦合作用对结构的安全性能评估十分重要。

关键词： 多灾害；地震与风耦合作用；动力反应；易损性

1　引言

　　绿色建筑是在建筑的全寿命期内，最大限度地节约资源、保护环境和减少污染，为人们提供健康、适用和高效的使用空间，与自然和谐共生的建筑。"十一五"以来，以绿色、循环、低碳为理念的绿色建筑工作取得明显成效。2013 年 1 月 1 日，国务院办公厅以国办发〔2013〕1 号转发国家发展改革委、住房城乡建设部制定的《绿色建筑行动方案》。大力推广建设符合"绿色建筑"理念的高性能结构，不仅能够满足我国对基础设施建设的重大需求，而且有助于贯彻落实经济可持续发展的重要战略。其中，高性能结构是指以钢—混凝土组合结构、预制装配式耗能结构以及空间大跨度结构等为代表的具有高安全性能、高使用性能、高施工性能、高环保性能、高维护性能和高耐久性能等特征的建筑结构体系。高性能结构的服役周期长，在其全寿命期间不可避免地会遭受多种灾害的作用。开展多种灾害作用下高性能结构的性能分析与设计方法研究已成为当前的热点研究课题。在众多灾害中，地震和强风可能是对工程结构造成破坏最为严重的两种灾害，并且关乎高性能结构的设计及使用安全。

　　现有的研究中通常认为地震和强风同时发生的概率很小，因此可不考虑二者的耦合作用。然而，事实上地震和强风同时发生的情况时有出现。高建国和杨德勇[1]列举了历史上我国部分的强震前伴震风（与地震相关联的突发性大风）资料和国外部分风和地震同时发生的资料。最近的来说，2016 年 10 月 6 日，台北市发生 6.1 级地震，当时台风艾利正席卷整个台湾。2018 年 5 月 28 日，在吉林松原市宁江区发生 5.7 级地震，东北、华北多地区震感强烈。根据中国气象台网记录的数据显示，地震发生前后，松原地区风速明显提高。5 月 28 日当天，松原地区突发龙卷风灾害，局部风速达 30m/s（11 级、暴风）以上。这些观测现象和数据记录突出了对工程结构进行性能评估时，考虑地震和风耦合作用因

作者简介：李宏男，长江学者特聘教授，大连理工大学建设工程学部、沈阳建筑大学土木工程学院教授，博士生导师。
　　　　　李　超，大连理工大学建设工程学部博士后。
　　　　　郑晓伟，大连理工大学建设工程学部博士研究生。
　　　　　刘　杨，大连理工大学建设工程学部博士研究生。
电子邮箱：hnli@dlut.edu.cn；chao.li@mail.dlut.edu.cn

素的重要性。

地震和强风同时发生的机理较为复杂，到目前为止尚无统一的定论。我国学者研究表明[2]：地震爆发前后产生的热能会激发大气波谱的活跃和增幅，导致空气温度梯度加大，致使我国中、强地震发生时往往伴随着强风现象。国外学者观测到地震发生时伴随着一系列大气异常现象：电离异常，大气温度、相对湿度和地表潜热通量的变化等等[3-5]。Kozak 等[6] 研究发现，强震发生时震中地区风速明显增大。虽然对地震和强风同时发生的机理研究尚不成熟，但以上的研究在一定程度上说明了地震和风存在耦合作用。

由于地震和风耦合作用造成的结构破坏损失可能远大于两种灾害单独作用所造成损失的简单叠加。国内外已有学者研究了风力发电机结构在地震和风耦合作用下的非线性动力响应及易损性：Asareh 等[7] 分析了地震和风耦合作用下的风力发电机结构的易损性，得出地震与风耦合作用下（$PGA=0.5g$，$V=10m/s$）结构的易损性相比于地震单独作用增大了 30% 左右；Mo 等[8] 研究了风力发电机结构在地震、风和海浪联合作用下的动力响应，结果表明地震与风耦合作用下（$PGA=0.5g$，$V=12m/s$）结构的动力响应比地震单独作用增大了约 50%。值得注意的是，地震和强风的联合作用属于"低概率—高风险"事件。一旦其同时发生，两种灾害的耦合作用势必会对结构造成灾难性的破坏，同时造成巨大的经济财产损失和人员伤亡。因此，开展地震和风耦合作用下高性能结构的性能分析及评估具有重大的意义。

2 基于 Copula 函数的 *PGA* 和 V 的联合概率模型

2.1 数据来源

云南大理地处云贵高原，位于我国地震比较活跃的西南地震带，地震多发；且该地区受来自孟加拉湾暖湿气流影响，风灾潜在风险大。综合考虑各类因素，本课题选取大理地区作为研究多灾害概率模型的数据来源地。其中，实测地震数据由国家强震动台网中心提供，地震震级选取 $M_s>4$；风数据从中国气象数据网站上获取。

2.2 PGA 的概率分布

选用 Cornell 提出的地震动衰减关系研究该地区地震动强度的衰减规律，其计算式为[9]

$$\ln PGA = C_1 + C_2 M + C_3 \ln(R+25) \tag{1}$$

式中，参数 $C_1 \sim C_3$ 可由回归分析得到，分别为 0.164、0.896 和 −1.980。

本文选取极值 I 型（Gumbel）[10]，极值 II 型（Frechet）[11]，极值 III 型（Weibull）[11] 和对数正态分布（Lognormal）[10] 四种分布形式描述 *PGA* 的概率分布。并将各概率模型对 *PGA* 数据的拟合结果列于表 1，拟合曲线绘于图 1。不难看出，Frechet 分布可以更好地描述 *PGA* 的概率分布。

概率模型的回归分析结果 表 1

模型	a	b	c	R^2	*RMSE*
Gumbel	1.872	2.955	—	0.6969	0.0064
Frechet	0	2.683	1.067	0.9506	0.0026
Weibull	0	5.808	1.303	0.6813	0.0065
Lognormal	1.377	0.882		0.8182	0.0049

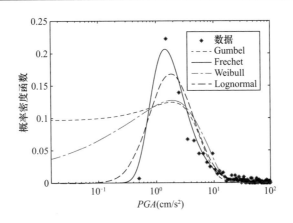

图1 四种概率模型对 PGA 数据的拟合曲线

2.3 风速的概率分布

选取截断的极值Ⅰ、Ⅱ和Ⅲ型分布描述风速的分布规律[12]。通过回归分析，截断概率模型中各参数的回归值列于表2，对实测风速数据的拟合曲线绘于图2。其中，修正参数 m 用来保证各极值分布的概率密度函数在其定义域上积分为1[13]。显然，截断极值Ⅲ型能够更好地描述风速的概率分布。

					截断概率模型的回归分析结果	表 2
模型	m	a	b	c	R^2	$RMSE$
截断极值Ⅰ型	1.057	11.62	1.490	—	0.845	0.0261
截断极值Ⅱ型	1.047	9.591	2.061	1.267	0.985	0.0088
截断极值Ⅲ型	1.0	10.0	3.040	1.174	0.996	0.0046

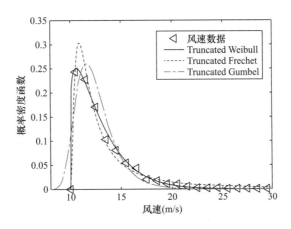

图2 截断概率模型对风速数据的拟合曲线

2.4 PGA 和 V 的联合概率分布

由 Sklar 理论可知，当 PGA 和 V 的边缘概率分布函数确定后便可得到其联合概率分布函数[14]。根据 Copula 函数，PGA 和 V 的联合概率分布可表示为

$$F(x,y) = C[F(x), F(y); \theta] = C(u_1, u_2; \theta) \tag{2}$$

式中，$F(x)$ 和 $F(y)$ 分别是 PGA 和 V 的边缘概率分布函数；$u_1 = F(x)$，$u_2 = F(y)$；$C(u_1, u_2; \theta)$ 表示 Copula 函数，参数 θ 用以描述变量 PGA 和 V 的相关性。

选取 Gumbel-Hougaard（GH）、Clayton 和 Joe[15,16] 三种常用的阿基米德 Copula 函数来建立 PGA 和 V 的联合概率分布，如表 3 所示。参数 θ 可由 Kendall 系数（τ）来确定，τ 与 θ 的关系式汇总于表 3。本文采用最小 AIC 信息准则从上述构造的 3 个 Copula 函数中选取最优模型[17]。

$$AIC = -2\sum_{i=1}^{N}\ln C(u_{1i}, u_{2i}; \theta) + 2k \tag{3}$$

常用的 3 类阿基米德 Copula 函数 表 3

Copulas	$C(u_1, u_2; \theta)$	Kendall's τ	θ 的取值
GH	$\exp\left\{-\left[\sum_{i=1}^{2}(-\ln u_i)^{\theta}\right]^{1/\theta}\right\}$	$1-\dfrac{1}{\theta}$	$[1, \infty)$
Clayton	$\left[\left(\sum_{i=1}^{2}u_i^{-\theta}\right)-1\right]^{-1/\theta}$	$\dfrac{\theta}{\theta+2}$	$(0, \infty)$
Joe	$1-\left[\begin{array}{c}(1-u_1)^{\theta}+(1-u_2)^{\theta}\\-(1-u_1)^{\theta}(1-u_2)^{\theta}\end{array}\right]^{1/\theta}$	$1+\dfrac{4}{\theta}\int_0^1\dfrac{D_2\ln(D_2)}{(1-t)^{\theta-1}}dt$	$[-1, \infty)$

根据 τ 和 θ 的关系以及公式（3）计算得到参数 θ 和 AIC 的取值，并列于表 4。

参数 θ、AIC 的取值 表 4

阿基米德 Copula 函数	GH	Clayton	Joe
θ	1.0156	0.0313	11.01
AIC	732	714	502

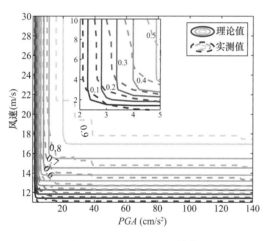

图 3 实测和理论 JCDFs 的等值线曲线

从表 4 中可以发现，Joe copula 函数具有最小的 AIC 值，表明该 Copula 函数是描述 PGA 和 V 联合概率分布的最优模型。由 Joe copula 函数得到 PGA 和 V 的联合概率分布后，将其等值线与实测联合概率分布的等值线绘于图 3。

由图 3 不难看出，基于 copula 函数得到的理论联合概率分布的等值线可以很好地描述实测值的变化趋势。进一步计算了由该方法得到的 JCDF 的 R^2 和 $RMSE$，分别为：$R^2=0.969$、$RMSE=0.0301$。由此可以表明，本文提出的方法在建立 PGA 和 V 联合概率模型上的有效性和实用性。

3 地震—风耦合作用下组合结构多灾害易损性分析

3.1 结构分析模型

按现行的抗震设计规范[18]设计了一 15 层的钢—混凝土组合框架结构（SCCFS）作为本文的研究对象，同时，为了评估防屈曲支撑对遭受多灾害作用的结构的控制效果，在原型结构上设计了防屈曲支撑（FBRB）。布置防屈曲支撑的组合框架结构平面布置如图 4（a）所示。采用 OpenSees 有限元软件对结构进行建模，FRBR 结构的三维有限元模型如图 4（b）所示。

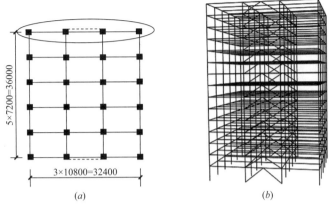

图 4　FRBR 结构平面布置及三维有限元模拟

（a）平面图；（b）三维视图

3.2　地震波和风荷载加载

选取 120 条实测地震波作为地震输入。以震级 M_w—断层距 R 作为划分指标，在以下 4 个区域内随机选取地震动，并挑选若干近场地震动作为强震数据，使 PGA 涵盖 0～1.0g 整个范围。大震远距（LMLR）：$6.5 < M_w < 7.0$，$30km < R < 60km$；大震近距（LMSR）：$6.5 < M_w < 7.0$，$13km < R < 30km$；小震远距（SMLR）：$5.8 < M_w < 6.5$，$30km < R < 60km$；小震近距（SMSR）：$5.8 < M_w < 6.5$，$13km < R < 30km$。图 5 给出了地震动的震级 M_w—断层距 R 分布。

基于谐波叠加法，考虑不同高度处脉动风速的相干损失，采用 Kaimal 谱[19]模拟不同高度处的风速时程。根据结构楼层数，将结构沿高度划分为 15 个部分，假定每个部分内的风荷载相同。根据每个部分相应的迎风面积，每次模拟计算得到结构不同高度处对应的风荷载时程 15 条。

在 0 到 35m/s 内随机抽样得到 120 组平均风速数据，并依此模拟生成 120 组随机风荷载时程。基于 Monte Carlo 分析方法，将选取的 120 条地震动和模拟的 120 组风荷载时程随机匹配，形成 120 组“风-地震”荷载对，风和地震随机匹配方式如图 6 所示。加载时，根据楼层数，首先在结构每个楼层上施加相应的风荷载时程；在第 35s 时加入对应的地震动共同作用，所选地震动的最长时长为 40s；模拟计算的总时长为 105s，与风荷载时程一致。为了减小风荷载瞬时加载可能引起的结构不稳定性，将风荷载的前 5s 时程乘以 $N(t) = t/5$，使其从零开始逐渐到达真实值。

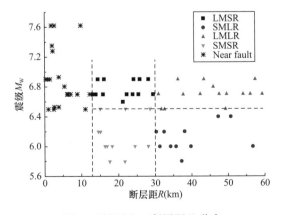

图 5　震级 M_w—断层距 R 分布

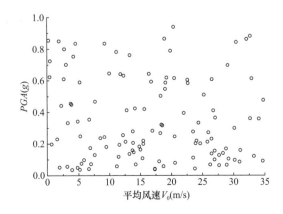

图 6　风和地震随机匹配方式

3.3 非线性动力时程分析

为了研究地震和风耦合作用下结构的动力响应以及 BRB 的控制效果，本节对 SCCFS 和 FBRB 结构进行了多灾害作用下的非线性动力时程分析。

选取 PGA 分别为 $0.063g$，$0.256g$，$0.468g$ 和 $0.834g$ 的 4 条地震动与 10 m 处平均风速分别为 $0m/s$，$10m/s$，$20m/s$ 和 $30m/s$ 的 4 组风荷载时程相互耦合，分别作用于两个结构上。图 7 给出了 SCCFS 结构在地震和风耦合作用下的顶层位移（D_t）时程曲线。以 $PGA=0.063g$ 为例，风速分别为 $0m/s$，$10m/s$，$20m/s$ 和 $30m/s$ 时 SCCFS 结构的顶层最大位移分别为 $0.054m$，$0.056m$，$0.061m$ 和 $0.086m$，其中由于风荷载作用引起的结构位移增量分别为 3.70%（$v_0=10m/s$），12.96%（$v_0=20m/s$）和 59.26%（$v_0=30m/s$）；当 PGA 增至 $0.834g$ 时，4 种风速工况下 SCCFS 结构的顶层最大位移分别为 $0.695m$，$0.700m$，$0.713m$ 和 $0.751m$，此时风荷载引起的结构位移增量为 0.72%，2.59% 和 8.06%。由此可知，结构的位移响应随着 PGA 和风速的增大而增大，尤其是 PGA 较小时，风速影响较大；随着地震动强度的增大，风荷载对结构位移的影响逐渐减小。

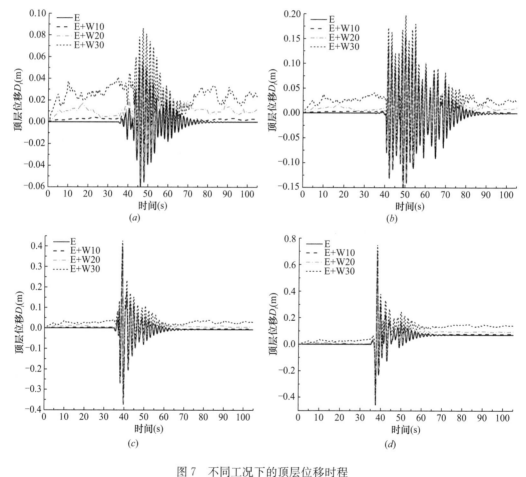

图 7　不同工况下的顶层位移时程

（a）$PGA=0.063g$；（b）$PGA=0.256g$；（c）$PGA=0.468g$；（d）$PGA=0.834g$

表 5 列出了不同工况下 SCCFS 和 FRBR 结构的顶层最大位移以及位移减小百分比。当 $PGA=0.063g$ 时，不同风速下的 BRB 减小百分比的范围在 $47.67\%\sim66.67\%$；当地震动增至 $0.843g$ 时，减小百分比的范围降至 $6.19\%\sim7.99\%$。结果表明：当地震动强度较小时，BRB 能有效地减小结构的位移响应；随着地震动强度增大，BRB 的作用逐渐减小。同时，任一地震动强度下，随着风速的增大

BRB 减小，百分比的变化不大，说明相比于地震动强度，BRB 的控制作用对风速的变化不敏感。图 8 给出了两个结构的层间最大位移角对比。图中可以看出，层间最大位移角均随着风速的增大而增大；同时，当地震动的 PGA 较小时，BRB 对结构层间位移角的控制效果较为显著；随着地震动强度的增大，BRB 的控制效果逐渐减小。

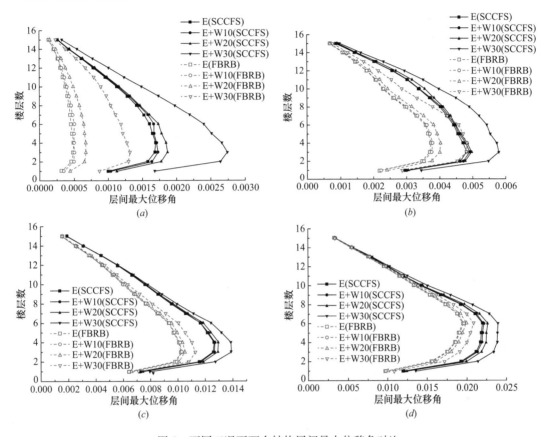

图 8　不同工况下两个结构层间最大位移角对比

(*a*) $PGA=0.063g$；(*b*) $PGA=0.256g$；(*c*) $PGA=0.468g$；(*d*) $PGA=0.834g$

SCCFS 和 FRBR 结构的顶层最大位移和减小百分比　　　　　　　　　　　　　　表 5

地震	风											
	SCCFS				FBRB				减小百分比（％）			
	0m/s	10m/s	20m/s	30m/s	0m/s	10m/s	20m/s	30m/s	0m/s	10m/s	20m/s	30m/s
0.063g	0.054	0.056	0.061	0.086	0.018	0.019	0.025	0.045	66.67	66.08	59.02	47.67
0.256g	0.158	0.16	0.163	0.197	0.125	0.127	0.134	0.16	20.89	20.63	17.79	18.78
0.468g	0.395	0.397	0.404	0.426	0.317	0.319	0.325	0.346	19.75	19.65	19.55	18.77
0.834g	0.695	0.7	0.713	0.751	0.652	0.655	0.665	0.691	6.19	6.43	6.73	7.99

3.4　多灾害易损性曲面分析方法

结构的易损性表示在遭受一定的灾害强度水平下，结构达到或超越某种极限破坏状态的条件概率。当结构遭受多灾害作用时，以地震和风为例，结构的易损性必然与地震动强度和风速有关，在三维空间中绘出为易损性曲面。若采用传统的易损性方法，步骤如下：

（1）根据风速将风灾划分成若干强度等级（0m/s，2m/s，4m/s…），根据式（4）计算结构在某一固定风速，不同地震动下的需求中位值 S_D，其中 IM_1 地震动强度，a 和 b 是回归系数。结构需求的对

数标准差 $\beta_{D|IM}$ 可由式（5）求得，其中 D_i 是第 i 条地震动对应的结构需求，N 是计算总数。

$$\ln S_D = \ln a + b \ln IM_1 \tag{4}$$

$$\beta_{D|IM} = \sqrt{\frac{\sum_{i=1}^{N}\left[\ln(D_i) - \ln(S_D)\right]^2}{N-2}} \tag{5}$$

（2）计算该固定风速下的地震易损性：

$$P(D \geqslant C \mid IM) = \Phi\left[\frac{\ln(S_D) - \ln(S_C)}{\sqrt{\beta_{D|IM}^2 + \beta_C^2}}\right] \tag{6}$$

式中，D 结构抗震需求，C 是结构抗震能力，S_C 结构抗震能力中位值，β_C 是结构抗震能力对数标准差。

（3）增加风强度等级，重复步骤（1）、（2）计算得到不同风速下的地震易损性曲线。

（4）以地震动强度和风速为水平轴，破坏概率为纵轴，在三维空间中绘出不同风速下的地震易损性曲线，并将其延伸成曲面，形成地震和风耦合作用下的易损性曲面。

显然，采用传统的方法计算较为繁琐，为了简洁有效的绘出结构在地震和风耦合作用下的易损性曲面。让 IM_1 和 IM_2 分别代表地震和风强度等级，结构的多灾害需求可以由式（7）求得，其中 a，b，c 是回归系数。结构的需求对数标准差 $\beta_{D|IM_1,IM_2}$ 可由式（8）计算。

$$\ln S_D = \ln a + b \ln IM_1 + c \ln IM_2 \tag{7}$$

$$\beta_{D|IM_1,IM_2} = \sqrt{\frac{\sum_{i=1}^{N}\left[\ln(D_i) - \ln(S_D)\right]^2}{N-3}} \tag{8}$$

为了更加合理准确地拟合结构在多灾害作用下的需求，本文采用一阶、二阶［式（9）］和三阶［式（10）］需求模型分别拟合了结构在地震和风耦合作用下的需求，并采用决定系数 R^2 和均方根误差 $RMSE$ 来评估不同需求模型的拟合效果。

$$\ln S_D = \ln a + b \ln IM_1 + c \ln IM_2 + d(\ln IM_1)^2 + e(\ln IM_2)^2 + f \ln IM_1 IM_2 \tag{9}$$

$$\begin{aligned}\ln S_D = {} & \ln a + b \ln IM_1 + c \ln IM_2 + d(\ln IM_1)^2 + e(\ln IM_2)^2 + f \ln IM_1 \ln IM_2 \\ & + g(\ln IM_1)^3 + h(\ln IM_2)^3 + i(\ln IM_1)^2 \ln IM_2 + j \ln IM_1(\ln IM_2)^2\end{aligned} \tag{10}$$

根据拟合得到的结构多灾害需求，采用下式计算结构在地震和风耦合作用下的多灾害易损性。由此，可直接在三维空间中绘出地震和风耦合作用下的结构多灾害易损性曲面。

$$P(D \geqslant C \mid IM_1, IM_2) = \Phi\left[\frac{\ln(S_D) - \ln(S_C)}{\sqrt{\beta_{D|IM_1,IM_2}^2 + \beta_C^2}}\right] \tag{11}$$

3.5　多灾害易损性分析

依据现有的地震和风多灾害需求分析模型，采用一阶、二阶和三阶公式分别对结构进行需求拟合。SCCFS 和 FBRB 结构的回归系数及相应的 R^2 和 $RMSE$ 值列于表 6。通常来说，随着模型阶次的提高，决定系数 R^2 不断增大，在这三个模型中，三阶模型拥有最大的 R^2 值。然而，三阶模型相应的均方根误差 $RMSE$ 大于二阶模型，说明采用三阶模型时数据过度拟合。并且，三阶模型的三次项系数的绝对值普遍较小，表明这些三次项在公式中所占权重很小，可以忽略。综合 R^2 和 $RMSE$ 考虑需求模型的拟合效果，二阶模型具有较高的 R^2 和最小的 $RMSE$，选为多灾害需求模型。

根据之前提出的多灾害易损性公式和多灾害需求二阶模型，可以得到 SCCFS 和 FBRB 结构的多灾害易损性曲面。本文中，将结构的最大层间位移角作为破坏指标，参考相关规范[18,20]定义本文的四个能力中位值为 1/400、1/200、1/100 和 1/50，对应四个破坏状态为轻微破坏、中等破坏、严重破坏和倒塌。

SCCFS 和 FBRB 结构的回归系数及相应的 R^2 和 RMSE 表6

模型		lna	b	c	d	e	f	g	h	i	j	R^2	RMSE
SCCFS	一阶	−4.547	0.913	0.094	—	—	—	—	—	—	—	0.656	0.599
	二阶	−4.173	1.676	0.042	0.204	−0.010	0.051	—	—	—	—	0.681	0.584
	三阶	−3.750	2.732	0.091	0.688	−0.085	−0.245	0.031	0.009	−0.136	0.053	0.691	0.586
FBRB	一阶	−4.844	0.958	0.104	—	—	—	—	—	—	—	0.704	0.563
	二阶	−4.584	1.555	0.066	0.182	0.018	−0.010	—	—	—	—	0.723	0.551
	三阶	−4.338	1.805	0.219	0.197	−0.136	0.018	−0.046	0.019	−0.093	−0.082	0.735	0.552

SCCFS 和 FBRB 结构轻微破坏和倒塌状态下的易损性曲面分别如图9所示。从图中可以看出：不同破坏状态下结构的易损性均随着 PGA 和风速的增长而增大；然而，相比于地震动的影响，风对结构易损性的影响不敏感。

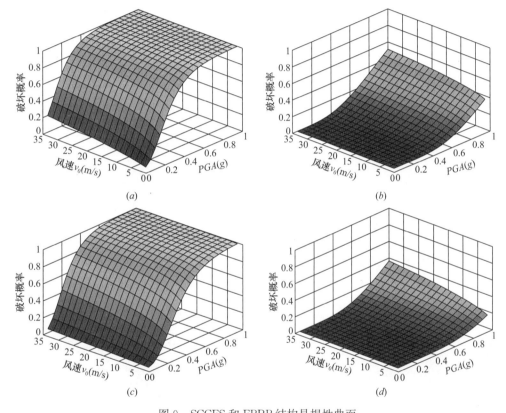

图9　SCCFS 和 FBRB 结构易损性曲面
(a) SCCFS 轻微破坏；(b) SCCFS 倒塌；(c) FBRB 轻微破坏；(d) FRBR 倒塌

通过比较图9中两个结构的破坏状态可以看出 BRB 能够有效地减小结构遭受多灾害时的易损性，尤其是倒塌状态。以 PGA=0.4g、v_0=15m/s 为例，SCCFS 和 FBRB 结构达到四个破坏状态的概率分别为 0.882，0.548，0.172，0.022 和 0.775，0.360，0.070，0.005；其中，BRB 对结构易损性的减小率分别为 12.1%，34.4%，59.3% 和 78.3%。

4　地震—风耦合作用下超高层建筑结构性能分析

4.1　算例概况

基于规范[18,21]设计了一个42层钢框架—RC 核心筒超高层建筑用以探究超高层结构在地震和强风联合作用下的性能表现情况，其长度、宽度和高度分别为 32.4m、30.6m 和 152.1m，如图 10 所示。该超高层建筑主要由圆钢管柱、I 字钢梁和 RC 剪力墙组成，地震和风联合作用下的动力非线性分析在 OpenSees 平台上进行[8]。

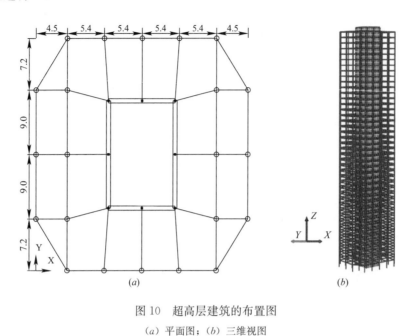

图 10　超高层建筑的布置图

（a）平面图；（b）三维视图

4.2　结果讨论

按规范反应谱从 PEER 网站上选取 100 条地震动记录，为充分考虑输入荷载的不确定性，确保选取的地震动在 $M \in [4.5, 8.0]$，$R_{jb} \in [0, 180km]$ 区间保持均匀分布，其断层距—震级分布如图 11 所示。在 $[0, 40m/s]$ 区间内均匀选取 100 个风速，并模拟 100 条风荷载时程。与 100 条地震动随机组合成 100 组"地震—风"荷载对，如图 12 所示。

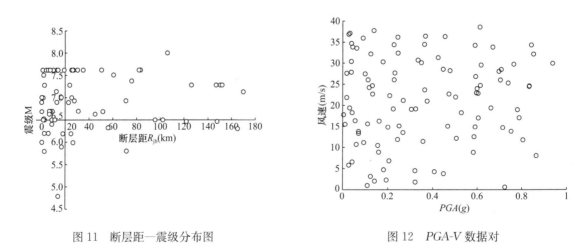

图 11　断层距—震级分布图　　　　　　图 12　PGA-V 数据对

选取一阶需求模型对地震和强风作用下的超高层建筑需求进行分析，其可表示为

$$\ln EDP = a + b\ln(PGA) + c\ln(V) \tag{12}$$

式中，模型参数 a、b 和 c 可由回归分析得到，分别为 -5.425、0.406 和 0.2305。基于一阶需求模型的拟合曲面绘于图 13。

得到结构在地震和风联合作用下的需求模型后，便可根据本文提出的多灾害易损性分析方法得到该超高层建筑在不同极限状态的易损性曲面，如图 14 所示。

超高层建筑结构的易损性随着 PGA 和风速的增大而增大。在地震单独作用下，该超高层建筑几乎不会发生倒塌（$P=0.0055$），但随着风速的增加，该结构的倒塌概率增加到 $P=0.1295$，与地震单独作用相比倒塌率增加了 2254.5%，即增加了 22.5 倍。因此，地震和风对结构的耦合效应不容忽视。由四种破坏状态的易损性曲面不难看出，风对该超高层结构易损性的影响较为敏感。

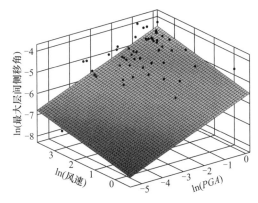

图 13　需求拟合曲面

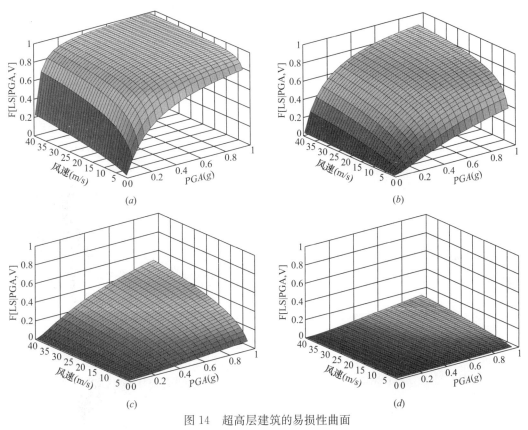

图 14　超高层建筑的易损性曲面

（a）轻微破坏；（b）中等破坏；（c）严重破坏；（d）倒塌

5　结论

本文研究了结构多灾害中的地震与风的耦合效应，包括地震与风的联合发生概率和其耦合作用下结构的响应。首先，通过气象和地震数据建立了地震和风联合发生概率模型；其次，提出了一种新的多灾害易损性曲面分析方法；最后，对组合结构和超高层结构分别进行了非线性动力时程分析及易损性分析，详细讨论了地震与风耦合作用中地震与风的相对强度对结构动力响应及易损性的影响。研究中主要得出以下结论：

（1）基于 Copula 函数的联合概率模型分析方法能够有效地建立地震与风（或其他灾害）的多灾害联合发生概率模型。

（2）所提出的多灾害易损性曲面分析方法能够高效、合理地评价地震与风耦合作用下结构的性能。

（3）由算例分析可知，工程结构在地震与风耦合作用下的动力反应和易损性均要大于单种灾害的作用；且二者的耦合作用和地震与风的相对强度密切相关。在地震单独作用下，超高层建筑几乎不会发生倒塌（$P=0.0055$），但随着风速的增加，该结构的倒塌概率增加到 $P=0.1295$，与地震单独作用相比倒塌率增加了 2254.5%，即增加了 22.5 倍。因此，对于风敏感性较强的超高层建筑结构（尤其是结构寿命长、投资巨大的地标性建筑），应开展多灾害耦合作用分析，以确保其安全性。

参考文献

[1] 高建国，杨德勇. 大气、地震和地球自转速率 [J]. 地震研究，1981，(2)：196-206.

[2] 尹东屏，郑江蓉，赵凯. 中国中强地震与天气异常探讨 [J]. 自然灾害学报，1999，(1)：98-104.

[3] Fujiwara H，Kamogawa M，Ikedam，et al. Atmospheric anomalies observed during earthquake occurrences [J]. Geophysical Research Letters，2004，31 (17)：159-180.

[4] Liu J Y，Chen Y I，Pulinets S A，et al. Seismo-ionospheric signatures prior to M≥6.0 Taiwan earthquakes [J]. Geophysical Research Letters，2000，27 (19)：3113-3116.

[5] Singh R P，Mehdi W，Sharmam. Complementary nature of surface and atmospheric parameters associated with Haiti earthquake of 12 January 2010 [J]. Natural Hazards & Earth System Sciences，2010，10 (6)：1299-1305.

[6] Kozak L V，Dzubenko M I，Ivchenko V M. Temperature and thermosphere dynamics behavior analysis over earthquake epicentres from satellite measurements [J]. Physics & Chemistry of the Earth，2004，29 (4)：507-515.

[7] Asareh M A，Schonberg W，Volz J. Fragility analysis of a 5-MW NREL wind turbine considering aero-elastic and seismic interaction using finite element method [J]. Finite Elements in Analysis & Design，2016，120 (1)：57-67.

[8] Mo R J，Kang H G，Li M，et al. Seismic Fragility Analysis of Monopile Offshore Wind Turbines under Different Operational Conditions [J]. Energies，2017.

[9] Cornell C A，Banon H，Shakal A F. Seismic motion and response prediction alternatives [J]. Earthquake Engineering & Structural Dynamics，1979，7 (4)：295-315.

[10] Xu Y，Tang X S，Wang J P，et al. Copula-based joint probability function for PGA and CAV：a case study from Taiwan [J]. Earthquake Engineering & Structural Dynamics，2016，45 (13)：2123-2136.

[11] 高小旺，鲍霭斌. 地震作用的概率模型及其统计参数 [J]. 地震工程与工程振动，1985，(1)：15-24.

[12] Bazant Z P，Xi Y，Reid S G. Statistical Size Effect in Quasi-Brittle Structures：I. Is Weibull Theory Applicable? [J]. Journal of Engineering Mechanics，1991，117 (11)：2609-2622.

[13] Mitra D. LIKELIHOOD INFERENCE FOR LEFT TRUNCATED AND RIGHT CENSORED LIFETIME DATA [J]. Mathematics & Statistics，2013.

[14] Nelsen B. An Introduction to Copulas [M]. Springer New York，2006.

[15] Dong S，Jiao C S，Tao S S. Joint return probability analysis of wind speed and rainfall intensity in typhoon-affected sea area [J]. Natural Hazards，2017，86 (3)：1193-1205.

[16] Grimaldi S，Serinaldi F. Asymmetric copula in multivariate flood frequency analysis [J]. Advances in Water Resources，2006，29 (8)：1155-1167.

[17] Li D Q，Zhang L，Tang X S，et al. Bivariate distribution of shear strength parameters using copulas and its impact on geotechnical system reliability [J]. Computers & Geotechnics，2015，68：184-195.

[18] GB 50011—2016. 建筑抗震设计规范 [S]. 北京：中国建筑工业出版社，2016.

[19] Kaimal J C，Wyngaard J C，Izumi Y，et al. Spectral characteristics of surface-layer turbulence [M]. John Wiley & Sons，Ltd，1972.

[20] CECS 230：2008 高层建筑钢-混凝土混合结构设计规程 [S]. 北京：中国计划出版社，2008.

[21] GB 50009—2012. 建筑结构荷载规范 [S]. 北京：中国建筑工业出版社，2012.

钢纤维混凝土高温动态压缩力学行为
细观数值模拟

金 浏，郝慧敏，张仁波，杜修力

（北京工业大学 城市与工程安全减灾教育部重点实验室，北京 100124）

摘 要：钢纤维混凝土是一种良好的防护结构建筑材料。在防护结构的服役过程中，可能会遭受到火灾、冲击二者单独或联合作用等极端荷载情况。为了研究高温高应变率耦合作用下钢纤维混凝土的力学行为，本文从细观角度出发建立了细观数值模型。在模型中，将钢纤维混凝土视为由骨料、砂浆及二者之间界面过渡区和纤维组成的四相复合材料。每一相具有其独立的物理/力学特性。在模拟过程中采用了热学-应力顺序耦合法，即先进行温度传导模拟获得试件内部的温度场，之后以其为初始条件进行力学加载，模拟其行为。数值模拟结果与试验观察的良好吻合说明了本文细观方法的合理性与准确性。以此为基础，对不同温度与应变率下钢纤维混凝土的动态压缩力学行为进行了模拟，分析探讨了钢纤维宏观力学行为的温度退化效应与应变率增强效应。

关键词：钢纤维混凝土；高温；动态压缩；应变率效应；细观

1 引言

工程结构在服役过程中，除了正常使用荷载外，往往还会遭受火灾、冲击等极端荷载的单独作用或联合作用[1]。为了更好地了解极端荷载作用下构件或结构的行为，必须掌握复杂情况下建筑材料的性质。

作为一种使用广泛的建筑材料，混凝土在不同荷载下的力学性质得到了全面系统的研究。研究表明，在火灾高温和冲击荷载作用下，素混凝土的力学性质同时受到温度和应变率的影响[2-6]。一般而言，由于热活化机制、宏观黏性和惯性效应等机制，混凝土的强度随应变率升高而增大，即所谓的率效应。此外，文献中关于应变率的结果往往会受到混凝土组分、水灰比、养护方法、龄期、骨料类型、试件尺寸及试验技术等因素的影响[3,6]。另一方面，受到高温作用时，混凝土的性质会明显退化，从而丧失相当部分的承载能力。为了定量描述温度退化效应，设计规范中定义了衰减因子，并基于经验确定了设计曲线[7]。

钢纤维混凝土由于在素混凝土基质中掺入了随机分布的钢纤维作为增强材料，具有良好的韧性和较高的抗拉强度，可以很好地弥补素混凝土抗拉强度低、容易出现脆性破坏的不足[8]。因此，钢纤维混凝土是一种良好的防护结构建筑材料。在过去的几十年中，研究者们开展了大量的研究工作探索钢

作者简介：金 浏（1985—），男，江苏泗阳人，博士，教授，博导。从事混凝土与混凝土结构研究，Email：kinglew2007@163.com。
　　　　　郝慧敏（1994—），女，内蒙古乌兰察布人，硕士生。从事高温下混凝土动态力学行为研究，Email：Hhummer123@163.com。
　　　　　张仁波（1989—），男，山东临邑人，博士生。从事混凝土结构抗火抗冲击行为研究，Email：zhangrenbo99@126.com。
　　　　　杜修力（1963—），男，四川广安人，长江学者特聘教授，博士。主要从事地震工程领域研究，Email：duxiuli2015@163.com。
项目基金：国家重点研发计划专项（2016YFC0701100）；国家重点基础研究发展计划（973 计划）项目（2015CB058000）；国家自然科学基金项目（51822801）

纤维的力学性质[9-11]。研究发现，尽管不同于素混凝土，在爆炸冲击和火灾高温等工况下，钢纤维混凝土的力学性能仍然会受到应变率与温度的影响。

由于爆炸冲击与火灾高温是两种性质不同而又十分复杂的荷载，现有文献中，研究者往往针对二者单独作用下混凝土材料的性质进行研究，而较少关注它们联合作用的影响。Caverzan 等[12]、Chen 等[13]、Xiao 等[14]、Yao 等[15]开展了一系列试验探索研究高温高应变率作用下素混凝土的性能。Jin 等[16]考虑混凝土内部结构的非均质性，对高温作用下及作用后混凝土的动态压缩行为进行了细观数值模拟。研究发现，在高温与高应变率共同作用下，混凝土受高温影响而脆性增强，表现出更明显的应变率效应。然而，上述研究加深了对复杂荷载作用下混凝土材料性能的认识，但结果仍然比较分散，远远不能对高温高应变率耦合作用的影响做出定量评价。并且，上述研究几乎全部针对素混凝土，关于钢纤维混凝土的研究罕有报道。

鉴于此，本文针对高温高应变耦合作用下钢纤维混凝土的力学性能进行研究。考虑到材料的宏观性能与其内部结构密不可分，而混凝土的细观结构又是非均匀的。因此，本文从细观角度出发，将钢纤维混凝土视为由骨料、砂浆及二者之间的界面还有纤维组成的四相复合材料，建立了细观尺度数值分析模型。在模型中，每一相具有独立的热学与力学性质。在模拟过程中，首先进行热传导模拟获得试件内部的温度场，之后以此为基础，对其进行动态压缩加载，模拟其力学行为，探讨分析钢纤维、温度和应变率对钢纤维混凝土宏观力学性能的影响。

2 细观数值模型

2.1 模拟步骤

为了探讨高温对钢纤维混凝土动态力学行为的影响，假定热学过程与力学过程是单向耦合的，即认为材料的力学行为受温度影响，而热传导过程不受应力影响。因此所采取的模拟方法为热学-力学顺序耦合方法[16]，也就是说将整个模拟过程分为两步：首先对钢纤维混凝土试件中的热传导过程进行模拟，获得其中的温度场；接着，以温度场模拟结果为初始状态，采用温度相关的力学参数，模拟混凝土试件的动态压缩力学行为。

2.2 细观尺度几何模型

考虑到材料的宏观力学性能与其内部组成结构密不可分，而细观几何模型可以很好地反映混凝土类材料的内部组成，本文建立了钢纤维混凝土的细观尺度几何模型来研究其在高温高应变率下的力学行为。在细观尺度下，钢纤维混凝土是非均质的，可以视为由骨料、砂浆及二者之间的界面过渡区还有钢纤维组成的四相复合材料。

在模型中，为了简便起见，与文献［16，17］相似，假定骨料颗粒的形状为圆形。基于 Monto Carlo 理论，采用"取-放"法将骨料颗粒随机投放到砂浆基质中，并保证其在计算域内，互相之间没有重叠。骨料周围一定厚度的带状区域设为界面过渡区。由此，建立了混凝土随机骨料模型，如图 1 (a) 所示。对于钢纤维，其位置与方向均随机确定，投放过程与骨料类似。为了更接近实际情况，钢纤维均投放于砂浆和界面过渡区内，而不会侵入骨料区域。由此得到如图 1 (b) 所示的钢纤维混凝土细观尺度几何模型。在图 1 中，混凝土试件的尺寸为 150mm×150mm，钢纤维的长度为 30mm。图中不同颜色代表不同的相，具有不同的热学与力学性质。钢纤维采用线单元来模拟，并且假定其与周围介质（砂浆和界面过渡区）的相互作用为完好粘结，暂不考虑二者的相对滑移。

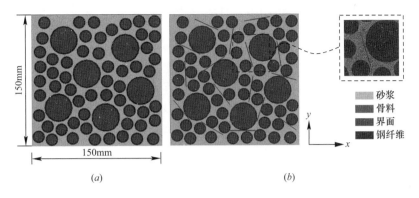

图 1   素混凝土与钢纤维混凝土细观尺度计算模型

需要说明的是，为了提高建模效率并提高计算速度，根据体积分数相等原则，对骨料与钢纤维的尺寸进行等效化处理。骨料的等效粒径、数目均与文献［16］一致，钢纤维的体积分数取为 1%。混凝土基质部分采用四节点等参单元、纤维采用两节点梁单元进行离散化，单元尺寸取为 1mm[16]。热传导与力学行为模拟中采用的单元类型分别为热传导与平面应变单元。

2.3   本构关系与参数

2.3.1   热传导模拟

钢纤维混凝土中的热传导可以采用 Fourier 定律来描述，因此质量密度、导热系数、比热容是计算试件温度场的基本参数[16,18]，考虑混凝土细观组分热学参数的温度相关性。对于钢纤维，根据规范规定，认为其热学参数为常数。材料在室温的热学参数见表 1。

室温下材料的热学参数（20℃）   表 1

材料	导热系数 k[W/(m·K)]	密度 ρ[kg/m³]	比热容 c[J/(kg·K)]
骨料	3.15^	2750	798*
界面	0.7	2450	906
砂浆	1.9^	2750	813#
钢纤维	45	7850	600

注：标有上标"^"的数据取自文献［19］，标有"＊"取自文献［20］，标有"＃"的取自文献［21］。

2.3.2   力学行为模拟

与文献［16］相似，采用理想弹塑性本构模型来描述骨料的力学行为，采用由 Lubliner 等[22] 提出并由 Lee 和 Fenves[23] 改进的塑性损伤模型来表征砂浆和界面过渡区的力学性质。文中考虑了弹性模量与强度的温度退化和应变率增强效应，具体关系式参见文献［16］。钢纤维同样被视为理想弹塑性材料，其应变率效应根据 CEB 规范[24]确定，而温度退化效应则参考 Eurocode 2[7] 来计算，具体如图 2 所示。材料在室温条件下的力学参数见表 2。

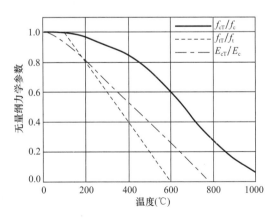

图 2   高温后混凝土基质力学性能与
常温下的比值

室温下材料的力学参数（20℃）   表2

材料	抗压强度 f_c[MPa]	抗拉强度 f_t[MPa]	弹性模量 E[GPa]	泊松比 υ
骨料	152^	—	35^	0.2
界面	32.5	3.25	30	0.2
砂浆	40	4	25	0.2
钢纤维	1100	1100	210	0.3

注：标有上标"^"的数据取自文献［25］。

2.4 边界条件与荷载

2.4.1 初始边界条件

在热传导模拟中，假定试件内部初始温度为室温。令整个试件均受高温荷载，升温曲线采用 ISO 834 标准升温曲线[26]。试件周围温度到达目标值后，保持恒温一段时间，保证试件内外温度一致。

2.4.2 力学荷载

热传导模拟之后，约束试件底面边界的竖向位移，在其顶面施加速度为 v 的竖向位移，而将其他表面设为自由边界。由此可知，试件的宏观名义应变率为 $\dot{\varepsilon}=v/h$，其中，h 是试件的高度。

3 数值计算结果及分析

3.1 模拟方法验证

Gao[27]采用智能箱式高温炉与微机控制电液伺服钢绞线试验机，研究了长度为 30mm 的钢纤维混凝土在高温后的压缩性能。为了验证本文的细观尺度模拟方法，分别对 20℃ 与 800℃ 的两组混凝土试件（钢纤维混凝土 SFRC & 素混凝土 PC）进行了动态压缩破坏模拟，数值及试验获得的动态压缩应力—应变曲线如图 3 所示。由图 3 可知，本文数值模拟获得的应力—应变关系曲线与试验结果吻合良好，该方法能够很好地研究钢纤维混凝土的高温压缩破坏行为。

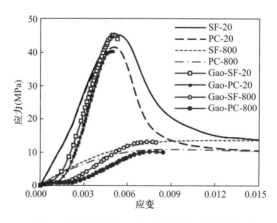

图 3　模拟的应力—应变关系与试验结果对比

3.2 SFRC & PC 破坏模式对比

图 4 比较了钢纤维混凝土和素混凝土试样在名义应变率 $\dot{\varepsilon}=1s^{-1}$ 时不同的温度条件下的动态破坏模式。由图可见，由于钢纤维良好的桥接作用与阻裂性能防止了试件内部裂缝的发展和延伸，尤其是与

加载方向垂直的钢纤维对混凝土细观材料的横向拉结作用，使得混凝土试件的裂纹数量明显细化并减少。这一现象说明钢纤维能够有效提高混凝土在高温下的动态力学性能。

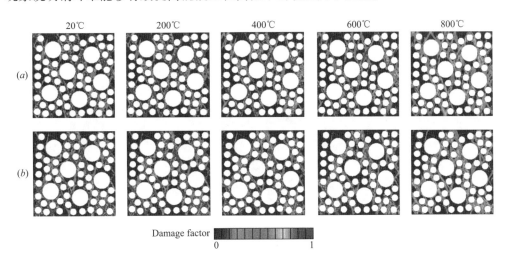

图 4　不同温度下钢纤维混凝土与素混凝土的动态破坏模式对比

3.3　SFRC 高温下动态压缩破坏过程

基于上述已验证的细观数值分析方法与纤维增强作用，对纤维混凝土试件在高温下的冲击破坏行为进行模拟分析。工况为：恒温 800℃，名义应变率为 $\dot{\varepsilon}=10\mathrm{s}^{-1}$。图 5（$a$）和图 5（$b$）分别表征了高温下钢纤维的 Mises 应力分布和 SFRC 试件的等效塑性应变（PEEQ）变化过程，给出了时间分别为 $t=0.25\mathrm{ms}$、$t=0.5\mathrm{ms}$、$t=0.75\mathrm{ms}$ 和 $t=1.0\mathrm{ms}$ 时刻的应力/应变分布。可以看出，应力和应变集中在与加载方向相同的竖向纤维上，裂纹起始于竖向纤维附近，随着加载时间的增加，逐渐延伸到界面和砂浆区域。

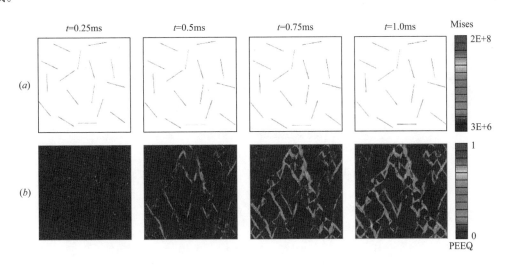

图 5　800℃高温下应变率为 $\dot{\varepsilon}=1\mathrm{s}^{-1}$ 时的 SFRC 动态压缩损伤过程

本文对名义应变率分别为 $\dot{\varepsilon}=1\times10^{-5}\mathrm{s}^{-1}$、$1\mathrm{s}^{-1}$、$10\mathrm{s}^{-1}$、$100\mathrm{s}^{-1}$ 及 $200\mathrm{s}^{-1}$ 的纤维混凝土试件不同温度下的动态压缩破坏过程进行了数值研究。图 6 给出了不同温度条件下钢纤维混凝土在不同名义应变率下的压缩损伤破坏模式对比。由图可知，温度和应变速率对裂纹形态影响很大。横向观察图 6 可以发现，相同温度下，随着名义应变速率的增加，混凝土的破碎程度越来越严重。与素混凝土相同，随着冲击速度越来越大，SFRC试件的裂纹逐渐增多变宽，破坏形式由裂纹破坏演变为破碎模式。竖向观察图6，同一名义应变速率下，随着温度的升高，动态损伤程度有减缓趋势。这是由于混凝土材料在高温下越来越松散，强度下降而延性增加，同时，钢纤维在试件内的随机分布及其良好的导热性能也降低了非均质混凝土材料的温度应力。这一现象也说明了钢纤维具有对高温混凝土材料明显的改善作用。

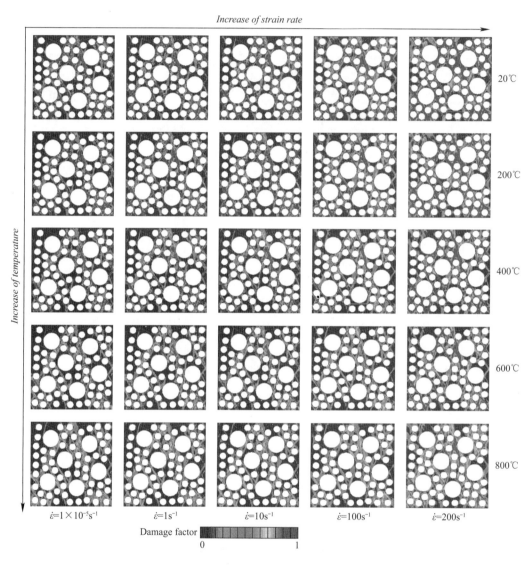

图6　不同应变率下高温SFRC试件的压缩破坏模式

3.4　纤维增强效应

通过纤维增强系数来描述钢纤维对SFRC抗压强度的增强程度，即钢纤维混凝土与素混凝土的抗压强度之比。纤维增强效应与温度及名义应变率间的关系如图7所示。由图可知，随着应变率的增大，纤维增强效果减弱，且应变率越大下降趋势越明显。然而，随着温度的升高，纤维增强效果越来越显著。如前文所述，这是由于钢纤维具有较好的导热性能，可以减少SFCR试件内部的温度损伤。同时，钢纤维具有较高的强度和抗裂性能，随着温度的升高，钢纤维在非均质混凝土中也发挥了越来越重要的作用。表3给出了不同应变率下及不同温度下的纤维增强系数，不难发现，钢纤维对高温下混凝土的力学性能改善作用较室温下混凝土更加明显。

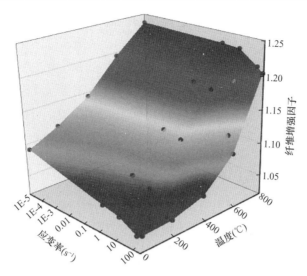

图 7　不同应变率下的纤维增强效应

抗压强度纤维增强系数　　　　　　　　　　　　　　表 3

温度	应变率				
	$1 \times 10^{-5} s^{-1}$	$1 s^{-1}$	$10 s^{-1}$	$100 s^{-1}$	$200 s^{-1}$
20℃	1.090	1.059	1.053	1.038	1.042
200℃	1.112	1.084	1.075	1.045	1.044
400℃	1.144	1.134	1.128	1.064	1.058
600℃	1.195	1.189	1.185	1.126	1.101
800℃	1.237	1.233	1.231	1.211	1.203

3.5　宏观应力—应变关系

图 8 给出了不同应变率下钢纤维混凝土的动态压缩应力—应变关系。由图可知，随着温度的升高，

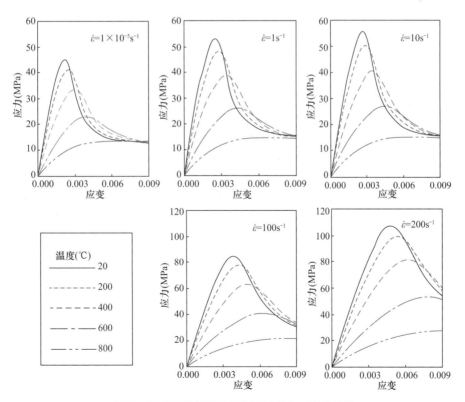

图 8　不同应变率下 SFRC 试件应力—应变关系

峰值应力明显减小，应力—应变曲线趋于平缓，出现塑性流动现象。这一现象说明高温对钢纤维混凝土有明显的劣化作用，这与 Ren 等[28]所得结果一致。此外，从图 8 可以看出，钢纤维混凝土仍然表现出显著的应变速率效应，同一温度下，随名义应变率增大，峰值应力及峰值应变增大，应力—应变曲线形状不变。值得注意的是，在高应变率（$\dot{\varepsilon} \geqslant 100\text{s}^{-1}$）下，由于惯性效应占主导作用，峰值应力急剧增大。Jin 等[29]将这一现象解释为由于高速撞击的荷载作用时间很短，材料变形较小，没有足够多的时间积累能量，只能通过增加应力来抵消外部冲量或能量。

3.6 动态压缩增大系数

采用动态压缩强度增大系数（CDIF），即动态压缩强度与准静态压缩强度（本文取 $\dot{\varepsilon} = 1 \times 10^{-5}\,\text{s}^{-1}$ 时的强度）之比来描述材料强度随应变率增大而提高的现象。图 9 给出了在不同温度下钢纤维混凝土 CDIF 与应变率间的散点关系，并对其进行拟合，比较了不同温度下 CDIF 随应变率的变化关系。不同应变率下钢纤维混凝土和素混凝土 CDIF 的具体数值可详见表 4。由图 9 可知，与素混凝土相同，钢纤维混凝土试件在室温和高温下也表现出明显的应变率效应，但是钢纤维混凝土的应变率敏感性低于素混凝土。此外，在高温时的 CDIF 明显比室温时低，这是因为混凝土材料在高温后变得松散，致使其横向惯性效应弱化。同时，这一现象也验证了与应变率效应相比，温度损伤效应对钢纤维混凝土抗压强度的影响更加显著。

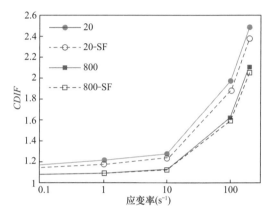

图 9 不同温度下 CDIF 与应变率间关系

高温时不同应变率下的 CDIF　　　　表 4

温度	应变率			
	1s^{-1}	10s^{-1}	100s^{-1}	200s^{-1}
20℃	1.215	1.276	1.975	2.484
20℃-SF	1.181	1.233	1.881	2.375
400℃	1.159	1.210	2.015	2.600
400℃-SF	1.148	1.193	1.872	2.404
800℃	1.098	1.128	1.624	2.108
800℃-SF	1.095	1.124	1.590	2.050

4 结论

基于对本文细观数值模拟方法的验证，比较了钢纤维混凝土和素混凝土在高温下的动态破坏模式，分析了钢纤维对混凝土材料的增强效果，研究了温度损伤作用和应变率效应对钢纤维混凝土的耦合效应。根据模拟结果，得到如下结论：

（1）本文细观数值方法与试验结果吻合良好，能够很好地模拟高温下钢纤维混凝土的动态压缩行为。

（2）钢纤维具有良好的横向拉结性能与导热性能，能够有效改善混凝土材料在高温下的动态力学性能。

（3）应力和应变集中在与加载方向相同的竖向纤维上，裂纹起始于竖向纤维附近，随着加载时间的增大，逐渐延伸至界面和砂浆区域。

（4）随着应变率的增大，纤维增强效果减弱，且应变率越大下降趋势越明显；随着温度的升高，纤维增强效果越来越显著。

（5）高温下钢纤维混凝土也表现出明显的应变率效应，但其应变率敏感性明显低于素混凝土。

参考文献

［1］ Hao H，Hao Y，Li J，et al. Review of the current practices in blast-resistant analysis and design of concrete structures [J]. Advances in Structural Engineering，2016，19（8）：1193-1223.

［2］ Ma Q，Guo R，Zhao Z，et al. Mechanical properties of concrete at high temperature-A review [J]. Construction and Building Materials，2015，93：371-383.

［3］ Malvar LJ，Ross CA. Review of strain rate effects for concrete in tension [J]. ACI Materials Journal，1998，95（6）：735-739.

［4］ Thomas RJ，Sorensen AD. Review of strain rate effects for UHPC in tension [J]. Construction and Building Materials，2017，153：846-856.

［5］ Zende A，Kulkarni A，Hutagi A. Behavior of reinforced concrete subjected to high temperatures-a review [J]. Journal of Structural Fire Engineering，2013，4（4）：281-295.

［6］ Bischoff PH，Perry SH. Compressive behaviour of concrete at high strain rates [J]. Materials and Structures，1991，24（6）：425-450.

［7］ European Committee for Standardization. EN 1992-1-2：2004 Eurocode 2：Design of concrete structures - Part 1-2：General rules-structural fire design [S]. Brussels：The Committee，2004.

［8］ Marcos-Meson V，Michel A，Solgaard A，et al. Corrosion resistance of steel fibre reinforced concrete - A literature review [J]. Cement and Concrete Research，2018，103：1-20.

［9］ Yoo D，Banthia N. Mechanical and structural behaviors of ultra-high-performance fiber-reinforced concrete subjected to impact and blast [J]. Construction and Building Materials，2017，149：416-431.

［10］ Sun X，Zhao K，Li Y，et al. A study of strain-rate effect and fiber reinforcement effect on dynamic behavior of steel fiber-reinforced concrete [J]. Construction and Building Materials，2018，158：657-669.

［11］ Varona FB，Baeza FJ，Bru D，et al. Influence of high temperature on the mechanical properties of hybrid fibre reinforced normal and high strength concrete [J]. Construction and Building Materials，2018，159：73-82.

［12］ Caverzan A，Cadoni E，di Prisco M. Dynamic tensile behaviour of high performance fibre reinforced cementitious composites after high temperature exposure [J]. Mechanics of Materials，2013，59：87-109.

［13］ Chen L，Fang Q，Jiang X，et al. Combined effects of high temperature and high strain rate on normal weight concrete [J]. International Journal of Impact Engineering，2015，86：40-56.

［14］ Xiao J，Li Z，Xie Q，et al. Effect of strain rate on compressive behaviour of high-strength concrete after exposure to elevated temperatures [J]. Fire Safety Journal，2016，83：25-37.

［15］ Yao W，Liu H，Xu Y，et al. Thermal degradation of dynamic compressive strength for two mortars [J]. Construction and Building Materials，2017，136：139-152.

［16］ Jin L，Hao H，Zhang R，et al. Determination of the effect of elevated temperatures on dynamic compressive properties of heterogeneous concrete：A meso-scale numerical study [J]. Construction and Building Materials，2018，188：685-694.

［17］ Du X，Jin L，Zhang R，et al. Effect of cracks on concrete diffusivity：A meso-scale numerical study [J]. Ocean Engineering，2015，108：539-551.

［18］ Jin L，Zhang R，Du X. Characterization of the temperature-dependent heat conduction in heterogeneous concretes

　　　　[J]. Magazine of Concrete Research，2018，70（7）：325-339.

[19]　Khan MI. Factors affecting the thermal properties of concrete and applicability of its prediction models [J]. Building and Environment，2002，37（6）：607-614.

[20]　Vosteen H，Schellschmidt R. Influence of temperature on thermal conductivity，thermal capacity and thermal diffusivity for different types of rock [J]. Physics and Chemistry of the Earth，Parts A/B/C，2003，28（9/11）：499-509.

[21]　Černy R，Maděra J，Poděbradská J，et al. The effect of compressive stress on thermal and hygric properties of Portland cement mortar in wide temperature and moisture ranges [J]. Cement and Concrete Research，2000，30（8）：1267-1276.

[22]　Lubliner J，Ollivier J，Oller S，et al. A plastic-damage model for concrete [J]. International Journal of Solids and Structures，1989，25（3）：299-326.

[23]　Lee J，Fenves G. Plastic-damage model for cyclic loading of concrete structures [J]. ASCE Journal of Engineering Mechanics，1998，124（8）：892-900.

[24]　CEB-FIP. fib Bulletin 55 CEB-FIP Model Code 2010 [S]. Lausanne，Switzerland：International Federation for Structural Concrete，2010.

[25]　邱一平，林卓英. 花岗岩样品高温后损伤的试验研究 [J]. 岩土力学，2006，27（6）：1005-1010.
　　　　QIU Yi-ping，LIN Zhuo-ying. Testing study on damage of granite samples after high temperature [J]. Rock and Soil Mechanics，2006，27（6）：1005-1010. (in Chinese)

[26]　ISO. ISO 834-1 Fire resistance Test on Elements of Building Construction [S]. Switzerland：International Standards Organization，1999.

[27]　高超. 混凝土及纤维混凝土高温后力学性能试验研究 [D]. 扬州大学，2013.
　　　　GAO Chao. Experimental research on mechanical properties of concrete and reinforced concrete after high temperature [D]. Yangzhou University，2013. (in Chinese)

[28]　Ren X，Xu J，Su H. Dynamic compressive behavior of basalt fiber reinforced concrete after exposure to elevated temperatures [J]. Fire and Materials，2016，40（5）：738-755.

[29]　金凤杰，许金余，范飞林，等. 钢纤维混凝土的高温动态强度特性 [J]. 硅酸盐通报，2013，32（04）：683-686.
　　　　JIN Feng-jie，XU Jin-yu，FAN Fei-lin，et al. Strength property of steel fiber reinforced concrete at elevated temperature [J]. Bulletin of the Chinese Ceramic Society，2013，32（04）：683-686. (in Chinese)

爆炸与火灾联合作用下混凝土材料与梁柱构件响应

陈　力[1,2]，徐荣正[2]，方　秦[2]

（1. 东南大学土木工程学院，南京　210096；

2. 陆军工程大学爆炸冲击防灾减灾国家重点实验室，南京　210007）

摘　要： 爆炸与火灾两种灾害的共同作用会导致结构的严重破坏甚至整体坍塌。本文按照从材料到构件的层次顺序，通过实验室高温冲击试验和大比例模型野外爆炸试验，研究了普通混凝土在高温和高应变率耦合作用下的材料力学特性；建立了混凝土在高温下的动态增强因子 DIF_T 与应变率的关系模型；揭示了 RC 梁、柱构件在先火灾后爆炸作用下的损伤破坏机理。借助数值计算和理论分析手段，提出了标准火灾升温情况下 RC 构件截面历史最高温度场解析计算公式；对分层条代法进行改进，引入温度变量到截面材料应力-应变关系，建立了火灾后 RC 构件弯矩-曲率及荷载-挠度全曲线实用计算方法和爆炸荷载作用下受火 RC 梁动力响应计算预测模型，并编制了高效求解程序。

关键词： 爆炸；火灾；混凝土；构件；损伤破坏

1　引言

　　爆炸与火灾灾害常常相伴相生，21 世纪以前，人们总是将建筑物遭受爆炸和火灾灾害作为两个独立的学科来进行研究，即火灾科学学科和防护工程学科；然而，美国 9.11 事件彻底改变了先前的认识。由于结构设计时安全冗余度较大并拥有备用荷载传递路径，且偶然性爆炸荷载作用范围小，一般只会造成建筑材料损伤或使构件产生局部破坏，很少会直接造成结构整体倒塌，多数结构的坍塌实际上是与伴生火灾共同作用所致。尽管作为主要建筑用材的钢和混凝土非易燃材料，但在高温情况下其材料性能将发生很大改变。温度 400℃时，钢材的屈服强度将降低至常温下强度的二分之一；温度达到 600℃时，钢材基本丧失全部强度和刚度。混凝土抗高温性能略好一些，但 600℃时其极限强度也将下降至常温强度的一半，1000℃左右则下降至常温强度的不足 1/10，然而一般室内火场的温度为 800～1200℃，因此火灾高温和爆炸荷载的耦合作用势必会加剧构件承载力的丧失，使结构发生严重的内（应）力重分布，大大削弱其性能，危及建筑结构安全，甚至造成倒塌。由于各种突发性偶然爆炸事故大多发生在人口稠密、可燃物集中的城市环境内，随着经济的快速发展，我国城市化进程又异常迅猛，所以爆炸与火灾耦合作用灾害的发生不可避免。

　　火灾高温对工程材料的强度、弹性模量等基本力学性能将产生弱化作用[1,2]。国内外许多学者已经针对结构钢等金属材料的高温力学性能进行了大量理论、实验和数值模拟研究，成果较为丰富，高温

作者简介：陈　力，东南大学土木工程学院教授，博士生导师，主要从事工程结构抗冲击爆炸研究。

　　　　　徐荣正，陆军工程大学爆炸冲击防灾减灾国家重点实验室博士研究生，主要从事爆炸与火灾多灾害破坏效应研究。

　　　　　方　秦，陆军工程大学教授，副校长，博士生导师，主要从事武器效应和工程防护研究。

电子邮箱：chenli1360@qq.com

对金属材料力学性能的影响规律已基本阐述清楚。高温对混凝土类材料力学性能的影响与强度、骨料类型、配合比和冷却方式等都有很大关系。现有高温性能的主要研究成果还是集中于强度、弹性模量和应力应变全曲线等[2]，并总结出了一系列经验公式，但由于国内外学者进行实验时加温条件和精度控制不尽相同，导致结果差异较大。基于工业 CT 等先进微观观测设备，对于混凝土高温损伤破坏机理的研究虽有一定进展[3]，但还是矛盾重重，分歧明显，缺乏更多共性认识。对于混凝土高温损伤理论研究，目前主要基于弹塑性损伤力学理论框架，利用温度损伤变量、温度场准则、温度场与力学的耦合关系等来描述高温对混凝土的影响，但仍存各自的适用局限。

钢和混凝土材料在高应变率与高温耦合作用下的损伤破坏机理研究尚处于起步阶段。Johnson—Cook 模型将应变率效应与高温软化效应进行解耦，可以考虑钢材料静载下的应变硬化、动态下的应变率效应以及高温下强度弱化效应[4]。由于缺少合适的实验设备，对混凝土材料在高应变率与高温耦合作用下的实验研究成果十分有限，且数据离散性较大[5-8]。李奎[9]基于混凝土单轴动态下的 ZWT 模型通过试验数据拟合，得到了混凝土不同温度时的动态力学本构关系。但是此模型只考虑了混凝土的单轴抗压性能，无法应用到混凝土材料多轴应力状态下的研究中，因此无法将此模型推广到混凝土构件乃至混凝土结构的有限元计算中。同时，该混凝土模型适用的最高温度仅为 650℃，远未到实际火灾温度场高达 1200℃的标准。

爆炸波与火灾高温对结构构件的联合作用可解耦分为以下两种灾害模式[5]：（1）先爆炸后火灾；（2）先火灾后爆炸。

国内外的现有研究主要还是分别针对结构遭受爆炸或火灾的单因素来进行灾害分析，由于此类情况下的结构响应研究已经持续了多年，成果相对较为成熟和丰富，因此这里不再累述。而对于结构遭受爆炸和火灾联合作用下的灾害效应分析，国内外一些学者也开展了一些初步研究[10-15]，但主要是针对钢结构的，成果也十分有限。Song 和 Izzuddin[11,12]提出了一种计算爆炸和火荷载联合作用下钢结构响应的数值分析方法，该方法中采用显式动力分析方法计算爆炸荷载对结构的作用，而采用隐式动力分析方法计算火荷载对结构的作用，分析中同时考虑了应变速率和温度对钢结构性能的影响。Chen 和 Liew[13,14]利用 ABAQUS 隐式动力分析方法分析了单个构件和两个自由度的钢框架在爆炸与火荷载联合作用下的影响，并扩展到三个自由度的钢框架分析，模拟了梁的局部和扭转破坏。Yu 和 Liew[15,16]采用混合单元方法通过拟动力两步分析法分析了一个多层框架在中等规模爆炸和其后发生的火灾共同作用下的响应。马臣杰[17]针对冲击荷载作用后钢框架结构的抗火性能进行了初步探讨。王振清等[18]分析了火灾场中冲击波荷载作用下简支钢梁各个阶段不同时刻的动力响应。汪明等[19]基于 Johnson—Cook 模型，通过引入损伤因子对矩形钢柱在爆炸和火荷载联合作用下的损伤进行了分析评估。方秦等[20]在考虑钢结构应变速率和高温软化效应的材料模型基础上，利用 Timoshenko 分层梁非线性数值分析方法，编制了 FRAME—BF 有限元程序，并利用该程序对爆炸和火灾联合作用下钢梁的响应进行了数值模拟，定量地评价了爆炸和火灾对钢梁联合作用下的破坏效应。方秦等[21]还基于 ABAQUS 提出了一种模拟爆炸和火灾联合作用下结构破坏的数值分析方法，实现了考虑热传导过程的钢结构三维全过程有限元数值计算。

在 RC 结构方面，金浏等[22]则利用落锤试验和装配式电炉开展了 SFRC 梁冲击损伤后的抗火性能试验，研究发现，SFRC 梁在落锤冲击下尽管表面混凝土开裂，整体处于弹性工作阶段，仍具有良好的抗火性能。陈力等[23]针对 ABAQUS 软件中含有温度自由度的单元在隐式和显式求解器之间不能传递数据，只能单独进行显式或隐式分析的问题，提出了一种包含准静态分析、显式动力学分析和显式热传导、热应力耦合分析三个步骤的三维全过程数值分析方法。计算过程中同时考虑了应变速率效应和高温软化效应对混凝土材料本构关系的影响，并针对数值分析中的每一个步骤提出了合理的求解方法。

利用该方法对爆炸和火灾联合作用下 RC 梁、柱的响应进行了数值模拟，定量地分析评价了爆炸和火灾对 RC 梁、柱构件联合作用下的动力响应和破坏形态。

应该指出，国内外对钢结构在爆炸冲击和火灾联合作用下的损伤破坏研究较为重视，而对 RC 结构的研究涉及较少或为空白，而且现有研究均仅限于先爆炸后火灾的情况。在可燃物集中环境中，偶然性爆炸往往伴随大火，爆炸引起的结构局部损伤与破坏将显著降低结构构件的抗火性能；而火灾高温的后续作用将显著改变结构材料的强度、弹性模量等参数。虽然，在爆炸荷载和火灾高温荷载单独作用下工程结构的损伤破坏机理的研究已取得相当的研究成果，但是在爆炸与火灾荷载联合作用下工程结构的损伤破坏机理尚不清楚。实际上，结构在爆炸和火灾联合作用下的损坏甚至倒塌是一个在时间和空间以及材料与构件两个方面双重耦合的整体过程，十分复杂，单纯地针对结构进行抗爆或抗火灾分析都是不够的。

课题组从 2008 年开始，按照从材料-构件-结构的层次顺序，从试验技术、材料本构模型、有限元分析技术、高效计算理论和快速评估方法五个方面，针对爆炸和火灾多灾害作用下工程结构的损伤破坏开展了系统的研究[20-37]。受篇幅所限，本文仅简要介绍课题组在爆炸与火灾联合作用下的混凝土材料特性和 RC 梁、柱构件损伤破坏机理方面部分试验和理论研究成果。内容主要分为以下三个方面：（1）高温下混凝土材料的动态力学特性；（2）火灾后 RC 梁、柱构件在爆炸荷载作用下的损伤破坏；（3）火灾后 RC 梁的爆炸响应理论计算方法。

2 高温下混凝土材料的动态力学性能

2.1 混凝土试件制作

试验共采用了四种强度等级的混凝土，原材料分别为：（1）10mm 直径玄武岩作为粗骨料；（2）河沙作为细骨料，表观密度 2650kg/m³，堆积密度 1480kg/m³，含泥量小于 1.0％，细度模数 2.7；（3）本试验选用普通硅酸盐水泥（30 和 40 采用 PⅡ42.5 标号水泥，50 和 60 采用 PⅡ52.5 标号水泥）；（4）粉煤灰为南京江南粉磨有限公司生产的超细粉煤灰；（5）减水剂采用江苏博特新材料有限公司生产的高效减水剂，其建议掺量为 0.8％；（6）搅拌用水为普通自来水。试件制成直径 71mm×40mm 圆柱体，如图 1 所示，同时每个强度等级下相同批次的混凝土制作了少量标准立方体试件以测试其立方体抗压强度。

本次试验制作的 A～D 四个批次混凝土标准养护 28d 的标准立方体强度分别为：46.9MPa、55.6MPa、57.8MPa 和 65.9MPa，如表 1 所示。

图 1 混凝土试件 48h 成型养护

				试件材性参数表		表 1
等级	水灰比	水泥	粉煤灰	沙	石	立方体抗压强度
A	0.48	PⅡ42.5R326	58	659	1124	46.9MPa
B	0.39	PⅡ42.5R391	69	689	1172	55.6MPa
C	0.32	PⅡ52.5R442	78	689	1125	57.8MPa
D	0.27	PⅡ52.5R440	110	702	1099	65.9MPa

2.2 混凝土高温冲击试验

为了提高试验效率（如图2所示），控制精度，同时也努力降低传统电热电阻炉加热过程中热传导过程对混凝土试件的破坏，课题组基于可以进行均匀加热、加热温度最高可达1300℃的工业微波炉，运用快速对杆自动控制技术，自主研制出适用于混凝土高温高应变率力学性能研究的MATSHPB试验装置（如图3所示），整套试验装置主要包括：试件滚动导轨、快速对杆装置、自动控制回路以及SHPB试验系统。针对不同强度的混凝土试件，基于该系统共计开展了1000余次高温冲击试验。

试验共分为54组，每组（相同温度、相同批次试件、相同撞击速度）进行5次试验。图4（左侧）为高速摄像捕捉的混凝土试件在不同试验温度下冲击损伤破坏过程，每个温度下的三张照片由左至右依次分别为混凝土试件在各试验温度下的初始压缩状态、中间压缩状态

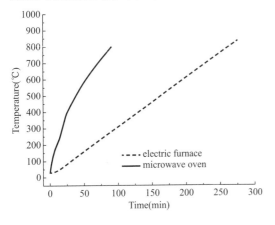

图2 加热混凝土升温曲线对比

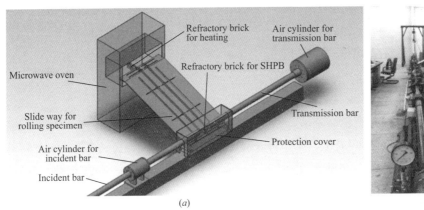

图3 混凝土高温 MATSHPB 试验装置

（a）试验装置示意图；（b）装置实物图

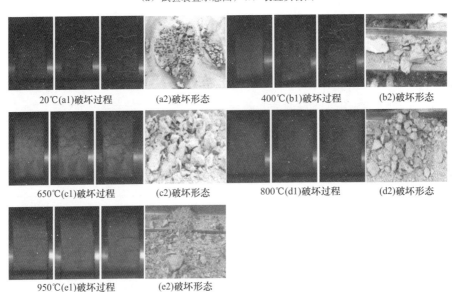

图4 不同温度下 SHPB 试验试件破坏过程和破坏形态（C组）

（产生微裂纹或者出现明显压缩）以及明显裂纹压缩破坏状态。试件破坏形态方面，见图 4（右侧），当温度从室温升高至 400℃，试件裂纹逐渐增多。随着温度的进一步升高，裂纹则愈加不明显，混凝土试件逐渐呈粉末状破坏。具有代表性的应力-应变曲线（C 等级）见图 5，可以发现，随着温度的升高，混凝土的动态强度也呈现显著降低的趋势。

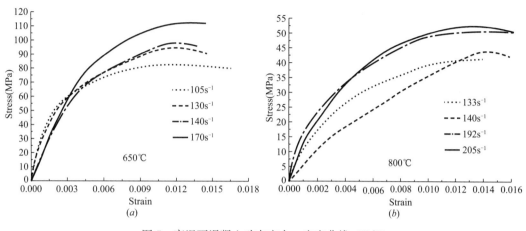

图 5　高温下混凝土动态应力—应变曲线（C 组）

(a) 650℃；(b) 800℃

2.3　混凝土材料的高应变率高温耦合效应

配合混凝土高温冲击试验，同时开展了不同温度下的混凝土准静态和低应变率压缩试验。综合分析所有试验数据可以得到不同温度下混凝土材料动态强度放大因子 DIF_{TS} 随应变率变化的曲线，如图 6 所示。主要结论和规律可归纳为：

（1）常温下（$10^1 \sim 10^2 \mathrm{s}^{-1}$）混凝土材料冲击试验得到的动态强度放大因子和应变率的关系与欧洲混凝土规范（CEB）的建议公式吻合较好，证明了试验技术和试验数据的可靠性（图 6a）；

（2）在 $20 \sim 800℃$ 温度范围内，混凝土配比和强度对 DIF_{TS} 几乎没有影响。与常温类似，不同温度下 DIF_{TS} 与应变率的关系仍然可以用双折线表示（图 6b）；

（3）高温对 DIF_{TS} 与应变率的关系曲线的第一条分支影响不大，但与第二条分支的转换应变率随温度增加而不断增大，从而导致在高应变率情况下应变率增强效应随温度增加而降低；DIF_{TS} 与应变率的关系曲线的第二条分支随温度的升高呈相互平行的关系（如图 6b）。

仿照 CEB 的 DIF 公式通过拟合得到 400℃ 至 800℃ 各温度下的 DIF_{TS} 公式为：

$$400℃：\quad DIF_{TS} = \frac{f_{c,d}^T}{f_{c,s}^T} = \left(\frac{\dot{\varepsilon}_c^T}{\dot{\varepsilon}_{c0}^T}\right)^{1.54\alpha_s}, \quad |\dot{\varepsilon}_c^T| \geqslant 100\mathrm{s}^{-1} \tag{1a}$$

$$DIF_{TS} = \frac{f_{c,d}^T}{f_{c,s}^T} = \gamma_s \left(\frac{\dot{\varepsilon}_c^T}{\dot{\varepsilon}_{c0}^T}\right)^{1.72}, \quad |\dot{\varepsilon}_c^T| > 100\mathrm{s}^{-1} \tag{1b}$$

式中，$\dot{\varepsilon}_c^T$ 为 400℃ 温度下材料的应变率，$\dot{\varepsilon}_{c0}^T = 100 \times 10^{-6}\mathrm{s}^{-1}$，$\lg\gamma_s = -889.51205\alpha_s - 2$，$\alpha_s = \dfrac{1}{5 + 9 f_{c,s}^T / f_{c,s0}^T}$，$f_{c,s0}^T = f_{c,s0} \cdot \xi$，$\xi = \dfrac{f_{c,s}^T}{f_{c,s}}$ 为混凝土抗压强度温度折减系数，$f_{c,s}^T$ 为 400℃ 下准静态抗压强度；

$$650℃：\quad DIF_{TS} = \frac{f_{c,d}^T}{f_{c,s}^T} = \left(\frac{\dot{\varepsilon}_c^T}{\dot{\varepsilon}_{c0}^T}\right)^{1.07\alpha_s}, \quad |\dot{\varepsilon}_c^T| \leqslant 105\mathrm{s}^{-1} \tag{2a}$$

$$DIF_{TS} = \frac{f_{c,d}^T}{f_{c,s}^T} = \gamma_s \left(\frac{\dot{\varepsilon}_c^T}{\dot{\varepsilon}_{c0}^T}\right)^{0.62}, \quad |\dot{\varepsilon}_c^T| > 105\mathrm{s}^{-1} \tag{2b}$$

其中 $\dot{\varepsilon}_{c}^{T}$ 为 650℃温度下材料的应变率，$\dot{\varepsilon}_{c0}^{T}=105\times10-6\,\mathrm{s}^{-1}$，$\lg\gamma_{s}=-176.03\alpha_{s}-2$，$f_{c,s}^{T}$ 为 650℃下准静态抗压强度，其余参数同式（2）；

$$800℃：\quad DIF_{TS}=\frac{f_{c,d}^{T}}{f_{c,s}^{T}}=\left(\frac{\dot{\varepsilon}_{c}^{T}}{\dot{\varepsilon}_{c0}^{T}}\right)^{0.91\alpha_{s}}，\quad |\dot{\varepsilon}_{c}^{T}|\leqslant130\mathrm{s}^{-1} \tag{3a}$$

$$DIF_{TS}=\frac{f_{c,d}^{T}}{f_{c,s}^{T}}=\gamma_{s}\left(\frac{\dot{\varepsilon}_{c}^{T}}{\dot{\varepsilon}_{c0}^{T}}\right)^{0.45}，\quad |\dot{\varepsilon}_{c}^{T}|>130\mathrm{s}^{-1} \tag{3b}$$

式中，$\dot{\varepsilon}_{c}^{T}$ 为 800℃温度下材料的应变率，$\dot{\varepsilon}_{c0}^{T}=130\times10^{-6}\,s^{-1}$，$\lg\gamma_{s}=-68.35\alpha_{s}-2$，$f_{c,s}^{T}$ 为 800℃下准静态抗压强度，其余参数同式（2）。

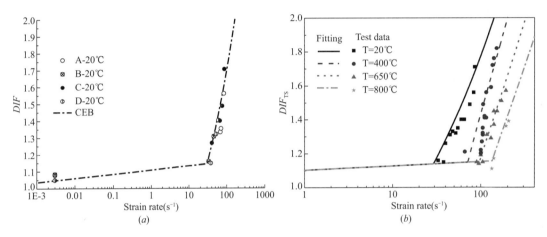

图 6　不同批次强度混凝土各温度下 DIF_{TS} 与应变率关系
（a）常温；（b）高温

950℃试验数据较不稳定，不同配比和强度的混凝土试件试验结果较为离散。混凝土在 950℃高温与高应变率耦合作用下出现了类似雾化效应，其雾化程度成了混凝土试件的超高温动态抗力大小的主要因素，其破坏物理机制不再与 20～800℃情况相同。雾化效应产生的物理机制目前还不是很清楚，通过试验现象观察以及试验结果数据分析，初步认为，混凝土作为多相材料，各组分受高温影响的化学反应程度不同，导致的内部影响力学特性因素的不均匀程度较高，且 950℃高温已接近混凝土骨料的熔点，影响力学特性的化学反应极为剧烈，可以认为在 950℃甚至更高温度下，混凝土中的骨料化学变化成为影响其力学性质的主要因素。

从图 7 可看出，950℃下相同批次的混凝土试件试验结果具有一定的变化趋势，可得到 DIF_{TS} 与应变率之间的函数关系。比较图7和图8可以发现，A等级与C等级混凝土 DIF_{TS} 与应变率关系的试验

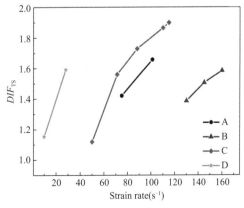

图 7　950℃混凝土 DIF 与应变率关系

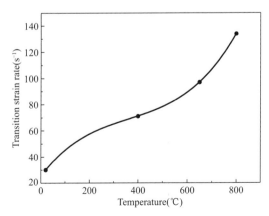

图 8　转换应变率与温度的关系

结果与 CEB 公式较为吻合，B 等级混凝土 DIF_{TS} 和应变率关系与 650℃下的拟合曲线较为吻合。相同应变率下的 DIF_{TS} 值 D 等级最大、A 等级与 C 等级居中、B 等级最小。由表 1 可知，四个配比的混凝土试件中石子骨料百分比，最大的为 B 等级、A 等级与 C 等级居中、D 等级最小，这说明混凝土材料熔点较低的石子骨料含量越高，950℃及以上超高温下的动态破坏过程中的雾化效应越明显，混凝土试件破坏的裂纹贯穿能力越强，相同应变率下的 DIF_{TS} 值越低。并且说明混凝土材料在 950℃及以上超高温下的动态力学性能对材料配比中熔点较低成分的含量敏感性较高。

由于在 20～800℃试验温度范围内，DIF_{TS} 临界转换应变率与温度相关，式（1）～（3）可统一写为如下形式：

$$DIF_{TS} = \frac{f_{c,d}^{T}}{f_{c,s}^{T}} = \begin{cases} \left(\dfrac{\dot{\varepsilon}_c^{T}}{\dot{\varepsilon}_{c0}^{T}}\right)^{1.026\alpha_s}, & \dot{\varepsilon}_c^{T} \leqslant \dot{\varepsilon}_{trans}^{T} \ s^{-1} \quad 20℃ \leqslant T \leqslant 800℃ \\ \gamma_s \left(\dfrac{\dot{\varepsilon}_c^{T} - g(T)}{\dot{\varepsilon}_{c0}^{T}}\right)^{h(T)}, & \dot{\varepsilon}_c^{T} > \dot{\varepsilon}_{trans}^{T} \ s^{-1} \quad 20℃ \leqslant T \leqslant 800℃ \end{cases} \tag{4}$$

其中，$\dot{\varepsilon}_c^{T}$ 为 T 温度下材料的应变率；$\lg\gamma_s = 6.156\alpha_s - 2$，$\alpha_s = \dfrac{1}{5 + 9f_{c,s}/f_{c,s0}}$，$f_{c,d}^{T}$ 为温度 T 下材料动态强度，$f_{c,s}^{T}$ 为温度 T 下准静态强度，$f_{c,s}$ 为混凝土常温下静压强度，$f_{c,s0} = 10\mathrm{MPa}$。

$g(T)$，$h(T)$ 和转换应变率可以写成如下形式，

$$g(T) = -1.51 + 0.26T - 5.35 \times 10^{-4}T^2 + 3.89 \times 10^{-7}T^3 \quad 20℃ \leqslant T \leqslant 800℃ \tag{5}$$

$$h(T) = 0.34 + 3.04 \times 10^{-5}T - 1.11 \times 10^{-7}T^2 + 4.93 \times 10^{-11}T^2 \quad 20℃ \leqslant T \leqslant 800℃ \tag{6}$$

$$\dot{\varepsilon}_{tran}^{T} = 25.6 + 0.24T - 5.04 \times 10 - 4T^2 + 4.6519 \times 10^{-7}T^3 \quad 20℃ \leqslant T \leqslant 800℃ \tag{7}$$

混凝土动态峰值割线模量 DIF_{TE} 在不同温度下（20～800℃）与应变率（$10^1 \sim 10^2 \mathrm{s}^{-1}$）关系曲线如图 9 所示。不难发现，也可通过数据拟合，得到高温下的 DIF_{TE} 与应变率的关系式，类似于式（1）～式（3），详见文献[24,25]，此处不再赘述。

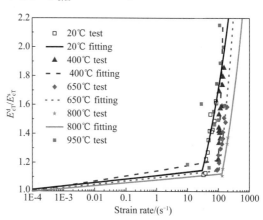

图 9　高应变率下混凝土峰值割线
模量的 DIF_{TE} 与应变率关系

3　火灾后 RC 梁、柱在爆炸荷载作用下的损伤破坏

为了揭示爆炸和火灾联合作用下 RC 构件的响应特性和损伤破坏特征，课题组分别针对 RC 梁、柱设计实施了大比例模型试验。基本思路是先对 RC 梁和柱进行标准火灾加载，然后待其在自然条件下冷却至室温后，再对其进行爆炸加载测试。

3.1　试验装置和试验方案

3.1.1　爆炸试验装置

爆炸试验在课题组专门设计的爆坑试验装置中进行，如图 10（a）所示。该试验装置由爆坑和端部支撑固定装置组成，其中固定装置包括垫块、固定螺栓和螺杆，如图 10（b）所示。

梁、柱构件横向放置，构件上表面与地面齐平，爆炸荷载由悬挂于构件正上方的炸药爆炸产生，炸药药量和爆炸距离均可调。在此基础之上，增加轴压装置可以对构件施加轴向荷载用于模拟柱的轴向受力。轴压装置由气缸和自平衡反力架组成，如图 11 所示。

图 10　爆炸试验装置

（a）试件与炸药安装；（b）端部支撑垫块和固定螺杆

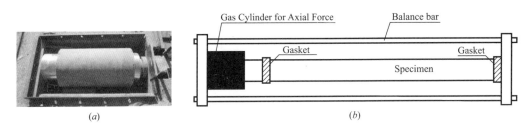

图 11　轴压气缸和自平衡反力架

（a）轴压气缸；（b）自平衡反力架

由于压缩气体变形模量低，构件受爆炸荷载变形过程中气缸可以保持轴压恒定，从而模拟恒定轴压加载。轴压气缸内径为 400mm，通过充入氮气加压，最大可承受的内压为 12MPa，可以对试件施加最大 1500kN 的轴压。为了量测构件受到的爆炸荷载和位移响应，在构件迎爆面安装了压电式压力传感器；在构件背面安装 LVDT 位移计。两种传感器均从构件跨中位置开始间隔布置。动态数据采集仪选用的型号为 DH-5927。

3.1.2　火灾试验装置

RC 构件的火灾加载试验在东南大学的水平火灾试验炉中进行，如图 12（a）所示。该装置通过四个点火投点燃炉腔内的天然气和空气混合气体来模拟火灾高温，最大功率可达 2.5MW。通过程序控制可以使炉腔内的温度按照 ISO834 建议的室内火灾升温曲线变化。炉腔内还设置有热电偶用以实时监测炉腔内部温度变化。炉膛实时升温曲线如图 12（b）所示。

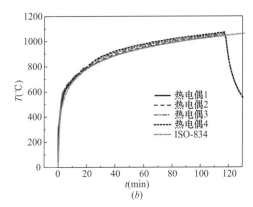

图 12　火灾试验炉

（a）火灾试验炉实物图；（b）炉膛实测升温曲线

3.1.3 试件设计及试验方案

RC 梁柱构件尺寸均为 200mm×200mm×2500mm。纵筋为 HRB400 级，箍筋为 HRB235 级，混凝土等级为 C30。RC 梁采用不对称配筋，受拉区域配置两根 ϕ16mm 钢筋，受压区域配置两根 ϕ10mm 钢筋，箍筋选用 ϕ6mm 钢筋，间距 150mm，钢筋保护层的厚度为 20mm，配筋如图 13 所示。

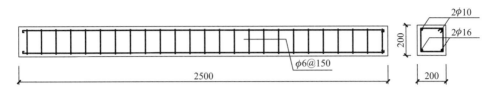

图 13　RC 梁截面与配筋

RC 柱的纵筋则采用对称配筋，截面上配置四根 ϕ16mm 钢筋，其余配筋方案和保护层厚度等与梁一致。试验的控制变量包括受火方式、受火时间、轴压比和爆炸荷载作用面。试验方案工况如表 2 所示。表中编号 B 表示梁，C 表示柱。RC 构件内部测温点具体布设位置详见图 14。

试验方案 表 2

试件编号	受火方式	受火时间	轴压比	爆炸荷载作用面
B1	不受火	—	—	顶面
B2	三面受火	90min	—	顶面
B3	三面受火	120min	—	顶面
B4	三面受火	120min	—	底面
B5	三面受火	120min	—	底面
C1	不受火	—	0.2	侧面
C2	四面受火	120min	0.2	侧面
C3	四面受火	120min	0.2	侧面

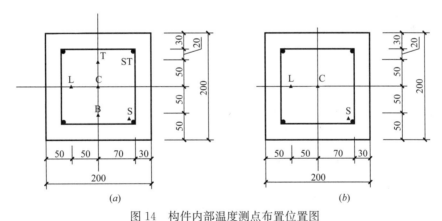

图 14　构件内部温度测点布置位置图

（a）梁；（b）柱

3.2 破坏形态

3.2.1 火灾中构件的破坏形态和截面温度场

RC 试件的表观颜色随着经历火灾作用的时间长短不同发生变化。构件未受火灾作用时呈青灰色 [图 15（a）]。经过 90min 的火灾升温后冷却至室温，表面呈现土黄色；经过 120min 火灾升温后冷却至室温，表面呈现苍白色。如图 15（e）所示，受火后的试件产生了大量细小裂纹和小圆洞，这些细小裂纹是由于混凝土内部在高温下产生了很高的蒸汽压力和混凝土组分不协调膨胀产生造成的。不同于梁，部分 RC 柱还发生了严重的爆裂，如图 15（d）所示。这是由于 RC 梁上表面采用了耐火棉包裹隔热，水蒸气可以通过隔热的低温区缓慢地向外部逸出，降低了爆裂发生的概率。

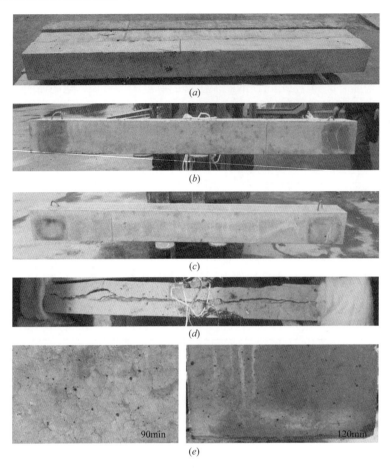

图 15　受火后构件的表观变化

（a）未受火构件；（b）RC 梁（受火 90min）；（c）RC 梁（受火 120min）；（d）RC 柱的爆裂（受火 120min）；（e）受火后构件表面的裂纹

图 16 给出了不同受火时间下 RC 梁内部热电偶测点的温度时程曲线。可以看出，RC 梁、柱构件内部的温度随着受火时间的增加而逐渐升高。而随着到受火面的距离增加，温度则不断降低。这说明较高的比热容和较低的热传导系数可有效延缓火灾对于构件内部的影响。火灾过程结束后，构件内温度并不均匀，靠近受火面的混凝土和钢筋温度较高；核心混凝土则温度较低，且在停止火灾加热后仍然可以接受高温部分传来的热量而继续保持升温。

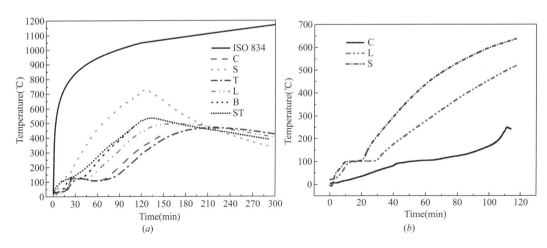

图 16　120min 火灾情况下 RC 构件内部的温度时程曲线

（a）B3 梁；（b）C2 柱

图 16 中还显示出，不管是 RC 梁还是 RC 柱，在内部热电偶测点温度达到 100℃时会有一个温度平台，这是由于混凝土内含水分蒸发引起的。由于水的相变潜热很大，需要吸收大量热量才能气化。由于钢的比热容远小于混凝土，且是热的良导体，所以钢筋对构件内部热传导的影响很小，可以认为火灾试验过程中，钢筋的温度和周围混凝土温度保持一致，也产生了温度平台现象。当内含水分完全迁移和蒸发之后，测点的温度重新开始上升。

3.2.2 爆炸加载中构件的破坏形态

火灾后 RC 梁在爆炸荷载作用后产生了大量的裂缝，主要集中于 RC 梁跨中下部区域。从图 17 （a）中可以看到，B1 梁上产生了 1a 和 1b 两条明显的裂纹，裂纹深度分别达到梁高的 50％到 75％。如图 17 （b）和（c）所示，B2 和 B3 梁在爆炸荷载下都产生了四条明显的裂缝。B3 上的 3c 裂缝几乎贯穿了整个梁深，而且 3c 和 3d 裂缝在扩展的过程中相互连接在一起，在背爆面造成震塌的趋势。从 B1、B2 和 B3 破坏形态的对比中可以看出，随着火灾时间的延长，RC 梁在相同爆炸荷载作用下会在背爆面产生更多的裂纹。

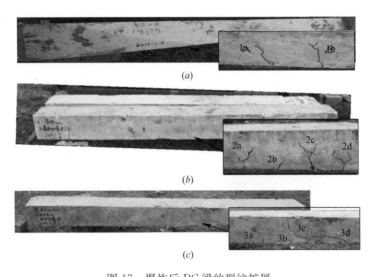

图 17　爆炸后 RC 梁的裂纹扩展

（a）B1（未受火）；（b）B2（受火 90min）；（c）B3（受火 120min）

火灾作用后，RC 梁底部混凝土受到高温作用，强度降低，且通常情况下 RC 梁的受压区配筋小于受拉区的配筋，当爆炸荷载用于 RC 梁的受火底面时会对结构造成更大的威胁。爆炸荷载作用于 RC 梁底面时，裂纹开展情况如图 18 所示。B4 梁在爆炸荷载作用后产生了四条明显的裂纹，且 4f 和 4g 两条裂纹扩展连接在一起，造成了两条裂纹中间的混凝土的震塌和剥离。B5 梁上的裂纹 5a 和 5b 几乎贯穿了整个梁深。

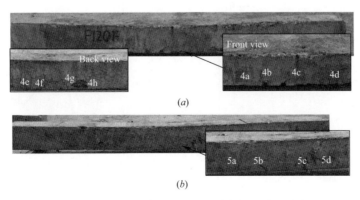

图 18　爆炸荷载作用在 RC 梁受火底面时的裂纹

（a）B4；（b）B5

有轴压作用的 RC 柱在爆炸荷载作用下产生的裂纹和变形的情形与 RC 梁不同。图 19 中给出了 C1 和 C2/C3 经受爆炸荷载作用后的裂纹开展和变形情况。C1 上产生了斜剪裂纹；而 C2 和 C3 柱上没有产生明显的裂纹，但端部混凝土破坏严重，RC 柱背爆面也产生了不同程度的震塌，部分混凝土保护层剥落。这是由于火灾作用过程使保护层的混凝土受到严重的损伤，混凝土在爆炸荷载下更易于脱落和震塌。

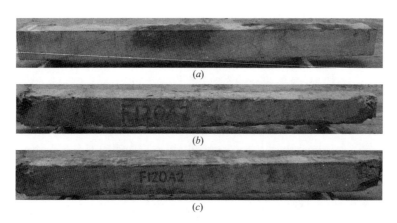

图 19　RC 柱在爆炸荷载作用下的破坏形态
(*a*) C1；(*b*) C2；(*c*) C3

3.3　位移动态响应的影响因素

3.3.1　受火时长对 RC 梁的影响

RC 梁在爆炸荷载作用下的跨中位移（D3）时程曲线对比如图 20 所示。从图可以明显看出，随着受火时间的延长，RC 梁的跨中最大位移不断增大，分别达到 25.45mm（B1）、27.68mm（B2）和 34.77mm（B3）。定义位移和梁跨度的比值为相对位移，则 B1、B2 和 B3 梁跨中的动态相对位移峰值分别为 1.0%、1.1% 和 1.4%。经过不同时长火灾作用的 B2、B3 梁相对于未经过火灾作用的 B1 梁的跨中峰值位移分别增大了 8.8% 和 36.6%。

3.3.2　不同迎爆面对 RC 梁的影响

在 RC 结构中，一根三面受火的结构梁可能遭受来自本层的爆炸荷载，也有可能遭受来自上一层的爆炸荷载，不同的爆炸加载面导致结构构件的位移响应有较大的差异，一方面是由于在结构设计中，梁构件通常采用的是不对称的配筋，另一方面是由于受火条件不同导致材料退化程度不同。

图 21 给出了当爆炸荷载作用于 RC 梁的未受火面和受火时的位移时程曲线对比。从图可以看出，

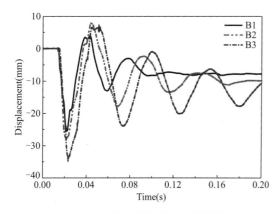

图 20　RC 梁在爆炸荷载作用下的
跨中位移时程曲线

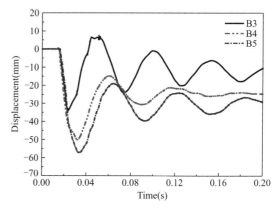

图 21　RC 梁在受火面爆炸荷载作用下的
跨中位移时程曲线

B4/B5 梁（爆炸作用于受火面）的跨中位移大于 B3 梁（爆炸作用于不受火面）。B4 和 B5 梁的跨中动态位移峰值分别为 50.1mm 和 57.0mm，残余位移分别为 24.6mm 和 30.1mm。其动态位移峰值和残余位移的平均值分别为 53.6mm 和 27.4mm，相比 B3 梁的 34.77mm 和 12.27mm 增大了 54％和 123％。

3.3.3 RC 柱的位移动态响应

RC 柱 C1 和 C2 在爆炸荷载作用下的动态位移响应如图 22 所示。从图可以看出，经受过火灾作用的柱 C2 在相同当量的炸药爆炸荷载作用下的动态位移大于未经受火灾作用的柱 C1。C1 在炸药爆炸荷载作用下的动态位移峰值为 22.77mm，经过 120min 火灾作用的 C2/C3 的动态位移峰值分别为 31.99mm 和 24.06mm，其平均值为 28.03mm。经过 120min 火灾作用后的 RC 柱的动态位移峰值的增幅为 23.1％。相比于 RC 梁，由于受到轴力的作用，爆炸荷载作用后的 RC 柱没有产生明显的残余位移，也证明了轴向荷载可以显著增加 RC 柱的抗爆性能。

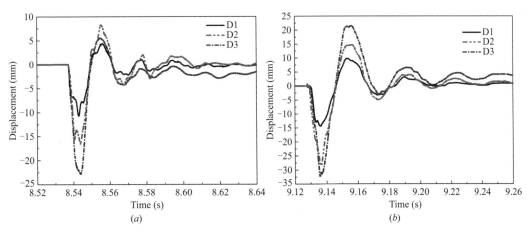

图 22　火灾后 RC 柱在爆炸荷载下的位移时程曲线

(a) C1；(b) C2

4　爆炸荷载作用下受火 RC 梁动力响应计算方法

4.1　基本思路与方法

理论计算方法拟基于等效单自由度（SDOF）理论模型计算火灾后 RC 梁的动力响应，SDOF 模型的动力方程如下式

$$M_e\ddot{Y} + R_e(Y, \dot{\varepsilon}) = P_e(t) \tag{8}$$

图 23 表示了理论计算方法的荷载加载过程，所示空间坐标系通过时间（t）、温度（T）和荷载（N）三个坐标轴将 RC 梁所经历的温度、荷载与时间的关系表示出来，由红色线段表示，可以分为 AB：升温阶段、BC：降温阶段、CF：爆炸荷载作用阶段。火灾后 RC 构件在爆炸荷载下的动力响应计算需要以静抗力 $R(Y)$ 为基础，而静抗力又与构件截面所经历的历史最高温度场相关。

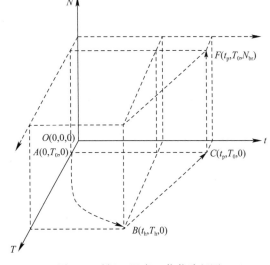

图 23　时间—温度—荷载路径图

4.2 截面历史最高温度场的理论计算模型

火灾后混凝土材料力学性能取决于其在火灾过程中经历的最高温度。为了实现受火 RC 构件截面损伤状况的快速评估，课题组基于试验和有限元计算（基于开发的子程序记录了历史最高温度场），提出了方形 RC 构件截面历史最高温度场的简化计算公式。

该历史最高温度场计算公式仍然通过升温时间 T，截面尺寸 B，截面中心点的温度 T_c 构件受火外表面温度 T_f，截面中轴线升温 T_x、T_y 表达。通过对数值计算结果的数据拟合，首先得到 T_c、T_f 的计算公式。由于构件受火外表面各点温度并不相同，在构件角部，温度高于其他位置，且变化较快。实际工程中的 RC 构件，角部混凝土对构件力学性能影响不大，因此在本节温度场计算中，忽略构件四角温度分布，取构件对角线上距离角点 $(\sqrt{2} \cdot B)/10$ 位置处的温度近似作为构件受火面温度，具体表示为：

$$T_f = -2140 + 1101 \cdot \lg[3.2T + 60] \tag{9}$$

构件截面中心点历史最高温度可以表示为：

$$T_c = 375 + 1108 \cdot \lg[(2.24 \times 10^{-5} B^{-3.8})(T - \beta) + 1] \tag{10a}$$

$$\beta = 700B^2 + 320B - 60 \tag{10b}$$

而坐标轴上历史最高温度的分布则可以表示为：

$$\frac{T_x - T_c}{T_f - T_c} = \left(1 - \frac{B - |2x|}{B}\right) \exp\left(-14 \cdot \frac{B - |2x|}{B}\right) \tag{11a}$$

$$\frac{T_y - T_c}{T_f - T_c} = \left(1 - \frac{B - |2y|}{B}\right) \exp\left(-14 \cdot \frac{B - |2y|}{B}\right) \tag{11b}$$

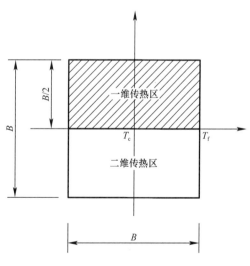

图 24 三面受火传热区划分

其中，x，y 分别表示在以构件截面中心点为原点建立的直角坐标系中，所求点的位置坐标，B 表示构件截面尺寸。则在四面受火情况下，构件截面 x，y 坐标点处的温度也表示为：

$$T(x, y) = T_f - \frac{(T_f - T_x)(T_f - T_y)}{T_f - T_c} \tag{12}$$

在三面受火的条件下，由于未受火面的存在，构件温度场关于 y 轴对称，但在 x 方向上分布与四面受火有所不同。如图 24 所示，计算模型也划分为两个传热区域，在二维传热区内，任意点 (x, y) 的温度仍用式（15）表示。而针对一维传热区内的温度分布特点，近似认为温度变化只发生在 x 轴方向上，相同 x 坐标的点其温度相同，那么，在一维传热区，点 (x, y) 处的历史最高温度可以表达为：

$$T(x, y) = \left[\left(1 - \frac{B - |2x|}{B}\right) \exp\left(-14 \cdot \frac{B - |2x|}{B}\right)\right]\left[\left(1 - 0.08 \cdot \frac{2x}{B}\right)T_f - \left(1 - 0.13 \cdot \frac{2x}{B}\right)T_c\right]$$
$$+ \left(1 - 0.13 \cdot \frac{2x}{B}\right)T_c \tag{13}$$

由于计算工况有限，所提出的温度场简化计算公式适用于截面边长为 $0.2 \sim 0.6$m 的方形 RC 截面在升温时间为 $30 \sim 150$min 条件下的截面温度场状况。

4.3 火灾后 RC 梁抗力—变形全曲线计算模型

4.3.1 分层条带法的改进

分层条带法是经典的截面分析方法，其基本思想是将混凝土的截面沿高度划分成条带，认为每条条带上应力相同。假设截面曲率及应变，并不断改变其值，直至某一变形对应的内力与外荷载平衡。该方法常用于常温下钢筋混凝土梁的承载力与变形性能的分析。

RC 构件经历火灾作用后，温度在构件截面的分布不均匀，而高温导致的混凝土的劣化程度取决于材料所经历的最高温度，因此，构件截面不同位置材料的力学性能有所不同。现有分层条带法要求每一横向条带内的材料性能均匀，因此该方法无法直接应用于火灾后构件截面分析。

为了将这一实用计算方法应用于受火的 RC 构件，课题组改进了单元划分方法，在条带的基础上将截面进一步划分成网格，具体单元划分方式如图 25 所示。该方法认为每一网格内温度分布均匀，以其中心点温度 $T(x, y)$ 表示该网格区域内温度，由不同温度取值进一步确定该计算单元内材料的应力-应变关系。混凝土截面划分单元时不考虑钢筋的影响。由于钢筋具有良好的导热性，认为其经历的最高温度与相同位置混凝土所经历最高温度相同。网格划分越细则近似程度越高，但计算复杂性相应提高，在实际计算中，需适当划分网格数，既能反映截面温度分布情况，也使表述更加简单明确，为后续计算提供条件。推荐采用尺寸为 4mm×4mm 的网格作为计算单元。

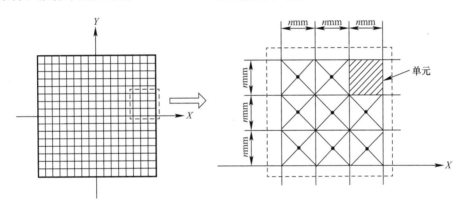

图 25　改进的单元划分方法

继而可以引进 4.2 节提出的截面历史最高温度场模型来确定 RC 梁构件中任意一点历经的最高温度，从而确定任一点的与温度相关的应力应变关系，解决了将温度变量引入分层条带法的关键问题。基于分层条带法的相关理论，相继计算出火灾后 RC 梁截面的弯矩-曲率关系、荷载-挠度关系，可以得到火灾后 RC 梁的静抗力-变形全曲线，即静抗力模型 $R(Y)$。课题组基于 Maple 平台，还编制了火灾后 RC 梁静抗力-变形全曲线的计算程序 DRCB-AF-SAT[28]。

4.3.2 静抗力计算程序验证

为验证计算程序 DRCB-AF-SAT 的正确性，选取文献[4]中 B-1 试件，应用计算程序计算弯矩-曲率及荷载-挠度曲线。B-1 试件宽 190mm，高 300mm，总长 4900mm，保护层厚度 25mm。试件底层配 4 根直径 20mm 的 HRB400 钢筋，弹性模量 $E_s = 2 \times 10^5$ MPa，屈服强度 $f_y = 410$ MPa。混凝土立方体抗压强度 $f_c = 52.1$ MPa。B-1 试件采用标准升温曲线加热 34min 后自然冷却。静力试验加载方式为四点弯加载，纯弯段长度为 1100mm。其尺寸及配筋情况如图 26 所示。

程序计算出 B-1 梁弯矩—曲率曲线如图 27（a）所示：AB 段 RC 梁处于弹性阶段，随荷载增加，截面曲率缓慢均匀增大，B 点时钢筋屈服，到达屈服极限，此时 $M = M_y = 58.67$ kN·m，构件进入塑性状态后，曲率迅速增大但弯矩增加很少，随构件曲率增加，弯矩值基本保持在 $M = 61$ kN·m，认为达

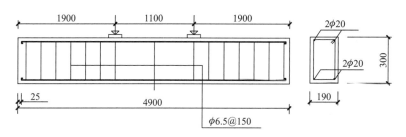

图 26　B-1 梁配筋图

到极限弯矩值。试验并未给出相应弯矩—曲率曲线，但计算所得曲线形态与理论分析一致，且计算承载力极限与试验所得结果 58.4kN·m 相差约 4.4%，吻合较好。图 27（b）绘制了构件的荷载—挠度曲线，从图中可以看出，不论在弹性阶段还是塑性阶段，计算结果与试验结果均吻合较好。

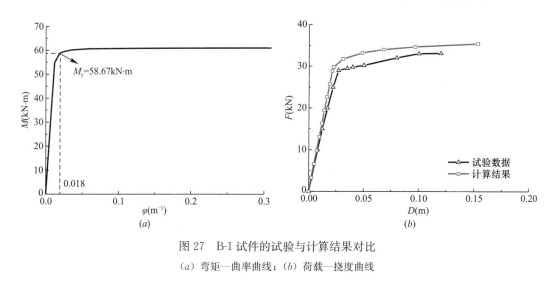

图 27　B-1 试件的试验与计算结果对比

（a）弯矩—曲率曲线；（b）荷载—挠度曲线

4.4　爆炸荷载作用下受火 RC 梁的动力响应计算

4.4.1　计算方法与程序的编制

对 RC 梁进行单自由度的简化后，其运动方程可以表示为式（11），其中 M_e 表示构件等效质量，$R_e(Y, \dot{\varepsilon})$ 是考虑应变率效应在内的构件等效动抗力，其值可以通过 4.2 节的静抗力模型 $R(Y)$ 和应变率模型[27]计算得到。$P_e(t)$ 是施加在构件上的等效动荷载。方程忽略了构件运动时的阻尼。为了使该方程的结果能够通过程序语言表达，求解采用预估-校正形式的显式 Newmark 方法，通过时间上的离散实现，该方法免除了平衡迭代，具有较高的计算效率。由于预估-校正的显示 Newmark 方法是显式方法，为了能够达到满意的精度，所以必须选择很小的时间步长。临界的时间步长可以表示为：

$$\Delta t_{cr} = \frac{2}{\omega_{max} \cdot (\delta + 0.5)} \tag{14}$$

$$\omega_{max} = \max(\omega^f_{max}, \omega^s_{max}, \omega^a_{max}) \tag{15}$$

其中，ω^f_{max}，ω^s_{max}，ω^a_{max} 分别表示最大弯曲频率、最大剪切频率、最大轴向变形频率。在确定时间步长之后，预估-校正的 Newmark 方法具体计算流程如图 28 所示。

其中，β 和 δ 是计算参数，β 表示最初和最终的加速度对位移的影响程度，δ 除了表示最初和最终加速度对运动速度的影响程度，也控制计算过程中的人工阻尼。在 δ 取值为 0.5 时，该方法是无人工阻尼的。这里计算中，δ 与 β 的取值分别为 0.5 与 0.25。$\tilde{d}_{n+1}$、$\tilde{v}_{n+1}$ 和 $\tilde{a}_{n+1}$ 分别表示第 $n+1$ 步中位移、速度和加速度的预测值。d_{n+1}、v_{n+1} 和 a_{n+1} 分别表示在第 $n+1$ 步中位移、速度和加速度经过校正后的实际值。计算过程中的所用抗力、曲率均由 4.2 节的静抗力模型计算得到。

基于以上求解方法，课题组在 Maple 平台上编制火灾后钢筋混凝土梁抗爆性能分析程序 DRCB-AF-DNY[29]，并在程序中分别采用了三参数弹粘塑性应变率模型[27]和常应变率模型（采用《人民防空地下室设计规范 GB 50038—2005》中推荐的 DIF 值按平均常应变率计算）两种方法引入材料的应变率效应计算等效动抗力 $R_e(Y, \dot{\varepsilon})$。

4.4.2 动力计算程序验证

这里选用在第 3 节报告的 B1 和 B2 梁的爆炸试验结果进行计算程序验证，B1 梁是不受火的，B2 火灾作用时间为 90min，具体参数如表 3 所示。

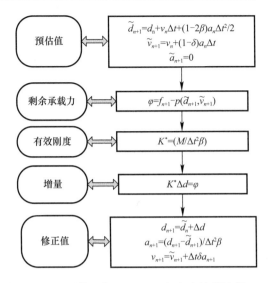

图 28　预估—校正 Newmark 方法计算流程

预估值	$\tilde{d}_{n+1}=d_n+v_n\Delta t+(1-2\beta)a_n\Delta t^2/2$
	$\tilde{v}_{n+1}=v_n+(1-\delta)a_n\Delta t$
	$\tilde{a}_{n+1}=0$
剩余承载力	$\varphi=f_{n+1}-p(\tilde{d}_{n+1},\tilde{v}_{n+1})$
有效刚度	$K^*=(M/\Delta t^2\beta)$
增量	$K^*\Delta d=\varphi$
修正值	$d_{n+1}=\tilde{d}_n+\Delta d$
	$a_{n+1}=(d_{n+1}-\tilde{d}_{n+1})/\Delta t^2\beta$
	$v_{n+1}=\tilde{v}_{n+1}+\Delta t\delta a_{n+1}$

爆炸试验试件参数　　　　　　　　　　　　　　表 3

试验梁编号	炸药重量（kg）	受火时间（min）
B-1-1	1	0
B-2-1	1	90
B-1-2	7	0
B-2-2	7	90

试件表面的荷载时程曲线由布置在构件上方的荷载传感器测得，绘制于图 29。图 29（a）表示在 1kg 乳化炸药作用下，构件测得的荷载时程曲线，图 29（b）表示在 7kg 乳化炸药作用下，构件测得的荷载时程曲线。为了使需要验证的计算程序与试验真实情况更加接近，程序验证计算中的爆炸荷载并未采用抗爆设计中常用的无升压时间的三角形荷载，而是对试验荷载进行了一定简化。程序计算结果如图 30 所示。

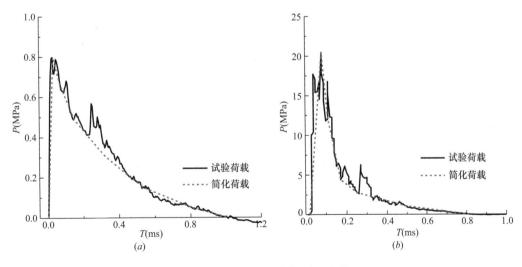

图 29　爆炸荷载的荷载-时程曲线

（a）1kg；（b）7kg

为了使计算结果具有可比性，对图 30 中纵坐标进行了无量纲的处理，纵坐标为构件跨中位移与试件高度的比值，横坐标表示时间。从图中可以看出，采用弹粘塑性应变率模型的计算结果与试验结果

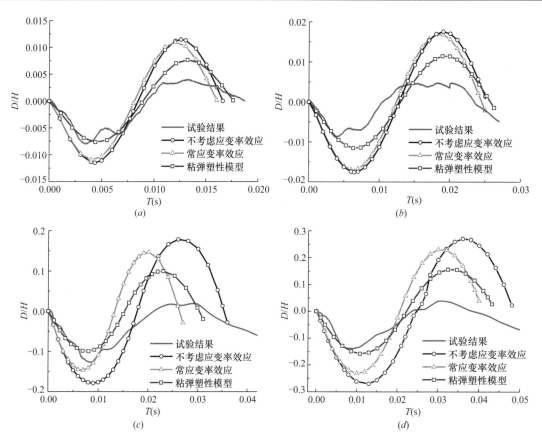

图 30 计算跨中位移-时程曲线与试验结果对比

(a) B-1-1；(b) B-2-1；(c) B-2-2；(d) B-2-2

拟合较好，证明了编制的实用程序 DRCB-AF-DNY 的正确性。对比计算结果同时表明，应变率效应对受火 RC 梁在爆炸荷载作用下的动力响应具有重要的影响，采用增强材料强度的常应变率计算方法具有局限性，误差较大。采用本程序进行的一系列参数讨论在这里不再累述。

5　结论

课题组通过自行研制的 Microwave-heating Automatic Time-controlled Split Hopkinson Pressure Bar（MATSHPB）试验系统，对于普通混凝土在 20～950℃下的动态力学性能进行了试验研究，同时进行了一系列高温下低应变率和准静态对比试验。试验结果表明，在高温下，混凝土的动态强度和应力应变曲线具有明显的应变率效应。基于试验结果，建立了普通混凝土在高温下的动态强度增强因子（DIF_{TS}）和割线模量增强因子（DIF_{TE}）与应变率的关系模型。

基于自主研制的能施加恒定轴压的野外爆坑试验装置，开展了火灾作用后 RC 梁、柱构件在爆炸荷载作用下响应和破坏形态的大比例模型试验，研究了标准火灾条件下受火时间和不同爆炸荷载作用面等对 RC 梁动态力学响应的影响，揭示了火灾后 RC 梁、柱构件在爆炸荷载作用下损伤破坏机理。结果表明火灾作用后 RC 梁、柱构件的抗爆性能相比于未受火构件显著弱化，且受火构件的抗爆性能随着火灾作用时间的延长而呈近似线性降低。

建立了 RC 构件截面历史最高温度场分布模型。改进现有分层条带法，建立了火灾后 RC 构件的弯矩-曲率及荷载-挠度全曲线实用计算方法，并基于 Maple 平台编制了计算程序 DRCB-AF-STA。结合荷载-挠度全曲线和弹粘塑性应变率模型，基于等效单自由度方法，建立了爆炸荷载作用下受火 RC 梁动力响应的计算预测模型。模型采用预估-校正的显式 Newmark 方法求解，并编制了计算程序 RRCB-AF-DNY，程序计算结果得到了试验验证，且均获得了国家软件著作权授权。

参考文献

［1］ 过镇海，时旭东. 钢筋混凝土的高温性能及其计算［M］. 北京：清华大学出版社，2003.

［2］ 吴波. 火灾后钢筋混凝土结构的力学性能［M］. 北京：科学出版社，2003.

［3］ Johnson GR，Cook WH. Fracture characteristics of three metals subjected to various strains，strain rates，temperatures and pressures［J］. Engineering fracture mechanics，1985，21（1）：31-48.

［4］ 方秦，阮征，翟超辰，姜锡权，陈力，方文敏. 围压与温度共同作用下盐岩的 SHPB 试验及数值分析［J］. 岩石力学与工程学报，2012，31：1756-1765.

［5］ 方秦，洪建，张锦华，陈力，阮征. 混凝土类材料霍普金森杆实验若干问题研究. 工程力学. 2014，31（5）：1-14.

［6］ B Jia，J Tao，Z Li，R Wang. Effects of temperature and strain rate on dynamic properties of concrete［J］. Transactions of Tianjin University，2008，14：511-513.

［7］ 何远明，霍静思，陈柏生. 高温下混凝土 SHPB 动态力学性能试验研究［J］. 工程力学，2012，29：200-208.

［8］ H Su，J Xu，W Ren. Experimental study on the dynamic compressive mechanical properties of concrete at elevated temperature［J］. Materials & Design，2014，56：579-588.

［9］ 李奎. 混凝土高温时动态力学性能及本构关系研究［D］. 西南科技大学，2008.

［10］ 方秦，陈力，张亚栋，柳锦春. 爆炸荷载作用下钢筋混凝土结构的动态响应与破坏模式的数值分析［J］. 工程力学，2007，24：60-67

［11］ Song L，Izzuddin BA，Elnashai AS. An integrated adaptive environment for fire and explosion analysis of steel frames Part Ⅰ：Analytical models［J］. Journal of Constructional Steel Research，2000，53（1）：63-85.

［12］ Izzuddin BA，Song L，Elnashai AS. Integrated adaptive environment for fire and explosion analysis of steel frames. Part Ⅱ：Verification and application［J］. Journal of Constructional Steel Research，2000，53（2）：87-111.

［13］ Chen H，Liew JYR. Explosion and fire analysis of steel frames using mixed element approach［J］. Journal of Engineering mechanics，ASCE，2005，131（6）：606-616.

［14］ Liew JYR，Chen H. Explosion and fire analysis of steel frame using fiber element approach［J］. Journal Structural Engineering，ASCE，2004，130（7）：991-1000.

［15］ Yu HX，Liew JYR. Steel framed structures subjected to the combined effects of blast and fire-part1：state-of-the art review［J］. International Journal of Advanced steel Construction，2005，67-84.

［16］ Yu HX，Liew JYR. Steel framed structures subjected to the combined effects of blast and fire-part2：case study［J］. International Journal of Advanced steel Construction，2005，92-103.

［17］ 马臣杰. 冲击荷载作用后钢框架结构抗火性能研究［D］. 哈尔滨工业大学硕士论文，2006.

［18］ 王振清，韩玉来，王永军等. 火灾场冲击波荷载作用下简支钢梁动力响应［J］. 振动与冲击，2007，26（4）：69-72.

［19］ Ming Wang，Yang Ding，Zhong-xian Li. Damage evaluation of steel column subjected to blast and fire［C］. The Proc. of 8th international conference on shock and impact loads on structure，Adelaide，Australia，2009，685-692.

［20］ 方秦，赵建魁，陈力. 爆炸与火荷载联合作用下钢结构破坏形态分析［J］. 土木工程学报. 2010，43：62-68.

［21］ 方秦，赵建魁，陈力. 爆炸与火荷载联合作用下钢柱变形与破坏的数值分析［J］. 解放军理工大学学报：自然科学版，2013，14（4）：398-403.

［22］ Liu Jin，Renbo Zhang，Guoqin Dou，Xiuli Du. Fire resistance of steel fiber reinforced concrete beams after low-velocity impact loading［J］. Fire Safety Journal，2018，98：24-37.

［23］ Zheng Ruan，Li Chen，Qin Fang. Numerical investigation into dynamic responses of RC columns subjected for fire and blast［J］. Journal of Loss Prevention in the Process Industries. 2015，34：10-21.

［24］ Li Chen，Qin Fang，Xiquan Jiang，Zheng Ruan，Jian Hong. Combined effects of high temperature and high strain rate on normal weight concrete. International Journal of Impact Engineering. 2015，86：40-56.

[25] 陈力，方秦，于潇，洪建. 高应变率与高温联合作用下混凝土材料动力响应及其本构模型. 冲击爆炸效应与工程防护研究新进展［M］. 2017，364-400，方秦主编，科学出版社，中国. 北京，2017.

[26] ChaochenZhai，Li Chen，Hengbo Xiang，Qin Fang. Experimental and Numerical Investigation into RC Beams Subjected to Blast after Exposure to Fire. International Journal of Impact Engineering. 2016，97：29-45.

[27] Lu Pan，Li Chen，Qin Fang，ChaochenZhai，Teng Pan. A Modified Layered Section Method for Responses of Fire-damaged RC Beams under Static and Blast Loads. International Journal of Protective Structures. 2016，7（4）：495-517.

[28] 陈力，潘璐. DRCB-AF-SAT 火灾后钢筋混凝土梁变形性能计算软件 V1．0，登记号 2016SR004422

[29] 陈力，潘璐. DRCB-AF-DNY 火灾后钢筋混凝土梁抗爆性能计算软件 V1．0，登记号 2016SR004352

[30] Xiao Yu，Li Chen，Qin Fang，Zheng Ruan，Jian Hong，Hengbo Xiang. A concrete constitutive model considering coupled effects of high temperature and high strain rate ［J］. International Journal of Impact Engineering. 2017，101：66-77.

[31] Runqing Yu，Li Chen，Qin Fang，Yi Huan. An Improved Nonlinear Analytical Approach to Generate Fragility Curves of RC Columns Subjected to Blast Loads. Advances in Structural Engineering. 2018，21（3）：396-414.（SCI）

[32] Xiangzhen Kong，Qin Fang＊，Li Chen＊，Hao Wu. An improved material model for concrete subjected to intense dynamic loadings. International Journal of Impact Engineering. 2018，120：60-78.

[33] Runqing Yu，Diandian Zhang，Li Chen，Qin Fang，Haichun Yan. Non-dimensional P-I diagrams for blast loaded RC beam columns referred to different failure modes. Advances in Structural Engineering. 2018. 16 pages，Online，Doi：10．1177/1369433218768085.

[34] ChaochenZhai，Li Chen，Qin Fang，Wensu Chen，Xiquan Jiang. Experimental study of strain rate effects on normal weight concrete after exposure to elevated temperature. Materials and structures. 2017，50：40.

[35] Jian Hong，Qin Fang，Li Chen，Xiangzhen Kong. Numerical Predictions of Concrete Slabs under Contact Explosion by Modified K&C Material Mode. Construction & Building Materials. 2017，155：1013-1024.

[36] 潘腾，陈力，方秦. 落锤冲击气囊模拟冲击爆炸荷载试验方法. 土木建筑与环境工程. 2016，38（1）：122-128.

[37] 潘腾，陈力，方秦，张亚栋，潘璐. 钢筋混凝土梁气囊拟静力加载方法的数值分析. 实验室研究与探索. 2016，35（4）：17-21＋25.

[38] 赵建魁，方秦，陈力，李大鹏. 爆炸与火荷载联合作用下 RC 梁耐火极限的数值分析. 天津大学学报（自然科学与工程技术版）. 2015，48（10）：873-880.

[39] Li Chen，Qin Fang，Zhikun Guo，Jinchun Liu. An improved analytical method for restrained RC structures subjected to static and dynamic loads. International Journal of Structural Stability and Dynamics. 2014，14（1）：1350052（35pp）.

钢管 UHPC 结构对地震、爆炸、冲击等极端荷载的抵抗作用

杨烨凯[1]，吴成清[2]，刘中宪[3]，徐慎春[1]

（1. 天津大学，天津　300072；2. 悉尼科技大学，悉尼，NSW 2007；3. 天津城建大学，天津　300384）

摘　要：研发了一种抗压强度≥150MPa，抗弯强度≥30MPa 的超高性能混凝土。以此为基础，从构件力学性能层面，通过低周往复试验，爆炸破坏试验和侧向冲击试验，较为系统地研究了钢管超高性能混凝土构件的滞回性能、抗爆性能和抗冲击性能，并与相应的普通钢管混凝土构件进行了对比分析。通过对比可以发现，使用超高性能混凝土作为核心的钢管混凝土结构在滞回性能、抗爆性能和抗冲击性能等方面效果明显优于普通强度混凝土。研究结果表明，钢管 UHPC 结构对地震、爆炸、抗冲击等极端荷载作用方面拥有卓越的性能表现。

关键词：钢管超高性能混凝土结构；滞回性能；抗爆性能；抗冲击性能；试验研究

1　引言

随着生产力的提高，我国经济得到了高速发展，工程建设取得了长足进步，有力地促进了社会发展，相继出现了一大批具有重要影响的建筑。然而，世界范围内仍然频繁发生强烈灾害，例如强烈地震、海啸和爆炸事故等，严重威胁着人们的生命、财产安全，这就对建筑材料性能提出了新的要求。超高性能混凝土（UHPC，Ultra-High Performance Concrete）是一种极具创新性的水泥基复合材料，实现了工程材料性能的大跨越，具有优异力学性能，具体表现为超高的强度（我国通常认为超高性能混凝土抗压强度应≥120MPa，国外一般认为应≥150MPa）、优异的韧性、良好的和易性以及突出的耐久性。因此，相信在工程建设当中采用超高性能混凝土能够进一步提升结构整体性能。

当前已有众多学者对超高性能混凝土力学性能开展了研究。研究结果表明水胶比、钢纤维种类和掺量以及活性粉末的种类和掺量均对超高性能混凝土的抗压强度和抗拉强度有着重要影响[1,3]。同时，鉴于在强动载作用下，建筑材料可能会受到高应变率的影响，因此，也有学者研究了超高性能混凝土的动态力学性能[4-8]。此外，在大量试验研究以及现有混凝土本构的基础上，已有学者建立了超高性能混凝土的本构模型。其中，单轴受压本构模型包括基于弹性模量的本构模型[9-16]、考虑纤维种类和掺量的本构模型[17,18]、考虑养护方式的本构模型[19]以及基于水胶比的本构模型[20,21]等；在单轴拉伸本构模型方面，Naaman 和 Reihardt[22]提出纤维增强混凝土可分为应变软化材料和应变硬化材料。法国土木工程协会（AFGC）和土木结构设计管理局（SETRA）最早颁布了超高性能混凝土的设计指南，其中给出了超高性能混凝土典型的受拉应力—应变关系，并将其分为两类，一类符合应变硬化特征，另一类

作者简介：杨烨凯，天津大学博士研究生。
　　　　　吴成清，悉尼科技大学教授。
　　　　　刘中宪，天津城建大学教授。
　　　　　徐慎春，天津大学博士研究生。
电子邮箱：chengqing.wu@uts.edu.au

符合应变软化特征[23]。

综上所述，目前针对超高性能混凝土力学性能的研究已经较为成熟，取得了大量的研究成果。因此，本文主要针对钢管超高性能混凝土结构构件力学性能开展研究。首先，研发了一种抗压强度≥150MPa，抗弯强度≥30MPa的超高性能混凝土。然后从构件力学性能层面，较为系统地研究了钢管超高性能混凝土构件的滞回性能、抗爆性能和抗冲击性能。

2 UHPC 材料及力学性能

2.1 配合比

本文所研发的 UHPC 采用 42.5 高抗硫水泥作为胶凝材料，材料特性见表 1。同时，为进一步改善 UHPC 内部结构，掺加了硅灰与粉煤灰以充分发挥其火山灰效应和微集料效应，材料特性见表 2。

42.5 高抗硫水泥特性 表 1

水化热	14 天膨胀率	标准稠度水量	初凝时间	终凝时间	抗压强度	强度等级
低热	0.02%	23.2%	1:50（h）	3:10（h）	47.6（MPa）	42.5

硅灰与粉煤灰化学组成 表 2

材料	SiO_2(%)	Al_2O_3(%)	Fe_2O_3(%)	CaO(%)	MgO(%)
硅灰	93.95	0.5	0.59	1.95	0.27
粉煤灰	52	22	4	12	0.62

为进一步提高胶凝材料与骨料界面的粘结性能，本文所研发的 UHPC 仅有细骨料而没有使用尺寸较大的粗骨料。其中，细骨料采用经破碎加工而成的石英砂，需要注意的是再配制 UHPC 时应注意石英砂级配，表 3 给出了石英砂的物理特性。使用聚羧酸高效减水剂以降低 UHPC 水灰比，改善和易性，主要特性列于表 4，测得 UHPC 基体扩展度为 210mm，如图 1、图 2 所示。采用了长为 10mm、直径为 0.12mm 的长直型镀锌钢纤维，表 5、表 6 所示为钢纤维的物理特性及 UHPC 配合比。

石英砂的物理特性 表 3

颜色	主要成分	密度	硬度	熔点	堆积密度
乳白色	SiO_2	2.65kg/m³	7	1650℃	1.5kg/m³

聚羧酸高效减水剂重要特性 表 4

成分	pH 值	固含量	相对密度	氯离子含量	碱含量
改性聚羧酸盐	4.5±0.5（23℃）	≥30%	1±0.1	≤0.1%	≤2.0%

钢纤维的物理特性 表 5

长度	直径	密度	形状	抗拉强度
10mm	0.12mm	7.8g/cm³	长直型	>2500MPa

UHPC 配合比（单位：kg/m³） 表 6

水泥	硅灰	粉煤灰	石英砂	钢纤维	水	高效减水剂
850	137.5	112.5	1100	78	176	8

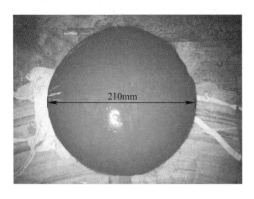

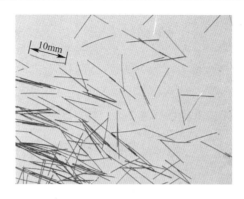

图 1　扩展度　　　　　　　　　　　图 2　钢纤维

2.2　UHPC 力学性能

（1）抗压试验

根据国标 GB/T 50081—2002，采用 100mm×100mm×100mm 的立方体试块通过 3000kN 压力试验机对 UHPC 进行抗压试验，试验设置及试件破坏如图 3 所示，从图 3（b）中可以看出，由于钢纤维的加入，UHPC 试块并未出现大量裂缝，表现出了较好的完整性。经多组重复试验测得 UHPC 立方体标准抗压强度平均值约为 150MPa。图 4 为典型的 UHPC 抗压应力—应变曲线。

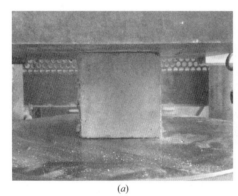

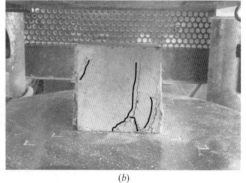

（a）　　　　　　　　　　　　　　　　　（b）

图 3　静压试验设置及试件破坏形态

（a）试验前；（b）试验后

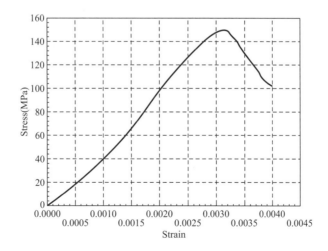

图 4　静压试验应力—应变曲线标准图

45

（2）抗弯试验

根据国标 GB/T 50081—2002，通过 3000kN 压力试验机对 100mm×100mm×400mm 的长方体 UHPC 试块进行抗弯试验，试验设置如图 5（a）所示。通过大量重复试验得到 UHPC 平均抗弯强度为 32MPa，图 5（b）为抗弯试验设置及典型弯曲应力—挠度曲线。从图 5（b）中可以看出，UHPC 弯曲应力—挠度曲线下降段较为平缓，体现了较好的韧性。

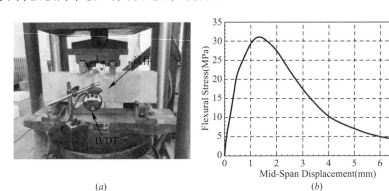

图 5 抗弯试验设置及典型曲线

（a）抗弯试验设置；（b）典型弯曲应力—挠度曲线

3 钢管 UHPC 构件力学性能

3.1 往复荷载下 UHPCFTWST 柱滞回性能

本节通过将薄壁方钢管超高性能混凝土柱（以下简称 UHPCFTWST 柱）与薄壁方钢管普通混凝土柱（以下简称 NSCFTWST 柱）进行了对照试验，分析了在轴向荷载和水平低周往复荷载共同作用下钢管混凝土柱的破坏形态、滞回曲线、骨架曲线，揭示了 UHPCFTWST 柱优异的滞回性能，说明了超高性能混凝土在结构抗震领域有着良好的应用前景。

（1）试验设置

试件为薄壁方钢管混凝土柱构件，如图 6 所示，钢管厚度 5mm，外径为 250mm，径厚比为 50。通过焊接 2 个 U 形钢板来制作方钢管。需要注意的是，为了减少试件角部应力集中对钢材性能的不利影响，需在截面中部进行焊接。此外，为了加强钢管的侧向刚度，在钢管底部设置了 4 根加劲肋，尺寸为 450mm×350mm×8mm，如图 6（b）、图 6（c）所示。同时，设计了一个 500mm×500mm×1300mm 的刚性基座。为防止基座在试验过程中发生提前破坏，需要配置足够的钢筋以保证其刚度。Han[24]指出高强混凝土应与高强度钢管结合使用，以充分发挥二者的优势。因此试件钢管采用 Q345B 钢，参数见表 7。试验设置如图 7 所示[25-27]。

（2）试验现象与分析

试件破坏损伤如图 8 所示。图 8（a）中钢管与基座连接处上部出现鼓曲现象，方钢管四个角开始出现破坏，图 8（b）中钢管鼓曲十分明显，四个角开裂现象也十分严重。通过对比可以明显发现，UHPCFTWST 柱钢管变形较 NSCTWST 柱要小，鼓曲现象不明显。从图 8（c）、图 8（d）中可以看出 UHPCFTWST 柱核心混凝土并未出现大面积破坏，仍能保持较好的完整性，仅在柱与基座连接处上方产生一个水平主裂缝，而 NSCTWST 柱核心混凝土产生了大面积的破坏，发生了混凝土剥落现象。

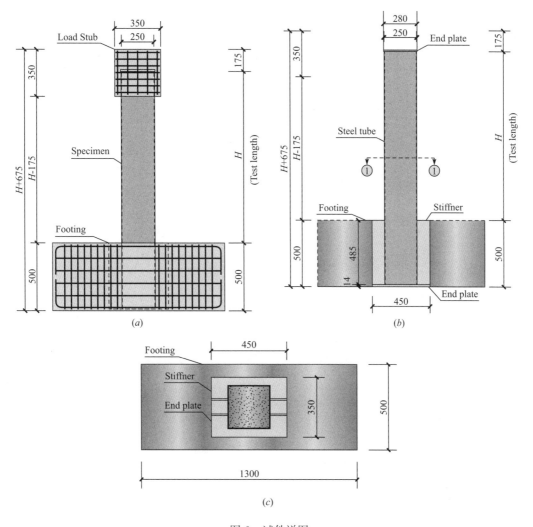

图 6　试件详图

（a）试件构造图；（b）加劲肋示意图；（c）1-1 截面

钢管材料属性　　　　　　　　　　　　　　　　　　　　　　　　表 7

钢材型号	弹性模量（GPa）	屈服强度（MPa）	极限强度（MPa）
Q345B	205	360	526.8

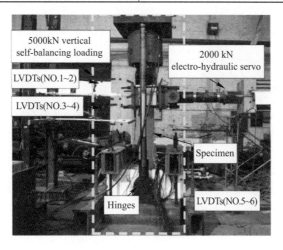

图 7　试验设置

图 8　UHPC 与 C30 钢管混凝土柱钢管失效和混凝土破坏

（a）UHPCFTWST 柱破坏形态；（b）NSCFTWST 柱破坏形态；（c）UHPCFTWST 柱核心混凝土破坏；

（d）NSCFTWST 柱核心混凝土破坏

　　滞回曲线如图 9 所示，由其可以看出 UHPCFTWST 柱和 NSCFTWST 柱滞回曲线均比较饱满，体现出了较好的滞回性能。图 10 对比了二者的骨架曲线，可以发现，二者在弹性阶段的侧向刚度相差不大，但当核心混凝土为 UHPC 时，试件承载力明显提高，UHPCFTWST 柱侧向承载力为 340.72kN，与 NSCFTWST 柱（252.9kN）相比提高了约 34.7%。

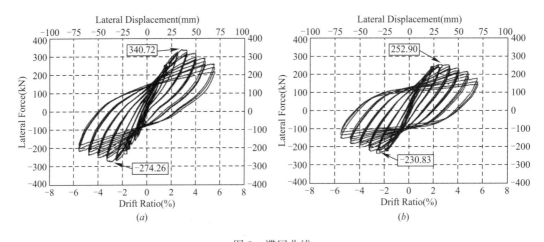

图 9　滞回曲线

（a）UHPC；（b）C30

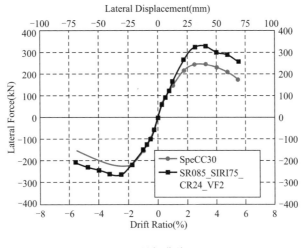

图 10　骨架曲线

3.2　UHPSFRCFDST 柱抗爆性能

本节进行了近距离爆炸荷载作用下中空夹层钢管超高性能钢纤维混凝土柱（以下简称 UHPS-FRCFDST 柱）的现场爆炸破坏试验。通过对试验现象和数据的分析，揭示了超高性能混凝土构件优异的抗爆性能。

（1）实验设置

开展了 6 根圆形 UHPSFRCFDST 柱爆炸破坏试验。试件长为 2500mm，截面外径为 200mm，内径为 100mm，内、外层钢管均为 5mm 厚 Q235 无缝钢管，如图 11 所示。实验设置如图 12 和图 13 所示，爆源与试件迎爆面垂直距离 1.5m，试件两端为简支边界。实验时，2 根试件顶面与实验坑洞顶面齐平放置（以下称为顶面对齐），1 根试件为中面与坑洞顶面齐平放置（以下称为中面齐），并用 20mm 厚钢板覆盖试件与爆坑侧壁之间的间隙。表 8 为各试件的实验参数，其中折合距离 Z 为爆源至构件迎爆面垂直距离与炸药当量 1/3 次方的比值；空心率为构件截面中空心部分面积与总面积的比值。

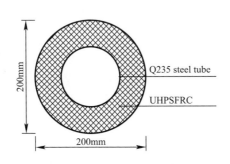

图 11　圆形 UHPSFRCFDST 柱截面示意图

图 12　爆炸破坏试验设置

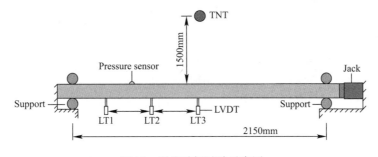

图 13　爆炸破坏试验示意图

			试件试验参数	表 8
编号	轴压（kN）	Z（m/kg$^{1/3}$）	空心率	放置方式
C4A	0	0.41	0.25	顶面齐平
C5A	1000	0.41	0.25	顶面齐平
C4B	0	0.41	0.25	中面齐平

（2）试验现象与分析

图 14 给出了不同工况条件下柱中位移时程曲线。由图 14（a）可知，在一定范围内，增大轴压能够减小试件在爆炸荷载作用下的柱中位移响应。不施加轴压时，柱中峰值位移为 104.4mm，残余位移为 61.1mm；当轴压为 1000kN 时，柱中峰值位移为 87.5mm，残余位移为 43.5mm，两者分别减小了 16.2% 和 28.8%。文献 [28] 认为发生该现象的主要原因是施加的轴压使柱得到了强化，从而减小了柱中峰值位移和残余位移。由图 14（b）可知，无论是柱中峰值位移还是残余位移，顶面对齐的试件均比中面对齐的试件要大。当中面对齐时，试件峰值位移为 50.5mm，残余位移为 20.9mm；而当顶面对齐时，试件峰值位移和残余位移分别为 104.4mm 和 61.1mm，分别为中面对齐的 2.1 倍和 2.9 倍。出现该结果可能的原因是：当中面对齐时爆炸波遇到圆形障碍物发生了绕射现象，致使爆炸波大部分绕过障碍物，小部分在障碍物表面发生反射现象，从而显著降低了作用于试件表面的反射超压，而顶面对齐放置的试件则阻碍了爆炸波绕射现象的发生，即作用于两种不同放置方式试件上爆炸荷载的不同，最终导致了试件动态响应的差异。

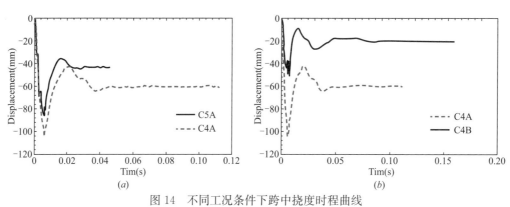

图 14 不同工况条件下跨中挠度时程曲线

（a）不同轴压；（b）不同放置方式

图 15 给出了不同工况条件下各试件损伤破坏形态。对比 C4A 和 C4B 可以看出，顶面对齐试件的变形更大，间接说明了试件迎爆面形状对作用其上的爆炸荷载具有重要影响；C4A 和 C5A 的对比则说明了所施加的轴压限制了试件弯曲变形的发展，有利于圆形 UHPSFRCFDST 柱抗爆性能的提升。综合以上试验分析可以看出 UHPSFRCFDST 柱在受到爆炸荷载作用时能够表现出良好的力学性能。

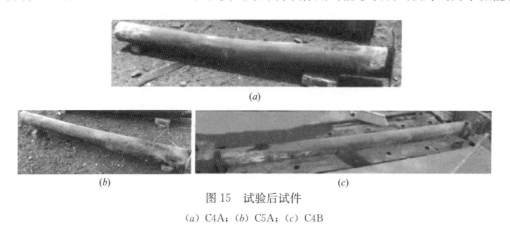

图 15 试验后试件

（a）C4A；（b）C5A；（c）C4B

3.3 UHPCFST 柱抗冲击性能

本节对比分析了圆钢管超高性能混凝土柱（以下简称 UHPCFST 柱）与圆钢管普通混凝土柱（以下简称 NSCFST 柱）抗冲击性能，揭示了超高性能混凝土构件优异的抗冲击性能。

（1）试验设置

试验所用钢管为单圆钢管，钢管外径（D_0）为 168mm，厚度为 5mm，长为 2000mm，钢材为 GB/T 699—2015 中所规定的 20 号钢，抗拉强度为 355～500MPa，伸长率（δ）$\geqslant 24\%$，屈服强度（σ_s）$\geqslant$ 245MPa，断面收缩率（ψ）$\geqslant 55\%$。侧向冲击力通过落锤施加，落锤质量为 400kg，高度为 4m，轴压通过左侧千斤顶施加。试验测试系统如图 16 所示。

图 16 落锤试验测试系统

（2）试验现象与分析

图 17 给出了 UHPCFST 柱与 NSCFST 柱试验后破坏形态。由其可以看出 NSCFST 柱可见明显弯曲，UHPCFST 柱弯曲并不显著，这说明 UHPCFST 柱的破坏要远小于 NSCFST 柱。图 18 给出了 UHPCFST 柱与 NSCFST 柱跨中挠度时程曲线，从图中可以看出，UHPCFST 柱极限挠度（36mm）较 NSCFST 柱极限挠度（43mm）减小了 16.3%，UHPCFST 柱最终挠度（27mm）较 NSC 柱挠度（38mm）减小了 28.9%。上述试验现象说明 UHPCFST 柱具有更好的抗冲击性能。

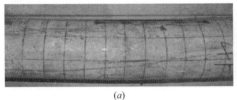

(a)　　　　　　　　　　　　　　　(b)

图 17 UHPCFST 柱与 NSCFST 柱跨中挠度对比

(a) UHPCFST 柱；(b) NSCFST 柱

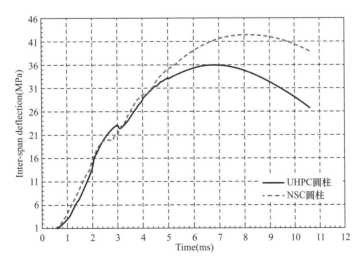

图 18 跨中挠度时程曲线

4 结论

本文研究发现 UHPC 在具有高强度的同时也具有良好的韧性，这有利于提高结构抵抗极端荷载的性能。通过低周往复试验、近距离爆炸破坏试验和侧向冲击试验发现，UHPC 结构构件相对 NSC 结构构件在承载力和抵抗变形方面有着优异的表现。通过低周往复试验可发现，与 NSC 相比，采用 UHPC 作为核心混凝土能够有效降低试件外侧钢管鼓曲变形，同时内部 UHPC 也能够保持良好的完整性，没有出现剥落现象，而 NSC 则出现了大量破坏剥落；在近距离爆炸破坏试验中发现，在爆源距离均为 1.5m 的情况下，UHPSFRCFDST 柱具有明显抵抗变形的能力，这其中施加轴力的 UHPSFRCFDST 柱的跨中挠度小于不施加轴力的跨中挠度，而顶部水平的试件跨中挠度明显大于中部水平的试件；在侧向冲击试验中发现，UHPCFST 柱跨中侧向挠度明显小于 NSCFST 柱。综合分析表明，与 NSC 相比，在结构构件中采用 UHPC 能够大幅提升结构构件的滞回性能、抗爆性能和抗冲击性能，体现出了 UHPC 结构构件优异的力学性能，说明了 UHPC 在结构抗震、抗爆和抗冲击领域具有良好的应用前景。

参考文献

[1] Fehling E，Bunje K，Leutbcher T. Design relevant properties of hardened ultra-high performance concrete ［C］. Schmidt M，Fehling E，Geisenhansluke C. Procedding of the International Symposium on Ultra High Performance Concrete. Kassel：University of Kassel，2004：327-338.

[2] Hassan AMT，Jones SW，Mahmud GH. Experimantal test methons to determine the uniaxial tensile and compressive behavior of ultra high presformance fiber reinforced concrete （UHPFRC）［J］. Constructuion and Building Materials，2012，37：874-882.

[3] Wu Z，Shi C，He W，et al. Effects of steel fiber content and shape on mechanical properties of ultra high performance concrete ［J］. Construction and Building Materials，2016，103：8-14.

[4] Su Y，Li J，Wu C，et al. Influences of nano-particles on dynamic strength of ultra-high performance concrete ［J］. Composites Part B，2016，91：595-609.

[5] Su Y，Li J，Wu C，et al. Effects of steel fibres on dynamic strength of UHPC ［J］. Construction and Building Materials，2016，114：708-718.

[6] Su Y，Li J，Wu C，et al. Mesoscale study of steel fibre-reinforced ultra-high performance concrete under static and dynamic loads ［J］. Materials and Design，2017，116：340-351.

[7] Pyo S，El-Tawil S，Naaman AE. Direct tensile behavior of ultra high performance fiber reinforced concrete （UHPFRC） at high strain rates ［J］. Cement and Concrete Research，2016，88：144-156.

[8] Wu Z，Shi C，He W，et al. Static and dynamic compressive properties of ultra-high performance concrete （UHPC） with hybrid steel fiber reinforcements ［J］. Cement and Concrete Composites，2017，79：148-157.

[9] 单波. 活性粉末混凝土基本力学性能的试验与研究 ［D］. 长沙：湖南大学，2002.

[10] 吴有明. 活性粉末混凝土（RPC）受压应力—应变全曲线研究 ［D］. 广州：广州大学，2012.

[11] 沈涛. 活性粉末混凝土单轴受压本构关系及结构设计参数研究 ［D］. 哈尔滨：哈尔滨工业大学，2014.

[12] 马亚峰. 活性粉末混凝土（RPC200）单轴受压本构关系研究 ［D］. 北京：北京交通大学，2006.

[13] 闫光杰. 200MPa 级活性粉末混凝土（RPC200）的破坏准则与本构关系研究 ［D］. 北京：北京交通大学，2005.

[14] 杨剑. CFRP 预应力筋超高性能混凝土梁受力性能研究 ［D］. 长沙：湖南大学，2007.

[15] Collins MP. Structural design considerations for high-strength concrete ［J］. Concrete International，1993，15：27-34.

[16] 徐海宾，邓宗才. 新型 UHPC 应力—应变关系研究 ［J］. 混凝土，2015，（6）：66-68.

［17］ Prabha SL，Dattatreya JK，Neelamegam M，et al.，Study on stress-strain properties of reactive powder concrete under uniaxial compression ［J］. International Journal of Engineering Science，2010，2 (11)：6408-6416.

［18］ 鞠彦忠，王德弘，李秋晨，等. 钢纤维掺量对活性粉末混凝土力学性能的影响 ［J］. 试验力学，2011，26 (3)：254-260.

［19］ Graybeal，B. Characterization of the behavior of ultra-high performance concrete ［D］. Ph. D. thesis，University of Maryland，College Park，MD，2005.

［20］ 黄政宇，谭彬. 活性粉末钢纤维混凝土受压应力-应变全曲线的研究 ［J］. 三峡大学学报（自然科学版），2007，29 (5)：415-420.

［21］ 郭晓宇，亢景付，朱劲松. 超高性能混凝土单轴受压本构关系 ［J］. 东南大学学报（自然科学版），2017，47 (2)：369-376.

［22］ Parra-Montesinos GJ，Reinhardt HW，Naaman AE. High performance fiber reinforced cement composites ［J］. High performance construction material. Sci. Appl.，2008：91-153.

［23］ Toutlemonde F，Resplendino J. Ultra-high performance concrete：New AFGC recommendations ［M］. Designing and Building with UHPFRC. John Wiley & Sons，Inc.，2011：713-722.

［24］ Han L H，Tao Z，Liu W. Concrete filled steel tubular structures from theory to practice ［J］. Journal of Fuzhou University (Natural Sciences Edtion)，2001，6：003.

［25］ Xiao Y，He W H，Mao X Y，et al. Confinement design of CFT columns for improved seismic performance ［C］// Proceedings of the International Workshop on Steel and Concrete Composite Construction (IWSCCC-2003). Taipei，China，2003，10：217-226.

［26］ Xiao Y，He W H，Mao X Y. Development of confined concrete filled tubular (CCFT) columns ［J］. Journal of Building Structures，2004，25 (6)：59-66.

［27］ Xiao Y，He W，Choi K. Confined concrete-filled tubular columns ［J］. Journal of structural engineering，2005，131 (3)：488-497.

［28］ 余同希，邱信明. 冲击动力学 ［M］. 北京：清华大学出版社，2011.

多类型动力荷载作用下悬吊结构复杂运动与振动控制

张春巍

（青岛理工大学土木工程学院，青岛　266033）

摘　要： 研究表明调谐质量阻尼器对于地震、风与海浪等动力荷载作用下结构复杂运动中的垂向摇摆 Swing 运动模式控制是无效的，本文提出了悬吊结构减摇止摆的主动转动惯量驱动器 Active Rotary Inertia Driver（ARID）控制系统的概念，建立了系统的控制方程，结合模拟、模型实验及参数分析，选取多种类型动力荷载（包括自由衰减振动、强迫振动、扫频、地震动以及海浪）作用下悬吊结构摆振响应进行模拟和试验，分析和试验结果均验证了 ARID 控制系统的有效性和控制鲁棒性，该系统和方法有望应用于海洋工程、悬吊结构等的多模式复杂耦合振动和运动控制。

关键词： 结构振动控制；运动控制；调谐转动惯量阻尼器；主动转动惯量驱动器控制系统

1　背景及意义

结构振动控制技术是土木工程、机械工程、车辆、航空航天、海洋工程等领域研究的热点。对于土木工程结构，在结构中合理地安装振动控制系统能够有效地减小结构的动力反应，减轻结构构件的破坏或损伤，达到经济性、安全性与可靠性的合理平衡。大量研究表明结构振动控制可以有效地减轻结构在风、浪、流、冰及地震等动力作用下的反应和损伤，有效提高结构的抗灾性能，是最积极有效的防灾减灾对策（Housner et al.，1997；Soong et al.，1997；欧进萍，2003；Zhang et al.，2015）。

结构振动控制技术在土木、机械、航天、船舶等领域应用已有上百年的历史。Frahm（1909）和 Den Hartog（1928）等人先后开展了采用动力吸振器 DVA（Dynamic Vibration Absorber）控制机械结构振动问题的研究，此后 Den Hartog（1956）系统地发展并建立了结构调谐吸振减振理论，直至今天仍然用于指导工程实践。20 世纪 70 年代 DVA 开始应用于土木工程结构风振控制，称为调谐质量阻尼器 TMD（Tuned Mass Damper）。美国纽约已倒塌的 274m 高的世界贸易中心大楼在顶部安装了重 360 吨的半主动 TMD，1976 年美国波士顿 60 层的 John Hancock 大楼也在 58 层上安装了两个重 300 吨的 TMD，此后陆续有数百栋高楼、高塔安装了 TMD 控制系统减小结构风振响应。前世界最高的马来西亚吉隆坡双塔 Twin Tower 和中国台北 101 大楼也分别安装了 TMD 控制系统减小结构风振响应。大量实践已经证实 TMD 系统具有良好、稳定的控制效果。

在海洋工程领域，有研究表明：以海洋平台结构为例，采用振动控制使平台结构动应力幅值减小 15%，则可使结构寿命延长两倍以上，同时还会使海洋平台的检测和维护费用大幅度降低，具有重要的实际意义。当前，随着海洋工程向更深水域发展，深水海洋平台结构在可能遭受的风、浪、流、冰和地震作

作者简介：张春巍，青岛理工大学土木工程学院教授、博士生导师，山东省双一流土木工程学科带头人，山东省泰山学者优势特色学科人才团队领军人才，结构振动控制创新团队带头人。

电子邮箱：zhangchunwei@qut.edu.cn

基金项目：国家自然科学基金项目（编号：51678322）。

用下的振动问题，已不再是单一运动模式的控制问题，而是涉及结构平动（横荡、纵荡和垂荡）、摇摆运动（横摇、纵摇和首摇）及其耦合振动与运动的复杂问题（Chandrasekaran et al.，2016）。因此，研究结构减摇止摆的振动控制与运动控制方法和技术对保障深海工程结构的安全服役、延长结构疲劳寿命等具有重要的理论与现实意义（Zhang et al.，2010）。海洋船舶在海上工作，除了受风荷载作用，还要受到波浪、涌流等动荷载的作用，引起船身的振动，从而带动船上的吊钩摆振。在起重工程船刚开始工作时，需要有吊钩下放的过程，吊钩自振周期是一个由短到长的渐变过程，另外，有时候因为有特定吊高的需要，都可能使得吊钩自振周期和各种动荷载的周期相接近，从而引起共振，吊钩摆幅会超限。这样除了不能定位，可能撞击船上的其他结构或工作人员外，对船身的稳定也造成了严重的威胁。图1（a）是某大型起重铺管船及其主副吊钩照片，图1（b）是该船作业过程中主副吊钩在船横摇过大时发生缠绕事故的照片。

（a）　　　　　　　　　　（b）

（c）　　　　　　　　　　（d）

图1　海洋起重铺管工程船和 Tacoma 窄桥

（a）大型起重铺管船；（b）主副钩缠绕事故；（c）Tacoma 窄桥；（d）风致颤振失稳破坏

不仅在海洋工程及装备中，陆地上各类吊车的吊钩系统、高层建筑清洁所用的擦窗机、施工过程中的施工吊篮等都可以简化为悬吊结构模型。对于塔吊和桥式吊车等底座固定的吊车来说，操作者的不当操作或环境扰动（如风的扰动）会使悬挂于小车下的吊钩和负载发生晃动，晃动延长了吊运时间、降低了吊运的准确性和安全性，甚至导致事故发生。此外，起重机在户外工作，工作环境恶劣，长期受风荷载作用。另外起重机自身在工作时，必须有频繁的回转、变幅与起升运动，这些都容易使吊钩产生周期性摆振。此类摆振近似为无阻尼振动，其稳定过渡时间较长，因此靠空气阻尼自然消摆需要占用大量的辅助工作时间。摆振降低了吊装就位精度，而且当摆幅过大时，影响起重机的稳定性，并对起重机的零部件特别是起重臂产生附加动荷载作用等。综上所述，对悬吊结构需要采用合适的控制手段来减小吊钩的晃动，虽然研究者们提出了一些控制方法，但风或摩擦的干扰、悬吊缆绳非线性等因素使吊钩摆动存在极大的不确定性，因此目前减轻吊钩晃动的常规方法仍是依靠操作者的经验手动控制操作。手动控制吊钩摆动需要操作者一直关注吊钩的运动情况，这会降低吊运过程的效率，为了减轻操作者的负担并提高吊车运行的效率和安全性，需要研究切实可行的主动运动与振动控制方案。此外，悬吊结构减摇止摆的振动控制原理和方法同样也可适用于陆地大型土木工程结构在特定荷载作用下的振动和运动控制问题，例如大跨度桥梁的风致颤振控制，图 1（c）和（d）是 Tacoma 窄桥风致颤振失稳导致破坏的照片，很明显结构的剧烈扭转振动发散最终导致结构破坏。

2　结构摆振控制力特性

在科学界，悬吊结构的摆振运动是普遍存在且十分典型的一种基本运动形式。作者前期的研究工作中（Zhang et al.，2010）根据悬吊结构运动方向和吊点连线的关系将悬吊质量系统的摆动分为两种基本形式：切向顺摆 Sway 运动和垂向摇摆 Swing 运动。将系统中的悬吊结构假设为集中质量质点，并且将悬吊结构主体质量都集中到吊点上，将 TMD 控制系统简化为无阻尼的弹簧质量振子，这样在列式时不出现耗散力项，只关注于质量块的惯性力、回复力、干扰力之间的关系。

Sway 运动情况下系统控制力与质量块行程完全无关、只与悬吊结构摆角有关，摆角越大则控制力相应也越大，其性质类似于对结构的状态反馈控制力，其归一化形式为：

$$F_{\text{SWAY}} = \frac{1}{2m/m_{\text{a}} + 1} \frac{g}{\omega_0^2} (\dot{\theta}^2 \sin\theta - \ddot{\theta} \cos\theta) \tag{1}$$

分析结果表明该控制力在结构摆回平衡位置时最小，在结构摆至最大振幅（摆角）位置处时最大，控制力随着结构摆角增加而增大，呈现出显著的负刚度特性。与 Sway 情况不同，Swing 运动情况下系统给结构施加的控制力归一化形式为

$$F_{\text{SWING}} = \frac{1}{2m/m_{\text{a}} + 1} \frac{g}{\omega_0^2} \left(\frac{x}{l} \dot{\theta}^2 - \ddot{\theta} - \omega_0^2 \sin\theta \right) \tag{2}$$

与 Sway 情况显著不同：首先对于 F_{SWING} 后两项而言，它们满足理想单摆运动条件，因此只有在结构运动不满足理想单摆运动条件或者单摆受到 TMD 子系统干扰作用过大时，该两项的影响才会表现出来。因此控制力主要来源于式（2）右端的第一项，然而该项又与质量块的行程相关。基于 x/l 初始条件下的深入分析：（1）仅当 $|x/l|$ 值大到一定量以后，TMD 系统才会对结构的 Swing 运动有较为明显的影响，然而实际中质量块的初始偏移不可能做到足够大；（2）从 $x/l = \pm 1$ 结果的差别中反映出初始偏移 x 的方向对力 F_{SWING} 的性质有一定影响，因此质量块行程 x 方向与结构摆角 θ 方向关系对结构 Swing 运动的影响是非常复杂的。

3　悬吊结构—ARID 体系运动方程

已经证明 TMD 对 Swing 运动模式的控制是无效的，作者的前期工作提出了调谐转动惯量阻尼器（Tuned Rotary Inertia Damper，TRID）控制系统的概念（Zhang et al.，2010），由于 TRID 系统在基本原理上与 TMD 系统一致，均服从于被动调谐吸振减振控制理论，因此 TRID 系统的控制能力将受限于调谐吸振减振所需满足的一般规律和条件。针对悬吊结构体系运动的特殊性，TRID 控制对调频比、转动惯量比等极为敏感，并且体系的多个关键参数之间存在极强的耦合关系，其参数优化方法比传统的 TMD 控制系统更加复杂，被动控制系统的 robustness 和 flexibility 也将受到极大挑战。随着研究的不断深入，在作者前期研究的主动 AMD 控制工作的基础上，结合 TRID 的工作原理，提出了结构减摇止摆控制的主动转动惯量驱动器 Active Rotary Inertia Driver（ARID）控制系统的概念。图 2 给出了悬吊结构采用 ARID 系统控制计算示意简图。

图中 m 为悬吊结构质量，m_a 为 ARID 系统质量，J_a 为 ARID 系统转动惯量，l 为悬吊结构摆长，θ 为悬吊结构摆角，φ 为 ARID 系统转角，针对图 2 所示体系，建立采用 ARID 系统控制的悬吊结构平面摆振的运动方程：

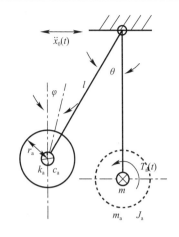

$$(m+m_a)l^2\ddot{\theta} + c\dot{\theta} + (m+m_a)gl\sin\theta = -(m+m_a)l\cos\theta\ddot{x}_0(t)$$
$$+ c_a(\dot{\varphi}-\dot{\theta}) + k_a(\varphi-\theta) - T_a(t) \qquad (3)$$

$$J\dot{\varphi} + c_a(\dot{\varphi}-\dot{\theta}) + k_a(\varphi-\theta) = T_a(t) \qquad (4)$$

式中，$c = 2(m+m_a)l^2\sqrt{g/l}\xi$，为悬吊结构阻尼系数；$c_a = 2m_a r_a^2\omega_a\xi_a$，为 ARID 系统阻尼系数；$\omega_a = \sqrt{k_a/J}$，为 ARID 系统圆频率；$J_a = m_a r_a^2$，为 ARID 系统转动惯量；$\ddot{x}_0(t)$ 为吊点加速度激励；$T_a(t)$ 为电机施加的主动驱动扭矩。类比于主动 AMD 控制系统，假定 ARID 系统无阻尼无旋转回复力，主动驱动力 $T_a(t)$ 即为主动控制力矩，基于主动控制算法可以对 ARID 系统进行参数分析。

图 2　悬吊结构-ARID 体系计算简图

4　多类型动力荷载输入下 ARID 主动控制模拟分析

选取一组具有代表性的结构配置参数，更改 ARID 系统配置参数、主动控制算法参数、输入荷载类型等，分析比较 ARID 系统对结构摆振控制效果的影响，以下给出一些典型结果。

4.1　自由衰减振动情况下的模拟分析

设定计算时间长度为 40s，吊点激励方式为正弦荷载，输入幅值 2cm，频率 0.65Hz，输入时间为 15s，前 15s ARID 处于关闭状态，这个体系处于受迫振动状态，第 15s 时刻停止荷载输入，其后系统为自由衰减振动（无控情况下），有控情况下则 ARID 系统切换至主动控制模式，直至 40s 结束。图 3 给出的是结构在有控与无控情况下的摆角时程及其功率谱密度曲线，从中可以看出 ARID 系统对结构由静止到达到共振状态其后期的自由衰减振动控制效果良好。

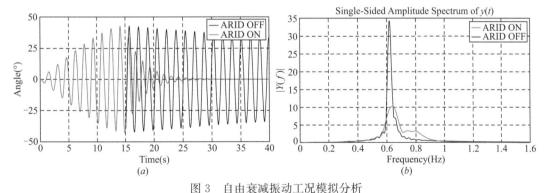

图 3　自由衰减振动工况模拟分析

（a）结构摆角时程曲线；（b）结构摆角功率谱密度曲线

4.2　强迫振动工况下的模拟分析

无控情况下保持 ARID 关闭，吊点输入幅值 2cm，频率 0.65Hz 的正弦荷载 80s；有控情况下保持 ARID 开启，设置吊点输入幅值 2cm，频率 0.65Hz 的正弦荷载 80s。图 4 对比 ARID 开启与否的模拟分析结果，通过计算得出系统摆角响应的 RMS 值控制效率为 84.3%，峰值衰减率为 86.6%。

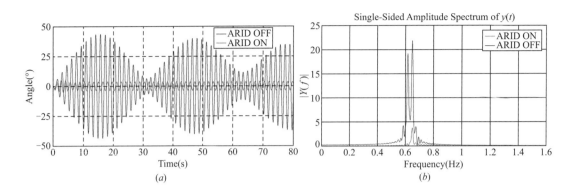

图 4　强迫振动工况模拟分析

（a）结构摆角时程曲线；（b）结构摆角功率谱密度曲线

4.3　扫频输入工况下的模拟分析

输入扫频荷载幅值为 1cm，初始频率 0.4Hz，终止频率 1.5Hz，总时间 110s。图 5 对比 ARID 开启与否的模拟分析结果，通过计算得出系统摆角响应的 RMS 值控制效率为 88.9%，峰值衰减率为 89.1%。

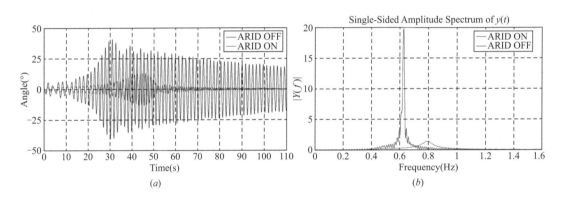

图 5　扫频输入工况模拟分析

（a）结构摆角时程曲线；（b）结构摆角功率谱密度曲线

4.4　地震输入工况下的模拟分析

输入 El Centro 地震动作为吊点加速度激励，图 6 为对比 ARID 开启与否的模拟分析结果，通过计算得出系统摆角响应的 RMS 值控制效率为 76.8%，峰值衰减率为 61.6%。

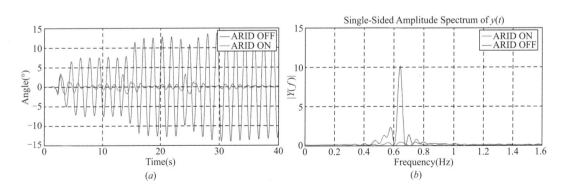

图 6　地震动输入工况模拟分析

（a）结构摆角时程曲线；（b）结构摆角功率谱密度曲线

4.5 海浪输入工况下的模拟分析

海浪输入采用高斯平稳白噪声函数生成随机海浪波谱。无控情况下：吊点输入波浪荷载，ARID 保持关闭，数据采集 80s；有控情况下：吊点输入波浪荷载，ARID 保持开启，数据采集 80s。图 7 对比 ARID 开启与否的模拟分析结果，通过计算得出系统摆角响应的 RMS 值控制效率为 79.8%，峰值衰减率为 73.9%。

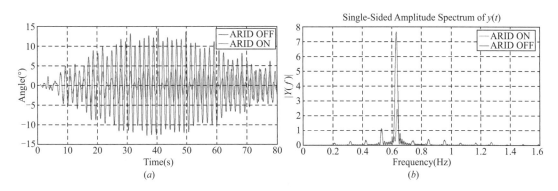

图 7　海浪输入工况模拟分析

（a）结构摆角时程曲线；（b）结构摆角功率谱密度曲线

5 多类型动力荷载输入下 ARID 主动控制模型实验

5.1 自由衰减振动试验与分析

试验实施方式：振动台运行方式为正弦幅值 2cm，频率 0.65Hz，运行时间为 15s，前 15s ARID 处于关闭状态，第 15s 时刻振动台停止运行，ARID 开机运行，直至 40s 试验结束，数据采集时间为 40s，图 8 给出了某种典型配置情况下悬吊结构自由衰减振动试验与模拟分析情况下摆角响应时程曲线在无控和有控情况下的对比。图 9 给出了选定结构及 ARID 系统配置情况下试验与模拟、无控与有控结构摆角响应频谱曲线的比较，很明显 ARID 系统发挥了极佳的控制性能。图 10 进一步给出了 7 种 ARID 配置 13 种工况下试验与模拟、无控与有控结构摆角响应 RMS 值的比较，结果表明 ARID 系统的转动惯量存在最佳匹配区间，试验结果揭示出并非惯量越大控制效果越佳。

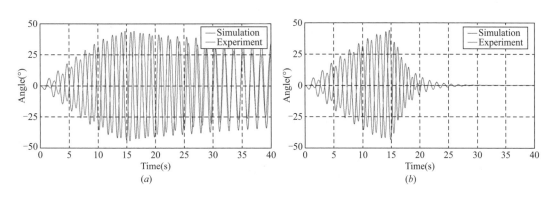

图 8　自由衰减振动试验与模拟分析悬吊结构摆角响应时程曲线

（a）无控情况；（b）ARID 主动控制

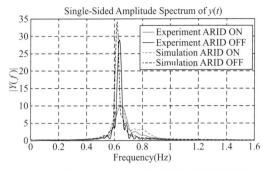 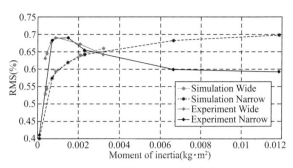

图 9　自由衰减振动试验与模拟分析频谱曲线　　　　图 10　控制效果与转动惯量关系

5.2　强迫振动试验与模拟分析

试验实施方式：保持 ARID 关闭，设置使振动台幅值 2cm，频率 0.65Hz 的正弦荷载运行 80s；保持 ARID 开启，设置使振动台幅值 2cm，频率 0.65Hz 的正弦荷载运行 80s。数值模拟方向结果与试验结果对比如图 11 所示。

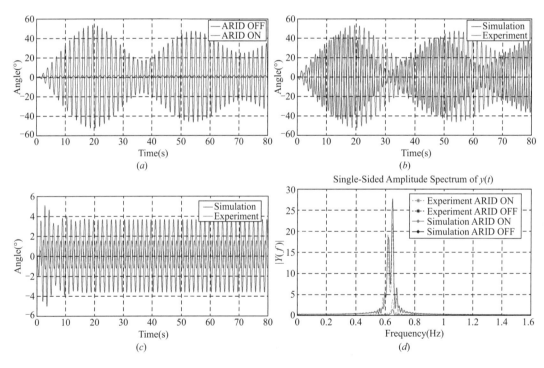

图 11　强迫振动下试验与模拟比较

（a）试验情况下摆角有控与无控时程曲线；（b）无控情况下摆角试验与模拟时程曲线；

（c）有控情况下悬吊结构摆角响应试验与模拟时程曲线；（d）强迫振动下试验与模拟分析频谱曲线

通过对试验与模拟的摆角响应的频域分析发现，在无控状态下结构摆角响应的频谱曲线出现"双峰"现象，而在有控状态下只有"单峰"，如图 11（d）所示。对此现象，进行了强迫振动无控状态下试验与数值模拟的进一步分析。图 12 给出激励频率为 0.8Hz 时无控摆角频谱曲线试验与模拟的比较，结果表明试验和模拟均揭示出双峰现象。进一步通过对各激励频率输入下的峰值点频率分析，如图 13 所示，发现当外部激励频率低于悬吊结构的系统频率时，第一峰值对应的频率为外部激励频率，第二峰值对应的频率为系统频率；而当外部激励频率高于悬吊结构系统的频率时，第一峰值对应的频率为系统频率，第二峰值对应的频率为外部激励的频率。然而采用 ARID 系统控制时，仅有单峰出现，说明 ARID 系统对结构受迫振动起到了良好的控制作用，完全抑制了结构固有频率成分的动力响应并且有效控制了结构受迫振动频率成分的动力响应，更好地揭示了 ARID 主动控制的广谱性。

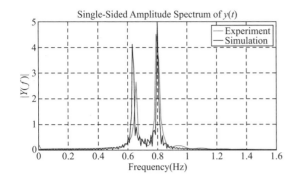

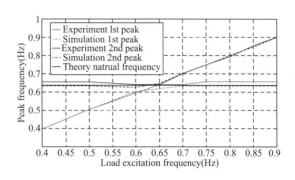

图 12　激励频率为 0.8Hz 时无控摆角频谱曲线　　图 13　频域分析峰值点对应频率随激励频率变化曲线

5.3　扫频输入试验与模拟分析

试验实施方式中的两种试验工况：第一种情况输入幅值为 1cm，初始频率 0.4Hz，终止频率 1Hz，时间 60s；第二种情况输入幅值为 1cm，初始频率 0.4Hz，终止频率 1.5Hz，时间 110s。以上两种条件下分别进行 ARID 开启与关闭状态下的试验，并将试验结果与模拟进行对比，如图 14 所示，从中可以看出 ARID 系统对悬吊结构共振区的响应具有非常明显的控制作用。

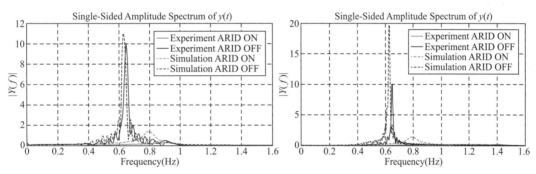

图 14　两种工况下扫频输入作用下无控与有控试验与模拟的结构响应频谱曲线

5.4　地震动输入下试验与模拟分析

试验实施方式为选取前述试验中的一种 ARID 系统配置（转动惯量直径为 90mm）进行该工况下的试验。输入地震动为 El Centro 波，采样总时长为 40s，有控和无控分别为保持 ARID 开启与关闭。结果如图 15 所示，试验与模拟结果均揭示 ARID 系统对悬吊结构地震作用下摆角响应具有明显的控制作用。

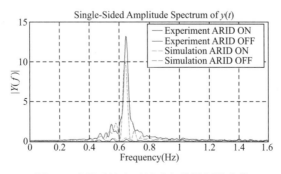

图 15　地震动输入下试验与模拟频谱曲线

5.5 海浪输入下试验与模拟分析

试验实施方式中无控情况下，振动台输入波浪荷载，ARID 保持关闭，工作 80s；有控情况下，振动台输入波浪荷载，ARID 保持开启，工作 80s。结果如图 16 所示，从结果看出 ARID 系统对悬吊结构海浪作用下共振区内摆角响应控制效果明显，试验结果更优于模拟结果，对结构主共振区内的摆振控制作用十分显著。

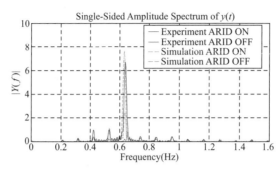

图 16　海浪输入下试验与模拟频谱曲线

6　结论与讨论

本文提出了 ARID 主动控制系统的概念，建立了系统的控制方程，结合模拟、模型实验及参数分析，选取多种类型动力荷载作用下悬吊结构摆振响应进行模拟和试验比较，试验工况包括自由衰减振动试验、强迫振动试验、扫频深入振动试验、地震动输入试验以及海浪输入试验，模拟分析结果与试验结果相互验证。分析和试验结果验证了 ARID 控制系统在多种动力荷载输入下，对悬吊结构的摆振响应均具有良好的控制效果，在一些特定类型荷载作用下，对结构的共振区响应抑制作用非常明显，对非共振区响应的控制作用也十分有效，验证了 ARID 系统控制方法的有效性及鲁棒性。

ARID 系统的控制应用对象包括海洋工程的复杂多模式振动和运动，以及悬吊结构的摆振控制，例如各种吊钩的摆振不但带来定位困难、降低工作效率，而且在共振情况下还会对结构、设备和人员造成严重威胁，因此有效的吊钩减摆控制系统十分必要。此外，ARID 系统对于陆地高耸（塔）、超高层建筑物或构筑物也可能适用，例如电视塔上部的桅杆或天线结构在风荷载作用下，当结构变形以整体摆动为主时，此时其运动规律类似于倒立摆，其摆振控制可以采用 ARID 系统。对于前述 Tacoma 窄桥，其桥面颤振运动类似于悬吊结构摆振，并且大质量体在重力场下有明显的旋转，因此 ARID 系统对于类似体系的振动与运动也将能够发挥控制作用。

参考文献

［1］ CHANDRASEKARAN，S.，KUMAR，D. & RAMANTHAN，R. 2016. Response control of tension leg platform with passive damper：experimental investigations. Ships and Offshore Structures，1-11.

［2］ Den Hartog J. P. Mechanical Vibrations，4th Ed，McGraw-Hill，1956.

［3］ G. L. Baker，J. A Blackburn. The pendulum-A case study in physics. Oxford university press，2006：45-51.

［4］ G. W. Housner，L. A. Bergman，T. K. Caughey，et al. Structure control：past，present，and future. J Engrg Mech ASCE. 1997，123（9）：897-971.

［5］ T. T. Soong，G. F. Dargush. Passive Energy Dissipation Systems in Structural Engineering. JOHN WILEY & SONS. 1997：227-317.

［6］ Zhang Chunwei，Ou Jinping. Modeling and Active Control of Flexible Suspended Structural System，7th World Congress on Computational mechanics，16-22 July 2006，Los Angeles，California，USA.

［7］ Zhang Chunwei，Ou Jinping. Modeling and Dynamical Performance of the Electromagnetic Mass Driver System for Structural Vibration Control，Engineering Structures，2015，82：93-103.

［8］ Zhang Chunwei，Li Luyu，Ou Jinping. Swinging motion control of suspended structures：Principles and applications，Structural Control and Health Monitoring，2010，17（5）：549-562.

［9］ 欧进萍. 结构振动控制——主动，半主动与智能控制. 科学出版社，2003.

桥梁结构抗爆及其防护研究进展

宗周红，刘　路，院素静，李明鸿

（东南大学土木工程学院，南京 211189）

摘　要：桥梁是国家交通基础设施的重要组成部分，是交通工程中的关键枢纽，在国民经济发展中起着非常重要的作用。桥梁结构抗爆及其防护作为社会公共安全的重要组成部分逐渐成为众所关注的焦点之一。现行桥梁设计规范体系中，尚未有抗爆及其防护的具体规定，因此研究爆炸荷载作用下桥梁结构动力灾变及其防护具有重要的理论意义和现实意义。本文首先简要介绍了结构抗爆规范的发展历程，其次总结了爆炸荷载的计算方法及其适用范围，并阐述了桥梁基本构件如墩柱、主梁、桥面系、拉索及桥塔等在爆炸荷载作用下的动力响应及防护研究进展；进一步地，对不同桥型如斜拉桥、悬索桥、拱桥及梁桥等整体结构在爆炸荷载作用下的抗爆性能及防护技术进行了总结，最后，展望了桥梁抗爆及其防护的发展趋势，期待能对我国桥梁结构抗爆及其防护研究提供一定的参考。

关键词：桥梁结构；爆炸荷载；爆炸毁伤；毁伤评估；抗爆规范；爆炸防护技术

1　研究背景及其意义

随着国民经济发展和交通工程发展的加速，桥梁工程建设规模也不断加大，而桥梁工程交通枢纽的安全性也日益成为众所关注的热点，具体反映在以下几个方面：

（1）桥梁工程的作用地位：桥梁是国家交通基础设施建设中的重要组成部分，是交通工程中的关键性枢纽，在交通发展中起着非常重要的作用。在保证日常交通畅通的同时，桥梁在国家经济、社会发展、军事力量以及生活文化中都起着举足轻重的作用。（2）桥梁工程结构设计方法：现行的桥梁设计规范中，对桥梁安全问题主要集中在桥梁自重荷载、车辆冲击荷载、船舶的撞击荷载以及地震荷载和风荷载等方面，尚未对爆炸荷载进行考虑。各国桥梁规范中甚至军用规范中均没有把爆炸荷载作为单独的荷载作用到桥梁结构上，只是把爆炸荷载作为偶然荷载的一类，设计中没有具体的计算规定[1]。（3）桥梁工程爆炸灾后情况：爆炸是引起桥梁损伤和破坏的重要工况之一，在桥梁关键部位放置炸弹会引起桥梁结构的巨大损坏，导致交通中断和人员伤亡[2]。尤其在恐怖活动频繁发生的今天，造价高昂、地位重要的桥梁结构遭到爆炸袭击的潜在风险越来越大。另一方面，可燃爆炸气体、烟花爆竹等危险品在运输过程中也极易发生意外爆炸，这些偶然性爆炸事件也可能是桥梁安全的重大隐患。（4）防灾减灾方法：爆炸发生是随机的过程，因此对爆炸的预测是难以实现的，为减轻爆炸灾害采取相应的防御措施[3]：一是对相应的结构的构件进行加固和改造，以防止整体结构的坍塌破坏。二是设置防爆墙阻挡空气冲击波对目标结构的直接破坏作用，遮挡爆炸物碎片，削弱爆炸冲击波对结构物和

作者简介：宗周红，东南大学土木工程学院，博士生导师。
　　　　　刘　路，东南大学土木工程学院，博士研究生。
　　　　　院素静，东南大学土木工程学院，博士研究生。
　　　　　李明鸿，东南大学土木工程学院，博士研究生。
电子邮箱：zongzh@seu.edu.cn

人员的破坏杀伤作用。三是设置防爆路障以加大爆炸源与结构物之间的距离，其主要作用是防止汽车炸弹过于接近目标。使汽车炸弹与结构物之间保持相当的距离，可以有效地减少爆炸危害，保证重要目标的安全。（5）桥梁工程结构特殊性：桥梁工程与其他工程有很大的区别，一是施工难度大，桥梁工程建造在海上、江上或者山谷里，涉及运输、地基处理、降水等附加工程，同时受到天气、水文、地理甚至区域文化的影响。二是工程造价高，桥梁工程需要考虑跨海跨江跨山的运输问题、各种地址的基础处理问题、荷载的不确定性问题，甚至施工过程中的临时工程，加之附加工程的费用，其投资成本比其他工程高。三是损坏后影响大，桥梁工程一旦损坏必会中断交通，不仅使桥梁本身的修复困难加大，还会对相关区域的经济、社会、文化造成影响。

2 国内外桥梁抗爆及其防护研究概况

多年来由于恐怖袭击、偶然爆炸以及局部战争引起的爆炸对社会造成了巨大的灾害，给人类带来伤亡和财产损失，因此结构的抗爆及其防护研究也得到了全世界广泛的关注，国内外对抗爆规范、爆炸荷载、桥梁局部构件抗爆、桥梁整体结构抗爆以及桥梁抗爆防护关键技术做了相应的研究，目前的研究现状如下。

2.1 结构抗爆规范研究

首先结构的抗爆及防护研究从建筑结构开始[4]，20 世纪 30 年代前后，考虑到国家战备需要和军事防御的重要性，同时为了研究爆炸对军用和民用设施的破坏效应，美国、英国等国家的相关部门相继展开了对爆炸荷载作用下建筑结构动态响应特性和破坏效应的研究[5]，尤其是美国，在结构抗爆防护领域研究成果较多。1949 年，美国陆军发布了技术手册"TM5-855-1"，该手册确定了爆炸冲击波的基本计算方法[6]；1969 年，美国海陆空三军司令部出版了《抗偶然爆炸—结构设计手册》（TM5-1300），该手册详细地介绍了爆炸荷载的选取、构件在爆炸荷载下的动力响应及构件抗爆设计的基本方法[7]；20 世纪 80 年代，针对大使馆和联邦办公大楼等重要建筑物可能遭受的抗恐怖爆炸袭击，美国对建筑结构抗爆防护进行了大量的系统研究，并提出一系列的防护措施[8,9]；"9·11"事件后，美国国防部和相关部门分别颁布了关于工程结构抗爆的规程，如《结构防连续倒塌设计规程》（DOD2005）、《工程防恐设计暂行规程》（DOD2001）等[5]；2000 年后，美国联邦总务署又推出了《新联邦办公楼防连续坍塌分析设计规程》（GSA2003）。同时，其他一些国家，如澳大利亚、英国、俄罗斯、以色列等也编制了相应的抗爆防护标准，这些标准主要针对于军事防护，但其中的准则也逐渐适用于民用建筑抗爆防护[10]。

我国对结构的抗爆研究是从中华人民共和国成立初期开始的，20 世纪 60 年代，为了校核国防工程基础设施的抗力等级，我国相继进行了南京潋浦试验（1958）、西拔子试验（1960）、万全试验（1966）等多次大型 TNT 爆炸试验，这些试验对钢筋混凝土靶墙在爆炸荷载下的破坏机理做了相关研究，并修订了《国防工程设计规范》；近年来，各高校和科研院所也开始提出相关抗爆标准，丁阳等人根据建筑结构抗震设计标准对建筑结构抗爆设计建立了初步的体系，提出抗爆设防烈度、抗爆防护目标、抗爆防护等级，引入抗爆重要性和爆炸易损性概念[10]；同济大学李国强团队开始提出《民用建筑防爆技术规程》编制工作，将弥补我国民用建筑抗爆标准的不足[11]。

国内外在建筑结构抗爆防护研究方面提出了相应的规程，对建筑结构抗爆防护研究与设计起到了推动的作用，建立的相关规范规程也主要集中运用在军事领域，较少涉及到民用领域，对桥梁结构的抗爆防护研究少之又少，目前，美国国家高速公路与交通运输协会针对美国国内高速公路桥梁发布了高速公路桥梁抗爆设计细则（NCHRP645）[12]，而国内还尚未对桥梁结构发布抗爆防护设计规程规范。

2.2 桥梁爆炸荷载研究

爆炸荷载是工程结构抗爆设计研究的基础。炸药在空气中爆炸时，在有限的空间中迅速释放出大量的能量，并形成爆炸产物和产生空气冲击波。在距离爆心较近的范围内，结构主要承受爆炸产物的作用，在距离爆心小于10～15倍的装药半径时，结构承受爆炸产物和冲击波的共同作用，超过上述距离时，结构只受到冲击波的破坏作用[13]。因此，作用在结构上的爆炸荷载与爆炸源有很大的关系。同时，在爆炸冲击作用下，结构物表面的爆炸荷载大小以及分布也受到结构物周边环境以及结构物自身形状的影响，要研究爆炸荷载对结构的破坏作用，必须首先研究作用在结构上的爆炸荷载。

最初，相关研究根据爆炸源与结构物之间的距离对爆炸荷载进行了简化，当爆炸源离结构较近时，爆炸荷载简化为三角形荷载形式，当爆炸源离结构较远时，爆炸荷载简化为均布荷载形式，这种简化与实际爆炸荷载差异较大，忽略了结构与空气之间的相互作用，尤其是近距离爆炸时，不能考虑炸药产物对结构的影响，因此这种简化爆炸荷载实用性较差。随着对爆炸的进一步研究，经验公式及半经验公式的方法广泛应用于爆炸荷载的计算和预测，并且经过试验验证，得到了较好的结果，其缺点是没有考虑到结构物周围环境的影响。

国内外学者 Henry[14]、Brode[15]、Hao[16] 提出了不同的爆炸荷载公式，我国国防工程设计规范也给出了爆炸冲击波超压公式，但是这些公式大多针对空旷的空中爆炸。美国陆、海和空三部联合推出的《抗偶然爆炸结构设计手册》[7]（TM5-1300）通过大量的试验和数值分析，建立了比较准确的公式和图表，主要用于评估不同装药量在不同位置爆炸后作用在结构上的入射超压、反射超压、冲量和各参数取值。Kingery 和 Bulmash[17] 等用半经验法估算爆炸荷载大小，并考虑了荷载随时间指数的递减，该方法不但广泛应用于估算自由空中爆炸的结构荷载大小，也被编入 CONWEP 计算程序，故也被称为 CONWEP 爆炸模型。Ngo[18] 等进行了一次 5000kg 大药量 TNT 的爆炸试验，并对现场实测数据与 UFC3-340-02 规范[19] 中的数据进行了对比，结果表明：UFC3-340-02 规范的预测方法不能真实反映在近距离爆炸下爆炸系统各参数的变化和爆炸波行为的不确定性，这可能会导致过度保守估计冲击波或低估超压峰值。

国内相关学者对爆炸荷载进行了研究，杨鑫[20] 等对空气中 TNT 爆炸的超压峰值进行了对比分析，并拟合总结了爆炸超压峰值与比例距离关系的公式。林大超[21] 等用解析方法研究了空气中爆炸冲击波超压的变化规律，引入了冲击波传播的函数，根据超压的连续性变化条件得到了超压变化过程的基本方程，并给出了一维爆炸冲击波正相函数的一般形式。顾垒[22] 等研究了影响爆炸冲击波超压的主要参数，并提出了控制空气冲击波超压的措施。李忠献[23] 等在查阅了大量文献的基础上分析了不同比例距离时的冲击波超压和持续作用时间，并拟合得到了比例距离与超压和作用持时之间的关系曲线，结果表明：拟合得到的曲线稍大于人防规范和 UFC 规范中的取值，偏于安全。

对于爆炸荷载特性的研究已经取得了相当多的成果，查阅有关规范[7,19,24]，并通过量纲分析和试验标定参数的方法，可得到普通炸药和一般武器爆炸所产生的冲击波的主要参数。爆炸数值模拟比爆炸试验成本低，而且结合解析方法和真实的爆炸试验，可得出精度较高的结果[25]。然而，目前大部分爆炸荷载模型均假定爆炸冲击波和结构相互作用时反射面为无穷大，忽略了结构构件侧面和顶部稀疏波影响，其中一些公式和图表更是在现场大尺寸墙体试验测试数据的基础上提出的；在实际情况中，爆炸冲击波在遇到非无限大障碍物时会发生绕射、衍射和反射，结构上的爆炸荷载会显著受到爆炸冲击波与结构相互作用的影响。因此，在反射较小情况下，如何准确预测结构表面的爆炸荷载成为该领域迫切需要解决的一个问题。另外，爆炸荷载的预测公式均是在各种严格的假定下提出的，适用性较小。而在实际工程中，由于爆炸的诸多不确定性因素和结构本身及其环境的复杂性，爆炸产生的直接作用荷载和反射作用荷载与现有公式计算得出的结果相差很大；桥梁结构不同于房屋、大坝等结构，桥面爆炸、桥下爆炸甚至水下爆炸所导致的毁伤效果截然不同。

2.3 桥梁局部构件抗爆及其防护研究

桥梁结构主要由桥梁墩柱、承重轴力的主梁体系以及桥面板组成，要研究桥梁结构的抗爆防护特性，首先要对桥梁局部构件的抗爆性能进行研究，只有对结构构件的受力特性深刻了解后，才能完备地考虑结构在爆炸荷载作用下的整体抗爆性能及动力响应。由于桥梁工程的重要性愈来愈显著，因此，国内外学者对桥梁结构也开始了抗爆防护的研究，主要从以下几种构件开始着手。

2.3.1 墩柱抗爆及其防护研究

首先，钢筋混凝土（RC）墩柱作为桥梁主要的受力构件受到广泛关注，不少学者对 RC 墩柱进行了相关的试验研究及数值模拟。国内外对 RC 墩柱的抗爆性能研究成果较多，Winget[26] 等考虑了两种恐怖爆炸袭击情况，改变墩柱直径、截面形状、混凝土强度等参数，对一座三排柱墩的 RC 梁桥进行了分析，结果显示：桥墩局部混凝土破碎情况严重，纵梁发生了弯曲破坏；美国国家高速公路与交通运输协会发布了高速公路桥梁抗爆设计细则（NCHRP645），美国陆军部队工程研究与开发中心和美国西南研究院（2011）为这一细则完成了一批 RC 墩柱的爆炸试验，试验设计了 20 个试件，主要考虑了横截面形式、长细比、箍筋形式、配筋率和纵筋拼接位置等变化参数，对公路桥梁墩柱在爆炸荷载作用下的破坏机理及动力响应进行了分析，并提出了针对公路桥梁的抗爆防护措施[27-30]。Fujikura 与 Bruneau[31,32] 基于多灾害的桥墩概念，设计了具有抗震要求的 1/4 比例缩尺的 RC 桥梁墩柱，并对其进行了现场爆炸试验，试验研究结果表明：爆炸荷载下 RC 墩柱没有延性变形，而在墩柱基底产生剪切破坏。Yi 等人[33-35] 对三跨钢筋混凝土桥梁进行了桥面以下的爆炸数值模拟研究，研究结果表明：桥墩的破坏有六种破坏机制，分别为桥墩墩底混凝土侵蚀剥落、墩柱基底剪切破坏、钢筋切断、墩柱的整体破坏、表明混凝土的剥落以及塑性铰的形成。在国内，唐彪[36,37] 等人考虑了截面面积、混凝土类型、截面形式、箍筋形式和轴压比等参数对 RC 墩柱抗爆性能的影响，制作了 11 根墩柱并进行了现场爆炸试验，研究发现：接触爆炸时 RC 墩柱极易发生冲切破坏，局部损伤破坏严重；非接触爆炸时增大截面面积、钢纤维混凝土、方形截面、螺旋箍筋、施加轴力能有效增强钢筋混凝土墩柱的抗爆性能，在这基础上，院素静[38] 等人对 RC 圆形与方形墩柱在接触爆炸下的破坏机理进行了进一步的分析，同时刘路[39] 等人对圆柱在非接触爆炸下的破坏模式以及承载力进行了评估。

尽管 RC 墩柱作为桥梁最主要的受力构件较多，但从爆炸试验和数值模拟可以看出 RC 墩柱在爆炸荷载作用下更易发生混凝土的成块脱落，不易保持 RC 墩柱的完整性，导致墩柱的抗爆性能明显下降，因此，国内外相关学者也开始对 RC 墩柱进行加固防护的抗爆研究，对 RC 墩柱的加固主要采用柔性材料，例如纤维布材料等，对 RC 墩柱加固后的抗爆性能研究成果较多。Wood[40] 对 3 个 1：4 缩尺的 RC 墩柱进行了爆炸试验，考虑了 FRP 管及新型结构 FRP-VE（黏弹性材料）对墩柱的防护效果，试验结果表明：新型结构能减小墩柱的柱中变形，减小墩柱的局部破坏，FRP 能有效约束混凝土破坏。Qasrawi[41,42] 等人对 FRP 管防护的 RC 墩柱进行了近距离的爆炸试验，研究了 GFRP 对 RC 墩柱的防护、钢筋配筋率以及比例距离等参数对墩柱抗爆性能的影响，试验结果表明：GFRP 管防护墩柱的稳定性很大，墩柱的局部破坏减小、残余应变及横向位移也减小。Echevarria[43] 等人对 FRP 管防护墩柱进行了爆炸试验，试验结果表明：FRP 管防护墩柱能够有效地减小墩柱的弯曲变形，并增大其爆炸荷载作用后的剩余承载力。Mutalib[44] 等人和 Muszynski[45] 等人对 FRP 加固防护的 RC 墩柱进行了数值模拟分析，对墩柱截面形式、混凝土强度、钢筋配筋率、FRP 厚度及强度、炸药距离、炸药量等进行了研究，研究结果表明：FRP 能有效减小墩柱的破坏以及横向残余位移，明显提高了墩柱的抗爆性能。刘路[46]

对 4 根大比例尺的 RC 桥梁墩柱进行了 CFRP 的防护抗爆研究，主要研究了不同比例距离（药量）以及不同 CFRP 层数对 RC 墩柱抗爆性能的影响，研究结果表明 CFRP 能够有效提高 RC 墩柱的抗爆性能。

纤维布材料对 RC 墩柱加固防护效果较为明显，特别是在远场爆炸作用下，FRP、GFRP 或者 CFRP 能够有效地提高 RC 墩柱的抗爆性能，但是在近场爆炸或者炸药接触爆炸情况下，纤维布材料对 RC 墩柱丧失了防护效果，因为在近场爆炸或者炸药接触爆炸下，纤维布材料耐不住爆炸产生的高温作用；其次，纤维布材料对 RC 墩柱的加固施工工艺较为复杂，并且只能针对现有的墩柱进行加固防护，因此，国内外相关研究者提出了考虑钢管混凝土墩柱的抗爆性能，钢管不用考虑配筋问题，可以直接进行混凝土的浇筑，钢管混凝土墩柱的应用范围越来越广，所以对钢管混凝土墩柱抗爆性能的研究应该特别关注。

Fujikura 和 Fouche 等人[31,48-52]对缩尺比例为 1:4 的钢管混凝土墩柱进行了爆炸试验，研究多灾害防御下钢管混凝土墩柱的抗爆性能，研究结果表明：在爆炸荷载作用下，钢管混凝土墩柱的延展性明显提高。Remennikov[53]等人对方型截面钢管混凝土做了近距离爆炸试验与接触爆炸试验，得到了钢管混凝土柱在爆炸荷载作用下的动力响应及破坏模式，试验结果表明钢管能提高混凝土墩柱的抗爆特性。Zhang 等人[54]对空心钢管混凝土方柱和圆柱进行了抗爆研究，考虑了混凝土强度、外层钢管的厚度、内层钢管的厚度、横截面形状、空心率、轴力、边界条件对空心钢管混凝土的影响，研究表明：外层钢管的影响比内层钢管的影响大，空心率大于 0.5 对墩柱的抗爆性能有减弱作用。崔莹[55,56]和孙珊珊[57]团队对复式空心钢管混凝土柱以及实心钢管混凝土柱进行了爆炸试验，试验结果表明：钢管能够提高墩柱的刚度，并且在预测爆炸荷载下能够得到墩柱的破坏形态。李国强[58]等人进行了 12 根钢管混凝土柱的爆炸试验，研究了药量、炸药位置、轴压比、混凝土强度、含钢率等因素对钢管混凝土柱抗爆性能的影响，试验结果表明：钢管能有效减少墩柱的塑性残余变形，并且墩柱以呈现弯曲变形为主的。何金伟[59]等人对钢管超高强纤维混凝土柱进行了爆炸试验，试验结果表明：方形截面钢管超高纤维混凝土墩柱抗爆性能优于圆形截面，空心方形截面钢管超高强纤维混凝土柱抗爆性能优于实心方形截面。杜林[60]、黄拓[61]、杜欣新[62]、吴赛[63]等人对钢管混凝土柱进行了数值模拟，考虑了炸药位置、截面形式、约束形式、钢材属性、钢管厚度及轴压比等参数，研究结果表明：钢管能有效约束混凝土膨胀，增强材料的韧性；在相同参数条件下，圆钢管混凝土柱的抗爆性能优于方钢管混凝土柱；近距离爆炸时，墩柱表现为局部破坏，远距离爆炸时，墩柱表现为整体破坏；钢管能有效地提高墩柱的抗爆性能。刘路[46]对 5 根大比例尺的 RC 墩柱进行了钢管的防护抗爆研究，主要考虑了不同比例距离（药量），不同钢管厚度对墩柱抗爆性能的影响，研究结果表明钢管能够有效提高 RC 墩柱的抗爆性能。李明鸿[47]等人对双层钢箱混凝土墩柱进行了接触爆炸研究，对其动力响应、损伤模式以及耗能能力进行了分析，结果显示墩柱在炸药位置附近呈现局部破坏，钢管开裂及混凝土剥落。

目前，对墩柱的抗爆性能及防护研究较为完善，墩柱作为桥梁结构中至关重要的部件，需要特别对待，从试验研究和数值模拟研究着手，单独考虑墩柱在不同因素下的抗爆影响，对墩柱的抗爆研究具有推动的作用，但由于对墩柱的研究是脱离结构本身的，没有考虑其他构件对墩柱的约束作用，同时试验条件有限，难以高度模拟墩柱的实际受力情况，并且模拟手段也有诸多问题亟待进一步的解决，如材料的高应变率效应、多物质的界面处理、滑动边界的处理等等。

2.3.2 主梁抗爆及其防护研究

主梁作为桥梁的上部主要承重结构，其抗爆性能及防护也不容忽视，不少学者对主梁也进行了相关研究，主梁的抗爆及防护研究成果较多。Tang[64,65]等对大跨度斜拉桥的分离式钢箱梁进行了爆炸冲击响应的研究，采用等效静载加载法模拟了 1000kgTNT 炸药在钢箱梁上方的爆炸，研究结果表明：混凝土铺装层破坏严重，桥面呈局部破坏，底板及纵隔板影响较小。都浩[66]等模拟了爆炸荷载作用下钢筋混凝土梁，结果表明：冲量相同时，梁的跨中最大挠度随爆炸荷载峰值的增大而增大；较小峰值压强和较长作用时间时，梁跨中弯曲破坏；较大峰值压强和较小作用时间时，支座剪切破坏。Son[67]等在研究大型斜拉桥桥塔抗爆时考虑了桥塔附近钢箱梁，梁段纵桥向两端为固支边界，模拟结果表明：钢箱梁桥面发生了比较严重的塑性大变形，局部有破口。朱新明[68]着重分析了汽车炸弹在大跨度缆索支撑桥梁钢箱梁爆炸时梁的局部破坏机理，研究表明：钢箱梁局部爆炸冲击响应过程分为桥面板破口、冲击波箱体内传播和桥面板破片作用于底板、隔板及腹板三个阶段。姚术健[69]研究了单层与双层钢箱梁的爆炸冲击响应，分析了典型箱包炸弹和汽车炸弹在钢箱梁内部爆炸的局部破坏机理，研究表明：爆炸位置对桁架体系的受损程度影响较为明显；加劲肋对其垂直方向的开裂破口具有约束作用；箱形梁体对冲击波的约束使破坏效果更为严重。

对于大跨径桥梁的主梁多采用钢箱梁形式，对钢箱梁的研究多在于数值模拟研究，初步探索了钢箱梁在爆炸荷载作用下的破坏机理，对后期钢箱梁的研究奠定了基础，但也有待于做进一步研究。中小跨径的桥梁在国内外更为普遍，并且中小跨径桥梁的主梁多以钢筋混凝土主梁或者预应力钢筋混凝土主梁为主，但相对于大跨径桥梁的主梁来说，中小跨径桥梁的钢筋混凝土主梁研究较少，国内外研究者主要集中于建筑结构的小钢筋混凝土梁进行研究，柳锦春[70]、方秦[71]、盛利[72]、崔满[73]、高超[74]、胡世高[75]、李猛深[76]、汪维[77]等人对钢筋混凝土梁进行了试验研究以及数值模拟研究，夏小虎[78]、Chen[79]等人对预应力钢筋混凝土梁进行了数值模拟研究，对建筑结构的小混凝土梁在爆炸荷载作用下的抗爆性能了解较为透彻，从纵筋配筋率、箍筋间距、跨高比、混凝土强度等方面对梁在爆炸荷载作用下的动力响应和破坏形态做了相关研究，在不同的爆炸荷载工况以及不同构造下，钢筋混凝土梁呈现出不同的破坏形态，例如弯曲破坏、弯剪破坏以及剪切破坏。其次，相关学者根据梁的破坏形态，又提出了对钢筋混凝土梁进行加固防护，如胡青军[80]、陈万祥[81]等人采用 CFRP 对梁进行了加固后的抗爆研究，CFRP 能够有效地提高钢筋混凝土梁的抗爆性能，如提高梁的刚度，减小梁的变形能力等。唐德高[82]等人对高强钢筋加强混凝土梁在爆炸荷载作用下的抗弯性能进行了相应的研究，从爆炸试验中可以发现：高强钢筋强度高的优势在爆炸荷载超过普通 RC 梁的屈服荷载后才能充分发挥，爆炸荷载较大时，裂缝数量较多的高强 RC 梁比普通 RC 梁具有更好的变形恢复能力，损伤程度显著减小，采用高强钢筋使得 RC 梁裂缝分布区域增大，在塑性变形阶段形成了梁长约 60% 的塑性区域，改变了 RC 梁塑性变形阶段的振型。

2.3.3 桥面板抗爆及其防护研究

桥面板作为与车辆直接接触的构件，其重要性当然不在话下，而大跨径桥梁的桥面板主要采用正交异性钢桥面板结构，特别是千米级以上斜拉桥的主梁和悬索桥的加劲梁大多采用钢箱梁，其桥面板是典型的正交异性板结构。此外，军用桥梁中制式渡河桥梁装备也同样采用钢桥面板，例如带式舟桥甲板和机械化桥面系多为钢桥面板。目前来说，正交异性钢桥面板的研究主要集中在静荷载和车辆动荷载，很少涉及爆炸荷载作用。白志海[83]对正交异性钢桥面板在爆炸荷载作用下的破坏机理进行了研究，着重分析了金属加筋板刚度、加筋形式及开裂与破口对爆炸冲量荷载的影响，研究结果表明：爆炸冲量荷载随加筋板刚度的提高而增大，可采用等效抗弯刚度反映其影响；可忽略加筋形式及开裂与破口对爆炸冲量荷载的影响。蒋志刚[84]等人对钢箱梁桥面板在爆炸荷载作用下的冲击响应进行了数值模拟研究，研究结果表明：桥面板的主要耗能机制为盖板和加劲肋的塑性变形耗能，加劲肋和横隔板对桥面板破口有约束作用。

目前，中小跨径桥梁在交通中还是占主导地位，而大多数桥梁的桥面板还是以钢筋混凝土的桥面板为主，因此，钢筋混凝土的桥面板还是值得关注，但是对于钢筋混凝土板的研究主要还是集中于建筑结构，Silva[85]、龚顺风[86]、刘尧[87]、汪维[88,89]、李天华[90]等人通过试验与数值模拟探讨了钢筋混凝土板在爆炸荷载作用下的抗爆性能，分析了不同药量下钢筋混凝土板的损伤与破坏特征，合理展现了钢筋混凝土板从混凝土开裂、底部层裂碎片形成、钢筋屈服到混凝土板局部震塌的动态演变过程，研究结果表明：随着装药质量的增加，钢筋混凝土板的破坏模式逐渐由整体弯曲破坏转变为局部冲切破坏。

钢筋混凝土板的破坏机理受到关注后，相关学者根据钢筋混凝土板的破坏原理提出了加固防护措施，Mosalam[91]、Tolba[92]、胡金生[93]、Razaqpur[94]、张志刚[95]、Wu[96]、李猛深[97]、Nam[98]、Foglar[99]、Yun[100]等人都提出使用 FRP（CFRP、GFRP 等）材料加固钢筋混凝土板，从现场试验和数值模拟的角度对加固后的钢筋混凝土板进行了抗爆研究，研究结果表明：纤维布粘贴加固后钢筋混凝土板的抗爆炸冲击能力明显提高，纤维布粘贴在一定层数以内时，其抗爆炸冲击能力与加固层数成正比，继续增加层数时抗爆能力提高不明显；但是外贴纤维材料能够有效延缓混凝土的开裂，并且限制裂缝的发展，板的整体性有所提高；钢筋混凝土板两面贴纤维材料更能有效提高板在爆炸作用下的力学性能。

除了对钢筋混凝土板粘贴碳纤维材料进行加固防护以外，相关学者还提出在混凝土板内加入钢纤维，钢纤维高强混凝土板[101,102]的抗爆性能明显优于普通的混凝土板，钢纤维能够有效提高板的强度，减弱板的动态响应，但钢纤维混凝土板内没有加入钢筋，相对于钢筋混凝土板的抗爆性能减弱，基于此，又有人提出超高强度预应力混凝土板[103]，即满足了高强度的混凝土，又相对普通钢筋混凝土板加入了预应力钢筋，使钢筋混凝土板在爆炸荷载作用下的抗爆特性明显增加。

2.3.4 拉索和桥塔抗爆及其防护研究

对于大跨桥梁，其桥索和桥塔也是桥梁结构重要的组成部分，例如悬索桥的主要组成部分包括桥索和桥塔，即使在较小的偶然性爆炸荷载作用下，桥塔或者桥索附近也会发生大规模的爆炸破坏[104]。而斜拉桥是将主梁用许多拉索直接落在桥塔上的一种桥型，是由承压的塔、受拉的索和承弯的梁体组合起来的一种体系，也可以看作是拉索代替支墩的多跨弹性支承连续梁。与梁桥不同，悬索桥在桥面上爆炸时，爆炸靠近桥索时会引起桥索与桥塔断开，桥梁的内力就会出现内力重分布，若破坏程度较大会引起桥梁的整体坍塌。Suthar[105]对切萨皮克地区跨海悬索桥在爆炸荷载作用下的响应通过内力及变形进行分析，悬索桥在爆炸荷载遭遇了严重的局部损伤时，桥梁是不轻易发生整体坍塌的，同时 Edmond 和 Hao[64,65]等人对桥塔进行了爆炸下的损伤分析，可见桥索和桥塔是大跨径桥梁特别重要的构件之一。朱璨[106]等人通过数值模拟方法研究了大跨度缆索支撑桥梁中的钢箱梁、钢筋混凝土主塔在不同当量爆炸荷载作用下的冲击响应，分析了桥面爆炸影响下钢箱梁、钢筋混凝土主塔的局部破坏特性，研究表明：钢箱梁顶板受近距离爆炸冲击波作用出现开裂破坏，横隔板对破口有明显的约束作用，由于爆炸点与桥塔距离较远且主塔壁较厚，钢筋混凝土桥塔的局部破坏较小，桥塔不会在恒、活荷载作用下压溃。

2.4 桥梁整体结构抗爆及其防护研究

国内外对桥梁的墩柱、梁板以及桥索和桥塔等局部构件进行了大量的相关研究，包括对其在爆炸荷载作用下的动力响应以及破坏模式进行的系统性研究，充分了解了桥梁结构构件在复杂的爆炸荷载作用下的受力特性，桥梁作为一个完整的结构体系，单独研究构件的受力是不能准确地外推到桥梁整体结构上的，因为不同桥梁结构的传力体系不同。

2.4.1 斜拉桥抗爆及其防护研究

斜拉桥又称斜张桥梁，是将主梁用许多拉索直接拉在桥塔上的一种桥梁，是由承压的塔、受拉的索和承弯的梁体组合起来的一种结构体系，比梁式桥的跨越能力更大，是大跨度桥梁的主要桥型。

邓荣兵[107]等人对独塔双索面连续钢桁架斜拉桥进行了数值模拟研究，爆炸源于主跨上桥面距离主塔125m处，结果表明：爆炸冲击波对桥梁迎爆面局部结构造成较大损伤。

Son[108-110]等人对大跨斜拉桥的正交异性钢箱梁桥面板进行了爆炸荷载的计算，爆炸源为汽车炸弹置于跨中的桥面中心离地面 1.5m 处。结果表明：在爆炸荷载下，根据美国 AASHTO 规范设计的桥面板在轴力较小时不会引起桥梁的整体倒塌；提出了利用钢板的屈服来消耗能量的防护机理，这种机制可以有效地防止正交异性钢桥面板大跨桥梁的连续性倒塌。

Edmond[65] 和 Hao[64] 等人对大跨斜拉桥进行了爆炸荷载作用下的数值模拟研究，主要计算了桥塔、桥墩和桥面板的损伤机理，并且考虑了 FRP 对混凝土桥面板的加固作用，结果发现：竖向的承重构件产生破坏会导致桥梁严重性倒塌，而在桥面以上爆炸时会引起桥梁严重的不稳定；对桥塔和桥墩有最小的比例距离分别为 $1.2m/kg^{1/3}$ 和 $1.33m/kg^{1/3}$ 来防止桥梁发生严重倒塌。

Lee[67] 等人对斜拉桥进行了模拟研究，主要针对中空钢箱桥塔和混凝土填充的复合型桥塔，考虑了爆炸冲击波在梁和塔之间的相互传播，比较了两种不同桥塔的抗爆性能，结果发现：混凝土填充的复合型桥塔比中空钢箱桥塔更具良好的抗爆性能。

张涛[111] 等人以大跨径斜拉桥为例，对不同等级炸药在内车道和外车道的桥面爆炸进行了研究，并分析了不同等级爆炸后主梁的损伤，结果发现主梁损伤范围主要受主梁类型及爆炸质量的影响，靠近爆炸点附近的拉索有较高的断索风险。

胡志坚[112] 等人为研究大跨度混凝土斜拉桥在爆炸荷载下的动力响应和损伤模式，建立全桥实体模型和跨中主梁局部模型，开展不同炸药条件下的斜拉索应力分析和结构动力响应分析，结果发现：斜拉索在爆炸荷载下直接破坏的风险较低，只有偏载作用时近爆点斜拉索有断索风险；爆炸位置相同时，随着 TNT 当量增大，破坏模式由弯曲破坏转变为直剪破坏；梁体纵向加劲肋在中小爆炸荷载作用下能有效提高梁体的抗爆能力，其与箱梁顶板形成具有相对强弱刚度的熔断体系，有效限制梁体横向破坏面的扩展，降低破坏程度；箱梁破坏后冲击波在箱室内传播引起更严重破坏。

Hashemi[113],[114] 等人建立了三跨的钢斜拉桥数值模型，将炸药置于桥面板上不同的位置。小药量爆炸时，桥面板小面积破坏；中药量和大药量爆炸时，桥面板与桥塔产生断裂；高反射超压时钢桥面板直接产生断裂，但腹板和隔板限制了其破坏程度；桥塔的整体响应受到爆炸位置的严重影响，特别是炸药在桥塔附近和跨中时，拉索的锚固失效，短索更容易断裂。

Pan[115] 等人建立了大跨斜拉桥的数值模型，研究了五种爆炸工况对斜拉桥的影响，研究发现在桥塔附近爆炸是最关键的工况，桥面局部破坏，桥塔产生横向位移会导致桥塔承载能力的损失，会引起全桥的整体倒塌作用；其次空中爆炸时锚固区的裂缝发展会导致塔顶破坏失效并且会影响到全桥的承载能力。

斜拉桥根据桥塔、索面及主梁支撑等有不同的体系，尽管不同的体系抗震抗风性能较为良好，但其抗爆性能还存在一定的问题，一旦索发生断裂或者塔发生破坏，势必会引起斜拉桥的整体垮塌，较少对索塔进行系统性的抗爆研究；目前对钢箱梁的斜拉桥研究较多，对混凝土梁或结合梁的斜拉桥研究较少；爆炸位置在桥面爆炸较多，对桥面以下尤其是桥塔底部的爆炸更少研究，一旦桥塔受损会导致整桥完全倒塌，可见桥塔的重要性。

2.4.2 悬索桥抗爆及其防护研究

悬索桥又名吊桥，通常指的是以通过索塔悬挂并锚固于两岸（或桥两端）的缆索（或钢链）作为上部结构主要承重构件的桥梁。从缆索垂下许多吊杆，把桥面吊住，在桥面和吊杆之间常设置加劲梁，同缆索形成组合体系，以减小活载所引起的挠度变形，悬索桥也是作为大跨径桥梁的主要类型。相对于其他桥型来说，悬索桥可以使用比较少的物质来跨越更长的距离，悬索桥可以造得比较高，容许船在下面通过，在造桥时没有必要在桥中心建立暂时的桥墩。

Suthar[105] 等人研究了跨海悬索桥在恒载、活载以及爆炸荷载作用下的响应，极限承载能力下用非线性塑性铰开展了连续性倒塌分析，悬索桥局部严重损伤，不会整体坍塌。

Son[108-110]对大跨的地锚悬索桥和自锚式悬索桥进行了爆炸荷载作用下的研究，主要针对于正交异性钢箱梁和钢-混凝土板梁在桥面炸弹的爆炸荷载作用下进行了计算分析，得到了两种梁的破坏模式，并且提出了相应的加固措施来提高梁的抗爆性能以防止桥梁整体的倒塌；由于全桥的桥面板受到不利的轴向作用，自锚式悬索桥在爆炸荷载作用下的抗爆性能较差。

王赟[116,117]等人以润扬大桥为例，针对大跨度悬索桥可能遭受的爆炸冲击波威胁，研究了空中爆炸荷载作用下悬索桥的竖向弯曲振动，基于悬索桥挠度理论，采用模态叠加法得到了悬索桥空中爆炸冲击波作用下动挠度的解析解。

蒋志刚[118]等人同样以润扬大桥为例，针对大跨度悬索桥遭受的爆炸袭击，研究了爆炸冲击波作用下悬索桥竖向弯曲响应，结果显示：悬索桥的竖弯响应过程可分为非稳态和稳态两阶段，非稳态阶段相联构件间相互作用强烈，构件内力变化大，稳态阶段构件间的相互作用减弱，构件内力绕恒载值小幅波动；炸药水平位置对加劲梁和吊杆最大内力影响显著；加劲梁的最不利荷载位置在跨端，吊杆的最不利荷载位置在跨中。

悬索桥作为现今跨越能力最强的桥型，研究其在爆炸荷载作用下的动态响应和损伤机理具有一定的现实意义：作为千米以上的首选桥型，具有跨度大、修建难度高、修建成本大的特点，并且在交通运输中占据重要的地位，具有军事战略意义。现在对悬索桥的抗爆存在一些问题：（1）悬索桥的关键部位易受损，如主缆、主塔、锚碇（自锚式悬索桥为悬索锚固端）等，没有得到针对性的研究，一旦关键部位突然在爆炸荷载作用下发生损伤，必会造成桥梁结构的垮塌；（2）爆炸荷载作用位置较为单一，桥梁侧向和底部等不同位置发生爆炸没有得到很好研究；（3）模拟爆炸较为单一，仅对球形装药进行了研究，对方形和不规则形状装药方式的研究较少，同时缺少针对多位置、多形式同时加载或连续作用爆炸荷载情况下桥梁动力响应的研究。

2.4.3 拱桥抗爆及其防护研究

拱桥是在竖直平面内以拱作为结构主要承重构件的桥梁，在竖向荷载作用下，拱的支承处同时受到竖向和水平反力的共同作用，这个水平反作用力被称为水平推力，由于这个力的作用，拱承受的弯矩将比相同跨径的梁小很多，从而处于主要承受轴向压力的状态，因此，拱桥不仅可以利用钢、钢筋混凝土等材料来修建，而且还可以利用适合承压而抗拉性能较差的圬工材料（石料、混凝土、砖等）来修建。

邢扬[119,120]对钢桁架组合拱桥爆炸失效机理及其安全评估方法开展了系统的研究，分析了炸药量、车道位置以及炸药所在的纵桥向位置对桥梁安全性的影响规律。结果表明：跨中爆炸桥梁发生整体破坏；外侧车道爆炸时破坏作用会稍大一些；炸药所在纵桥向位置对桥梁的安全性影响较大，破坏程度由高到低的排列顺序是：拱梁结合部位、四分之一跨、跨中。

刘青[121]等人对上承式拱桥进行了模拟研究，分析了大跨拱桥在爆炸荷载作用下的整体影响并评估了其损伤特性，结果表明：距离爆炸中心点越近的构件损伤程度越重；爆源附近产生局部塑性变形和严重损伤。

国内外对拱桥结构的抗爆及其防护研究较少，如今拱桥在连接重要城市的要道上也占据着重要地位，在山区修建的大跨拱桥较多，由于拱桥需要良好的基础条件，而对拱桥仅有的抗爆研究只局限于下承式的钢桁架拱桥及上承式的空腹式拱桥，并且仅研究了桥面爆炸荷载对拱桥的影响，因此，有待于对拱桥进行以下研究：对中承式拱桥进行爆炸研究；对拱桥拱圈、拱脚、横墙或支柱在爆炸荷载作用下的动力响应及破坏模式，考虑拱桥在受到爆炸荷载后的连续倒塌模式；对钢桁架的拱桥进行材料及节点的抗爆性能研究等等。

2.4.4 梁桥抗爆及其防护研究

梁桥是中国古代最早出现的桥梁，其主要以受弯为主的主梁作为承重构件的桥梁，主梁可以是实腹梁或桁架梁，实腹梁构造简单，制造、假设和维修均较方便，广泛用于中小度桥梁，但在材料利用上不够经济，桁架梁的杆件承受轴向力，材料能充分利用，自重较轻，跨越能力大，多用于建造大跨度桥梁，按照主梁的静力体系，分为简支梁桥、连续梁桥和悬臂梁桥。梁桥作为我国应用最为广泛的桥型，尤其是中小跨径的预应力钢筋混凝土小箱梁梁桥已经形成标准化的设计，跨径一般为 30m 或 40m 不等，跨径增大，使用混凝土材料会导致梁体的自重加大，钢筋混凝土的梁这时不再适用，即出现了钢-混组合梁桥，将混凝土材料置换成钢材料，减轻了梁体的重量，这种梁体得到进一步发展，波形钢腹板预应力混凝土组合梁桥与钢混结合段的梁桥相应出现并大量运用到工程中，紧接着钢桁架桥以及钢箱梁桥应运而生，能达到更大的跨径。

Anwarul[122,123]根据 AASHTO 规范中Ⅲ号截面的梁桥进行了分析提出：AASHTO 规范中的桥无法抵抗爆炸荷载，需要对梁、板、柱等构件进行特殊的防护设计。Mahoney[124]对三跨钢桁架连续梁桥、预应力混凝土梁桥、连续刚构桥进行了爆炸荷载下的研究，提出了爆炸荷载作用的有效性以及分析了结构的动力响应。Cimo[125]对钢筋混凝土 T 梁进行了爆炸研究，考虑了双线桥的影响，结果表明反射超压的影响会导致梁内力的增加。Zheng[126]对 FRP 加固的钢筋混凝土梁桥进行了爆炸研究，结果表明：增加复合结构的刚度可以有效提高桥梁的抗爆能力。Abdelahad[127]对钢筋混凝土板梁及 T 梁进行了研究，对爆炸荷载作用下的动力响应进行了评估，并且使用 FRP 对桥进行加固，能有效地提高桥的抗爆能力。Tokal-Ahmed[128]分别在两跨连续 T 梁模型的桥面上和桥下进行了爆炸模拟，提出了相应的防护措施，其中包括：多排柱的墩柱、高延性材料、增长支座宽度等等。Zhou[129,130]基于 AASHTO 规范的 LRFD 方法设计了两跨连续组合钢梁桥，研究结果显示：全桥的响应依赖于桥梁构件的弯曲剪切强度、荷载大小、爆炸位置、比例距离以及爆炸荷载作用到桥面的入射角度。Yi[33-35]等人对典型的三跨连续钢筋混凝土梁桥进行了数值模拟，对不同爆炸荷载下，墩柱的破坏模式、梁体脱梁模式以及全桥的倒塌模式进行了研究。庞志华[132]等人通过数值模拟对连续刚构桥进行了爆炸荷载作用下的计算，对 0 号块位置下桥梁结构整体响应及其变形特性做了研究分析，爆炸荷载一般会导致结构附近的局部变形。陈华燕[2]等人对连续刚构桥在爆炸荷载作用下的动力响应进行数值计算，模拟了桥梁的坍塌过程。刘超[133]对预应力混凝土桥梁在爆炸荷载作用下的动力效应进行了研究，能够对桥梁的变形和破坏模式提出预测作用，同时也为桥梁结构的抗爆设计及综合防护提供了理论依据。Ahmed 等人[134]对三跨后张预应力箱梁桥进行了爆炸数值模拟，研究了箱梁桥在不同爆炸荷载工况下的连续倒塌模式，对墩柱、桥面板的破坏机理进行了分析，对可能的爆炸袭击提出了有效的防护措施。杨喻淇[135]对连续刚构的箱梁桥进行了爆炸荷载的模拟，对桥梁的局部破坏损伤和全桥坍塌过程进行了分析，引入 Tuler-Butcher 损伤模型并得到特定单元的损伤曲线，结果可为桥梁的状态评测和安全性监控提供重要依据。Ahmed[136]等人对钢筋混凝土箱梁桥进行了近距离的爆炸研究，确认了数值能够有效地预测箱梁的破坏形式。刘青[137,138]等人建立了三跨连续刚构弯梁桥，分别在弯梁桥内侧、外侧以及独柱墩上方进行了爆炸作用，爆炸作用加剧了梁的弯扭耦合程度，仅引起局部损伤，且单柱墩的损伤程度要比双柱墩的损伤程度要高；最后分析了弯桥的倒塌模式，对弯桥的抗爆倒塌设计提出一些建议，如加强支座等连续约束的设计以及单柱墩的加固防护措施。Pan[139]等人使用多欧拉域方法对钢筋混凝土板梁桥进行了爆炸研究，对梁桥的防护措施有了全面的了解。Wang[104]等人模拟了义昌大桥在偶然爆炸荷载作用下的倒塌破坏模式。胡志坚[140]等人研究了近场爆炸时混凝土桥梁的力学性能，通过具体的实桥分析验证研究了成果的有效性。郑洋[141]对大跨度连续刚构桥进行了爆炸响应及破坏形态的研究，研究结果对实桥工况下的桥梁爆炸效应具有重要的意义，并对工程实际中桥梁的爆破拆除也有重要的指导意义。

任乐平[142]采用可靠度的原理对服役的钢筋混凝土梁桥进行了抗爆研究，根据理论研究分析对一座简支 T 梁桥进行了可靠度的研究验证计算。龚杰[143]对混凝土 T 梁结构进行了爆炸荷载作用下的试验和模拟研究，发现翼缘板比其他部位更容易损毁。李东斌[144]对钢筋混凝土梁桥（铜锣径大桥为原型）在爆炸作用下进行了数值模拟分析，得到了单跨超静定梁和连续梁桥面爆炸时的冲击响应，结合爆破引起的地震动响应提出了相应的防护措施。彭胜等人[145-147]对爆炸荷载作用下混凝土 T 梁桥进行了不同爆炸高度、爆炸位置（横截面处）、炸药药量组合下的爆炸试验研究，通过改变炸药药量和加载高度、加载位置、翼板和肋板对 T 梁进行了数值模拟研究，结果表明：随着药量增加，桥梁基本断裂，失去稳定性；桥梁爆炸后，其翼缘板及肋板最下沿位置均为最易损坏部位。王向阳[148]等人运用数值模拟的方法建立爆炸冲击作用下的钢筋混凝土连续梁桥模型，改变爆炸位置、比例距离等因素研究连续梁桥在爆炸荷载作用下的动力响应和敏感性，结果表明：连续梁桥中跨跨中是其桥面抗爆性能最为薄弱的位置，当装药量相同时，桥梁的破坏程度与比例距离成反比关系；连续箱形桥梁内部爆炸时，对桥梁造成的破坏最为严重。娄凡[149]等人在预应力混凝土连续 T 梁桥桥面上方进行了爆炸试验及数值模拟研究，结构显示：桥面板混凝土破碎开洞和桥面板底、腹板、梁底混凝土崩落，呈现冲切破坏，并且提升混凝土强度、施加预应力、减小宽跨比和箍筋加密布置等能提高主梁的抗爆性能。

基于现场爆炸试验及数值模拟进行了研究，主要对桥面上方爆炸。

迄今为止，国内外对简支梁、两跨连续梁、三跨连续梁、连续刚构梁桥进行了抗爆研究，梁的截面形式主要有 T 形钢筋混凝土截面、I 形钢筋混凝土截面、预应力钢筋混凝土箱形截面、组合结构截面、钢桁架截面等，研究了不同爆炸源、不同爆炸药量、不同爆炸位置产生的爆炸荷载对梁桥的局部破坏以及引起的连续倒塌破坏，通过数值模拟确定了梁桥的主要破坏位置以及对破坏机理进行了分析，根据这些结果提出相应的防护措施，例如单墩换成双墩、支座采用压紧装置、桥面板采用 FRP 进行加固等等。梁桥的研究相对其他桥型较为成熟，但梁桥的研究也存在一些不足：比如大比例尺的梁桥模型抗爆试验研究不足，难以准确地预测作用在桥梁结构上的真实爆炸荷载；桥梁结构的局部破坏对桥梁整体结构的影响研究不足，难以预测桥梁在受到局部损伤破坏后整桥的剩余承载力，无法判断是否还可以继续短时间的承载；结构构件之间的连接也是值得关注的地方，特别是钢桁架梁桥的节点较多，难以预测少量连接的破坏对整体结构的抗爆影响；实际桥梁工程中存在较多的斜桥、弯桥结构，现对此种结构的研究较少；对梁桥的抗爆防护措施还主要体现在局部构件的加固防护，对梁桥整桥结构的抗爆设计指导还较少。

3 桥梁抗爆及其防护研究展望

综上所述，从国内外桥梁结构抗爆研究现状来看，目前对桥梁局部构件及整体结构的抗爆性能及其防护做出了一定程度的研究，但尚未形成桥梁结构抗爆研究体系，无法对桥梁结构的抗爆设计及其防护做出规范性的指导，桥梁结构抗爆及其防护研究任重道远。

（1）针对恐怖袭击、偶然意外爆炸以及局部战争引起的爆炸，桥梁管理部门应预先组织科研力量，研究制定出有关防范恐怖袭击和消除各类意外爆炸的一系列科学管理措施和应急预案。

（2）针对桥梁结构桥上爆炸与桥下爆炸方式不同，爆炸冲击波作用在桥梁结构上的爆炸荷载也不同，应分别建立炸药在桥上和桥下的爆炸模型，模拟爆炸冲击波与桥上的桥面板、主梁、索塔等以及桥下的墩柱、主梁、地面等的相互作用，尝试建立针对不同桥型的桥上爆炸荷载模型以及桥下爆炸荷载模型，为桥梁抗爆设计提供必要的依据。

（3）针对不同桥型进行缩尺比例模型爆炸试验研究，分别考虑桥上爆炸和桥下爆炸的情形，研究爆炸位置、爆炸距离、爆炸当量等荷载参数，以及不同桥型的主要受力构件和不同防护技术措施等参数对于毁伤效果的影响，同时对主要受力构件的失效破坏模式即毁伤效应评价指标研究，为爆炸荷载作用下不同桥型局部毁伤和整体倒塌评价提供依据。

（4）针对不同桥型在爆炸荷载作用下的毁伤机理研究，采取有限元数值模拟，并对有限元模型进行修正及分层确认；研究爆炸位置、爆炸距离、爆炸当量等荷载参数对不同桥型的主要受力构件动力性能的影响，并得出不同位置的毁伤机理以及不同防护技术措施，探究不同桥型的局部毁伤与整体失效的内在关联性。

（5）针对不同桥型在爆炸荷载作用下的毁伤效应评估方法研究，基于试验和数值模拟得到不同桥型主要受力构件的动力损伤破坏准则，探索桥梁在接触爆炸与非接触爆炸作用下构件的毁伤效应简化评估方法以及整体倒塌失效的判断准则和评估方法。

（6）针对不同桥型在爆炸荷载作用下的防护技术措施及其防护效果研究，首先研究不同桥型整体结构主动防护技术策略和潜在的技术选项，其次研究不同爆炸条件下不同桥型防护材料选择、防护结构选型、不同防护技术措施的防护效果等，然后对不同桥型的防爆结构进行参数化设计研究，提供合理化的防护构造措施，供实桥结构抗爆及其防护参考。

（7）针对不同桥型抗爆及其防护设计技术指南 & 规范研究，综合模型试验、数值模拟、参数影响分析以及试点工程应用，提出不同桥型的抗爆炸冲击及防护设计指南或相应设计规范，为广大桥梁工程抗爆及其防护提供技术支撑。

参考文献

［1］ 张宇，李国强，陈可鹏，等. 桥梁结构抗爆安全评估研究进展. 爆炸与冲击. 2016，36（01）：135-144.

［2］ 陈华燕，曾祥国，朱文吉. 爆炸荷载作用下桥梁动态响应及其损毁过程的数值模拟. 四川大学学报（工程科学版）. 2011，43（6）：15-20.

［3］ 杜修力，廖维张，田志敏，等. 爆炸作用下建（构）筑物动力响应与防护措施研究进展. 北京工业大学学报. 2008，34（03）：277-287.

［4］ 陈肇元. 爆炸荷载下的混凝土结构性能与设计. 北京：中国建筑工业出版社，2015.

［5］ 钱七虎. 反爆炸恐怖安全对策. 北京：科学出版社，2005.

［6］ U. S. Army. Corps of Engineers. Fundamental of Protective Design for Conventional Weapons. Vicksburg：U. S. Army Engineers Waterways Experiment Station，1984.

［7］ U. S. Army. TM5-1300 Structures to Resist the Effects of Accidental Explosion. Washington，D. C.：US Government Printing Office. 1969.

［8］ National Research Council. The Embassy of the Future：Recommendations for the Design of Future U. S. Embassy Buildings. Washington，D. C.：The National Academies Press，1986.

［9］ National Research Council. Protection of Federal Office Buildings against Terrorism. Washington，D. C.：National Academy Press，1988.

［10］ 张宇，李国强. 建筑结构抗爆设计标准现状. 爆破. 2014，31（02）：153-160.

［11］ 丁阳，方磊，李忠献，等. 防恐建筑结构抗爆防护分类设防标准研究. 建筑结构学报. 2013，34（04）：57-64.

［12］ Williamson E B. Blast-resistantHighway Bridges：Design and Detailing Guidelines. Washington，D. C.：Transportation Research Board，2010.

［13］ 亨瑞奇. 爆炸动力学及其应用. 北京：科学出版社，1987.

［14］ Henrych J，Major R. The Dynamics of Explosion and Its Use. Amsterdam and New York：Elsevier Scientific Publishing Company，1979.

[15] Brode H L. Blast Wave from a Spherical Charge. The Physics of Fluids. 1959，2（2）：217-229.

[16] Wu C Q，Hao H. Modeling of Simultaneous Ground Shock and Airblast Pressure on nearby Structures from Surface Explosions. International Journal of Impact Engineering. 2005，31（6）：699-717.

[17] Kingery C N，Bulmash G. Air Blast Parameters from TNT Spherical Air Burst and Hemispherical Surface Burst. Maryland：U. S. Army Armament and Development Center，Ballistic Research Laboratories，1984.

[18] Ngo T，Lumantarna R，Whittaker A，et al. Quantification of the Blast-Loading Parameters of Large-Scale Explosions. Journal of Structural Engineering. 2015，141（10）：4015009.

[19] U. S. Army Corps of Engineers. Design of Structures to Resist the Effects of Accidental Explosions（UFC 3-340-02）. Washington，DC：Department of Defense，2014.

[20] 杨鑫，石少卿，程鹏飞. 空气中 TNT 爆炸冲击波超压峰值的预测及数值模拟. 爆破. 2008，25（01）：15-18.

[21] 林大超，白春华，张奇. 空气中爆炸时爆炸波的超压函数. 爆炸与冲击. 2001，21（01）：41-46.

[22] 顾垒，向文飞. 爆炸空气冲击波超压影响因素分析及控制. 爆破. 2002，19（02）：15-17.

[23] 李忠献，任其武，师燕超，等. 重要建筑结构抗恐怖爆炸设计爆炸荷载取值探讨. 建筑结构学报. 2016，37（03）：51-58.

[24] Canadian Standards Association，Design and Assessment of Buildings Subjected to Blast Loads（CSA S850-12）. Mississauga，Canada，2012.

[25] Qasrawi Y，Heffernan P J，Fam A. Numerical Determination of Equivalent Reflected Blast Parameters Acting on Circular Cross Sections. International Journal of Protective Structures. 2015，6（1）：1-22.

[26] Winget D G，Marchand K A，Williamson E B. Analysis and Design of Critical Bridges Subjected to Blast Loads. Journal of Structural Engineering. 2005，131（8）：1243-1255.

[27] Williamson E B. Performance of Bridge Columns Subjected to Blast Loads. Ⅰ：Experimental Program. Journal of Bridge Engineering. 2011，16（6）：693-702.

[28] Williamson E B. Performance of Bridge Columns Subjected to Blast Loads. Ⅱ：Results and Recommendations. Journal of Bridge Engineering. 2011，16（6）：703-710.

[29] Williams G D. Procedure for Predicting Blast Loads Acting on Bridge Columns. Journal of Bridge Engineering. 2012.

[30] Williams G D. Analysis and Response Mechanisms of Blast-Loaded Reinforced Concrete Columns. Texas：The University of Texas at Austin，2009.

[31] Fujikura S，Bruneau M. Experimental Investigation of Seismically Resistant Bridge Piers under Blast Loading. Journal of Bridge Engineering. 2011，16（1）：63-71.

[32] Fujikura S，Bruneau M. Experimental and Analytical Investigation of Blast Performance of Seismically Resistant Bridge Piers. Buffalo：University at Buffalo，State University of New York，2008.

[33] Yi Z，Agrawal A K，et al. Blast Load Effects on Highway Bridges. Ⅰ：Modeling and Blast Load Effects. Journal of Bridge Engineering. 2014，19（4）：4013023.

[34] Yi Z，Agrawal A K，et al. Blast Load Effects on Highway Bridges. Ⅱ：Failure Modes and Multihazard Correlations. Journal of Bridge Engineering. 2014，19（4）：4013024.

[35] Yi Z. Blast Load Effects on Highway Bridges. New York：The City University of New York，2009.

[36] 唐彪. 钢筋混凝土墩柱的抗爆性能试验研究. 南京：东南大学，2016.

[37] 宗周红，唐彪，高超，等. 钢筋混凝土墩柱抗爆性能试验. 中国公路学报. 2017，9（30）：51-60.

[38] Yuan S J，Hao H，Zong Z H，Li J. A Study of RC Bridge Columns under contact explosion. International Journal of Impact engineering. 2017，109：378-390.

[39] Liu L，Zong Z H，Li M H. Numerical Study of Damage Modes and Assessment of Circular RC Pier under Noncontact Explosion. Journal of Bridge Engineering. 2018，23（9）：04018061.

[40] Wood B H. ExperimentalValidation of An Integrated FRP and Visco-elastic Hardening, Damping, and Wave-modulating System for Blast Resistance Enhancement of RC Columns. Missouri: Missouri University of Science and Technology, 2008.

[41] Qasrawi Y. Performance of Concrete-Filled FRP Tubes under Field Close-in Blast Loading. Journal of Composites for Construction. 2014, 19 (4): 4014067.

[42] Qasrawi Y. Numerical Modeling of Concrete-Filled FRP Tube' Dynamic Behavior under Blast and Impact Loading. Journal of Structural Engineering. 2015, 142 (2): 4015106.

[43] Echevarria A, Zaghi A E, Chiarito V. Experimental Comparison of the Performance and Residual Capacity of CFFT and RC Bridge Columns Subjected to Blasts. Journal of Bridge Engineering. 2016, 21 (1): 4015026.

[44] Mutalib A A, Hao H. Development of P-I Diagrams for FRP Strengthened RC Columns. International Journal of Impact Engineering. 2011, 38 (5): 290-304.

[45] Muszynski L C. Effect of Blast Loading on CFRP-Retrofitted RC Columns-a Numerical Study. Latin American Journal of Solids and Structures. 2011, 8 (1): 55-81.

[46] 刘路. 不同防护方式下钢筋混凝土墩柱的抗爆性能试验研究. 南京: 东南大学, 2016.

[47] Li M H, Zong Z H, Liu L, Lou F. Experimental and Numerical Study on Damage Mechanism of CFDST Bridge Columns Subjected to Contact Explosion. Engineering Structures. 2018, 159: 265-276.

[48] Fujikura S. Experimental Investigation ofMultihazard Resistant Bridge Piers Having Concrete-Filled Steel Tube under Blast Loading. Journal of Bridge Engineering. 2008, 13 (6): 586-594.

[49] Fujikura S. Dynamic Analysis of Multihazard-Resistant Bridge Piers Having Concrete-Filled Steel Tube under Blast Loading. Journal of Bridge Engineering. 2012, 17 (2): 249-258.

[50] Fouché P, Bruneau M, et al. Blast and Earthquake Resistant Bridge Pier Concept: Retrofit and Alternative Design Options. Structures Congress 2013: Bridging Your Passion with Your Profession. Pittsburgh, Pennsylvania. 2013, 216-225.

[51] Bruneau M, et al. Multihazard-Resistant Highway Bridge Bent. Structures Congress 2006: Structural Engineering and Public Safety. New York. 2006: 1-4.

[52] Fouch P, Bruneau M, Asce F, et al. Modified Steel-Jacketed Columns for Combined Blast and Seismic Retrofit of Existing Bridge Columns. Journal of Bridge Engineering. 2016, 21 (7): 4016035.

[53] Remennikov A M, Uy B. Explosive Testing and Modelling of Square Tubular Steel Columns for Near-field Detonations. Journal of Constructional Steel Research. 2014, 101: 290-303.

[54] Zhang F. Numerical Modeling of Concrete-Filled Double-Skin Steel Square Tubular Columns under Blast Loading. Journal of Performance of Constructed Facilities. 2015, 29 (5): B4015002.

[55] 崔莹. 爆炸荷载下复式空心钢管混凝土柱的动态响应及损伤评估. 西安: 长安大学, 2013.

[56] 崔莹, 赵均海, 张常光, 等. 复式空心钢管混凝土柱抗爆性能及损伤研究. 振动与冲击. 2015, 34 (21): 188-193.

[57] 孙珊珊. 爆炸荷载下钢管混凝土柱抗爆性能研究. 西安: 长安大学, 2013.

[58] 李国强, 翟海燕, 杨涛春, 等. 钢管混凝土柱抗爆性能试验研究. 建筑结构学报. 2013, 34 (12): 69-76.

[59] 金何伟, 刘中宪, 刘申永, 等. 钢管超高强钢纤维混凝土柱抗爆性能试验研究. 建筑结构. 2016, 46 (04): 45-49.

[60] 杜林, 石少卿, 张湘冀, 等. 钢管混凝土短柱内部抗爆炸性能的有限元数值模拟. 重庆大学学报: 自然科学版. 2004, 27 (10): 142-144.

[61] 黄拓. 爆炸冲击荷载作用下钢管混凝土柱性能研究. 西安: 长安大学, 2012.

[62] 杜欣新. 爆炸作用下钢管混凝土柱的动力响应和破坏模式的数值模拟分析. 天津: 天津城建大学, 2013.

[63] 吴赛. 爆炸荷载作用下钢管混凝土柱的动力响应及损伤评估. 西安: 长安大学, 2015.

[64] Hao H，Tang E K C. Numerical Simulation of a Cable-stayed Bridge Response to Blast Loads，Part Ⅱ：Damage Prediction and FRP Strengthening. Engineering Structures. 2010，32（10）：3193-3205.

[65] Tang E K C，Hao H. NumericalSimulation of a Cable-stayed Bridge Response to Blast Loads，Part Ⅰ：Model Development and Response Calculations. Engineering Structures. 2010，32（10）：3180-3192.

[66] 都浩，邓芃，杜荣强. 爆炸荷载作用下钢筋混凝土梁动力响应的数值分析. 山东科技大学学报（自然科学版）. 2010，29（06）：50-54.

[67] Son J，Lee H. Performance ofCable-stayed Bridge Pylons Subjected to Blast Loading. Engineering Structures. 2011，33（4）：1133-1148.

[68] 朱新明. 钢箱梁爆炸冲击局部破坏数值模拟研究. 长沙：国防科学技术大学，2011.

[69] 姚术健. 钢箱梁内部爆炸局部破坏数值模拟研究. 长沙：国防科学技术大学，2012.

[70] 柳锦春，方秦，龚自明，等. 爆炸荷载作用下钢筋混凝土梁的动力响应及破坏形态分析. 爆炸与冲击. 2003，23（01）：25-30.

[71] 方秦，吴平安. 爆炸荷载作用下影响 RC 梁破坏形态的主要因素分析. 计算力学学报. 2003，20（1）：39-42.

[72] 盛利. 爆炸作用下钢筋混凝土梁动力响应数值模拟. 长沙：湖南大学，2007.

[73] 崔满. 爆炸荷载作用下钢筋混凝土梁的试验研究. 上海：同济大学，2007.

[74] 高超，宗周红，伍俊等. 爆炸荷载作用下钢筋混凝土框架架构倒塌破坏试验研究. 土木工程学报. 2013，46（7）：9-20.

[75] 胡世高. 爆炸荷载作用下钢筋混凝土梁的动力响应及数值模拟. 武汉：武汉科技大学，2013.

[76] 李猛深，李杰，李宏，等. 爆炸荷载下钢筋混凝土梁的变形和破坏. 爆炸与冲击. 2015，35（2）：177-183.

[77] 汪维，刘瑞朝，吴飚，等. 爆炸荷载作用下钢筋混凝土梁毁伤判据研究. 兵工学报. 2016，37（08）：1421-1429.

[78] 夏小虎. 预应力钢筋混凝土梁在爆轰条件下的动力行为研究. 武汉：武汉理工大学，2012.

[79] Chen W，Hao H，Chen S. Numerical Analysis of Prestressed Reinforced Concrete Beam Subjected to Blast Loading. Materials and Design. 2015，65：662-674.

[80] 胡青军. 爆炸荷载作用下碳纤维布加固梁的数值模拟. 建筑技术开发. 2010，37（03）：7-9.

[81] 陈万祥，严少华. CFRP 加固钢筋混凝土梁抗爆性能试验研究. 土木工程学报. 2010，43（5）：1-9.

[82] 唐德高，廖真，薛宇龙，等. 爆炸荷载下高强钢筋加强混凝土梁抗弯性能. 华中科技大学学报（自然科学版）. 2017，45（03）：122-126.

[83] 白志海. 正交异性钢桥面板恐怖爆炸破坏机理研究. 长沙：国防科学技术大学，2010.

[84] 蒋志刚，白志海，严波，等. 钢箱梁桥面板爆炸冲击响应数值模拟研究. 振动与冲击. 2012，31（05）：77-81.

[85] Silva P F，Lu B. Blast Resistance Capacity of Reinforced Concrete Slabs. Journal of Structural Engineering. 2009，135（6）：708-716.

[86] 龚顺风，朱升波，张爱晖，等. 爆炸荷载的数值模拟及近爆作用钢筋混凝土板的动力响应. 北京工业大学学报. 2011，37（2）：199-205.

[87] 刘尧，刘敬喜，李天匀. 爆炸载荷作用下双向加筋方板的大挠度塑性动力响应. 工程力学. 2012，29（1）：64-69.

[88] 汪维. 钢筋混凝土构件在爆炸载荷作用下的毁伤效应及评估方法研究. 长沙：国防科学技术大学，2012.

[89] 汪维，张舵，卢芳云，等. 方形钢筋混凝土板的近场抗爆性能. 爆炸与冲击. 2012，32（3）：251-258.

[90] 李天华. 爆炸荷载下钢筋混凝土板的动态响应及损伤评估. 西安：长安大学，2012.

[91] Mosalam K M，Mosallam A S. Nonlinear Transient Analysis of Reinforced Concrete Slabs Subjected to Blast Loading and Retrofitted with CFRP Composites. Composites Part B：Engineering. 2001，32（8）：623-636.

[92] Tolba A F F. Response of FRP-Retrofitted Reinforced Concrete Panels to Blast Loading. Ottawa：Carleton University，2001.

[93] 胡金生，杨秀敏，周早生，等. 接触爆炸对底部有土垫层纤维混凝土板破坏效应试验研究. 爆炸与冲击. 2005，

25 (2)：157-162.

[94] Razaqpur A G，Tolba A，Contestabile E. Blast Loading Response of Reinforced Concrete Panels Reinforced with Externally Bonded GFRP Laminates. Composites Part B：Engineering. 2007 (5-6)，38：535-546.

[95] 张志刚，李姝雅，瘳红建. 爆炸荷载下碳纤维布加固混凝土板的抗弯性能研究. 应用力学学报. 2008，25 (01)：150-153.

[96] Wu C，Oehlers D J，Rebentrost M，et al. Blast Testing of Ultra-high Performance Fibre and FRP-retrofitted Concrete Slabs. Engineering Structures. 2009，31 (9)：2060-2069.

[97] 李猛深，张志刚，于伯毅，等. 接触爆炸条件下碳纤维布加固 RC 板的有限元分析. 工业建筑. 2009，39 (S1)：988-991.

[98] Nam J，Kim H，Kim S，et al. Numerical Evaluation of the Retrofit Effectiveness for GFRP Retrofitted Concrete Slab Subjected to Blast Pressure. Composite Structures. 2010，92 (5)：1212-1222.

[99] Foglar M，Kovar M. Conclusions from Experimental Testing of Blast Resistance of FRC and RC Bridge Decks. International Journal of Impact Engineering. 2013，59：18-28.

[100] Yun S H，Park T. Multi-Physics Blast Analysis for Steel-Plated and GFRP-Plated Concrete Panels. Advances in Structural Engineering. 2013，16 (3)：529-547.

[101] 李楠. 钢纤维高强混凝土构件抗爆性能与损伤评估. 西安：长安大学，2015.

[102] 周梦婷. 混杂纤维混凝土基本力学性能与板件的抗爆性能研究. 广西：广西大学，2016.

[103] Ngo T，Mendis P，Krauthammer T. Behavior of Ultrahigh-Strength Prestressed Concrete Panels Subjected to Blast Loading. Journal of Structural Engineering. 2007，133 (11)：1582-1590.

[104] Wang W，Liu R，Wu B. Analysis of A Bridge Collapsed by An Accidental Blast Loads. Engineering Failure Analysis. 2014，36：353-361.

[105] Suthar K. The Effect of Dead，Live and Blast Loads on a Suspension Bridge. Maryland：University of Maryland，2007.

[106] 朱璨，马如进，陈艾荣. 爆炸荷载作用下缆索承重桥梁塔梁构件的破坏特征. 公路交通科技. 2016，33 (08)：92-98.

[107] 邓荣兵，金先龙，陈向东，等. 爆炸冲击波作用下桥梁损伤效应的数值仿真. 上海交通大学学报. 2008，42 (11)：1927-1930.

[108] Son J，Astaneh-Asl A. Blast Protection of Cable-Stayed and Suspension Bridges. TCLEE 2009：Lifeline Earthquake Engineering in a Multihazard Environment，Oakland，California. 2009：1-12.

[109] Son J. Performance of Cable Supported Bridge Decks Subjected to Blast Loads. Berkeley：University of California，Berkeley，2008.

[110] Son J，A. Astaneh-Asl M A. Blast Resistance of Steel Orthotropic Bridge Decks. Journal of Bridge Engineering. 2012，17 (4)：589-598.

[111] 张涛，马如进，陈艾荣. 爆炸荷载作用下斜拉桥的结构特性. 重庆交通大学学报（自然科学版）. 2013，32 (S1)：784-787.

[112] 胡志坚，张一峰，刘芳. 大跨度混凝土斜拉桥抗爆分析. 振动与冲击. 2016，35 (23)：209-215.

[113] Hashemi S K，Bradford M A，Valipour H R. Dynamic Response of Cable-stayed Bridge under Blast Load. Engineering Structures. 2016，127：719-736.

[114] Hashemi S K，Bradford M A，Valipour H R. Dynamic Response and Performance of Cable-stayed Bridges under Blast Load：Effects of Pylon Geometry. Engineering Structures. 2017，137：50-66.

[115] Pan Y，Ventura C E，Cheung M M S. Performance of Highway Bridges Subjected to Blast Loads. Engineering Structures. 2017，151：788-801.

[116] 王赟，蒋志刚，严波. 爆炸冲击波荷载作用下悬索桥的竖弯振动. 公路. 2011，(03)：1-4.

[117] 王赟. 空中爆炸冲击波作用下悬索桥竖向弯曲响应. 长沙：国防科学技术大学，2010.

[118] 蒋志刚，王赟，严波，等. 爆炸荷载作用下悬索桥竖弯响应的数值模拟. 振动与冲击. 2012，31（2）：123-128.

[119] 邢扬. 城市桥梁爆炸失效机理及其安全评估方法研究. 天津：天津大学，2014.

[120] 朱劲松，邢扬. 爆炸荷载作用下城市桥梁动态响应及其损伤过程分析. 天津大学学报（自然科学与工程技术版）. 2015，48（6）：510-519.

[121] 刘青，亓兴军，尚方剑. 爆炸荷载作用下上承式拱桥的动力响应及损伤特性. 中外公路. 2014，34（6）：101-105.

[122] Anwarul A K M. Performance of AASHTO Girder Bridges under Blast Loading. Florida：Florida state university，2005.

[123] Anwarul A K M. Blast Capacity and Protection of AASHTO Girder Bridges. Fourth Forensic Engineering Congress. Cleveland，Ohio. 2006：313-326.

[124] Mahoney EE. Analyzing the Effects of Blast Loads on Bridges using Probability，Structural Analysis，and Performance Criteria. Maryland：University of Maryland，2007.

[125] Cimo R. Analytical Modeling to Predict Bridge Performance under Blast Loading. Newark：the University of Delaware，2007.

[126] Zheng R. Performance of FRP-concrete Bridges under Blast Loading. Florida：Florida international university，2007.

[127] Abdelahad F A. Analysis of Blast/Explosion Resistant Reinforced Concrete Solid Slab and T-beam Bridges. Florida：Florida Atlantic University. 2008.

[128] Tokal-Ahmed Y M. Response of Bridge Structures Subjected to Blast Loads and Protection Techniques to Mitigate the Effect of Blast Hazards on Bridges. New Jersey：The State University of New Jersey，2009.

[129] Zhou F. Blast/Explosion Resistant Analysis of Composite Steel Girder Bridge System. Florida：Florida Atlantic University，2009.

[130] Zhou F，Arockiasamy M. Analysis of Blast Pressures in Composite Steel Girder Bridge System. Structures Congress 2010. Orlando，Florida. 2010：383-394.

[131] 张开金. 爆炸荷载作用下混凝土桥梁的损伤特性研究. 西安：长安大学，2009.

[132] 庞志华，张金开，卢伟，等. 爆炸荷载作用下混凝土梁桥受力和变形特性研究. 公路交通科技（应用技术版）. 2010，6（6）：143-147.

[133] 刘超. 预应力混凝土桥梁爆炸荷载作用效应研究. 武汉：武汉理工大学，2012.

[134] Ibarhim A，Salim H，Rahman N A. Progressive Collapse of Post-tensioned Box Girder Bridges under Blast Loads using Applied Element Method. Structures Congress 2012. Chicago，Illinois. 2012：2291-2300.

[135] 杨喻淇，曾祥国，韩荣辉，等. 爆炸荷载作用桥梁动力响应及损伤的数值模拟. 四川建筑科学研究. 2012，38（05）：19-23.

[136] Ibrahim A，Salim H. Finite-Element Analysis of Reinforced-Concrete Box Girder Bridges under Close-In Detonations. Journal of Performance of Constructed Facilities. 2013，27（6）：774-784.

[137] 刘青. 爆炸作用下立交桥的动力响应与破坏模式. 济南：山东建筑大学，2014.

[138] 亓兴军，刘青. 爆炸作用下曲线梁桥的倒塌模式. 爆破. 2015，32（4）：110-117.

[139] Pan Y. Blast Loading Effects on an RC Slab-on-Girder Bridge Superstructure Using the Multi-Euler Domain Method. Journal of Bridge Engineering. 2013，18（11）：1152-1163.

[140] 胡志坚，唐杏红，方建桥. 近场爆炸时混凝土桥梁压力场与响应分析. 中国公路学报. 2014，（05）：141-147.

[141] 郑洋. 基于 AUTO_DYN 的大跨度连续刚构桥的爆炸响应及破坏形态研究. 武汉：武汉理工大学，2014.

[142] 任乐平. 服役钢筋混凝土梁桥抗爆可靠度研究. 西安：长安大学，2014.

[143] 龚杰. 爆炸冲击作用下混凝土桥梁结构的动态响应分析. 武汉：武汉科技大学，2015.

［144］ 李东斌. 某钢筋混凝土桥梁非线性动力响应研究. 广州：华南理工大学，2015.

［145］ 彭胜. 爆炸冲击荷载作用下混凝土 T 梁桥动态响应分析. 武汉：武汉科技大学，2016.

［146］ 彭胜，蔡路军，姜天华，等. 爆炸冲击载荷下钢纤维混凝土 T 梁桥试验研究. 科技通报. 2016，32（12）：196-199.

［147］ 姜天华，杨云锋，龚杰，等. 爆炸冲击作用下混凝土 T 梁的动态响应. 混凝土. 2016，（02）：26-28.

［148］ 王向阳，冯英骥. 爆炸冲击作用下连续梁桥动力响应和影响因素研究. 爆破. 2017，34（03）：104-113.

［149］ 娄凡. 预应力混凝土连续 T 梁的抗爆性能试验研究. 南京：东南大学，2018.

超高性能混凝土动态力学性能研究进展

吴泽媚，史才军，张超慧

（绿色高性能土木工程材料及应用技术湖南省重点实验室，湖南大学土木工程学院，长沙 410082）

摘 要：超高性能混凝土（Ultra-High Performance Concrete，UHPC）是一种具有超高强度、良好韧性和优异耐久性的新型水泥基复合材料，对需承受高速冲击和爆炸作用的军事防护工程具有广阔的应用前景。本文通过对 UHPC 动态力学性能，包括动态压缩性能、动态抗拉以及动态弯曲性能试验及模拟结果进行分析和总结，分析了应变率、材料组分和冲击次数等因素对 UHPC 动态力学性能的影响，并总结讨论了不同数值模拟方法的应用。最后对 UHPC 抗冲击性能今后的研究方向提出了一些建议，为 UHPC 动态性能研究以及在实际工程中的应用提供指导。

关键词：超高性能混凝土；冲击测试；数值模拟；动态力学性能

1 引言

超高性能混凝土（Ultra-High Performance Concrete，简称 UHPC[1]），具有卓越的力学性能和优异的耐久性能，自问世以来受到各国学者和工业界的广泛关注。UHPC 主要由高强度水泥、超细掺合料、优质骨料、高性能外加剂和高性能纤维等组成，具有高胶凝材料用量、低水胶比、无粗骨料等特点。其抗压强度通常超过 120MPa，抗折强度超过 12MPa，弯拉强度达 30～60MPa，断裂能为 20～40kJ/m²，弹性模量超过 40 GPa，极限延伸可达 $5000 \times 10^{-6} \sim 7000 \times 10^{-6}$[2]。与普通混凝土相比，抗压强度约为传统混凝土的 3 倍以上，其韧性可提高 300 倍以上[1,3]。UHPC 氯离子渗透和硫酸盐渗透几乎为零，也不存在碳化破坏、冻融循环破坏等耐久性问题，耐久性能十分优异，在恶劣环境下具有很强的应用性[4,5]；超高性能混凝土结构自重约是传统混凝土结构的一半或三分之一左右，自重的显著降低有利于制造既柔韧灵活又美观的建筑结构[6]。由于 UHPC 的制备过程采用成本较高的原材料，如磨细的石英砂、较高用量的水泥、硅灰和高性能钢纤维等，使得 UHPC 的制作成本相对较高。因此大量学者通过常规材料和工艺进行了广泛研究以降低配置成本和能源。目前有三种不同的方法来实现这一目标，分别是：（1）适当使用河砂或粗骨料替代石英砂[7,8]，并采用掺辅助性胶凝材料替代水泥以减少水泥的用量并减小 CO_2 的排放[9-11]；（2）在不牺牲 UHPC 优异性能的前提下通过混杂几种不同类型的钢纤维来降低钢纤维的总掺量[12-14]；（3）采用常温常压的养护方式来替代高温高压养护方式[15-17]。

UHPC 具有优良的强度、韧性和耐久性，在国防工程、防护工程、海洋工程、军事工程以及市政工程等领域具有较好的应用前景。本文综述了 UHPC 的动态力学性能，包括 UHPC 动态力学性能测试方法、UHPC 动态力学性能模拟方法以及应变率、纤维掺量、原材料组成、纤维混杂等对 UHPC 动态

作者简介：史才军，湖南大学土木工程学院教授，博士生导师。

电子邮箱：cshi@hnu.edu.cn

基金项目：国家自然科学基金项目（U1305243）。

抗压、抗拉和抗弯曲等力学性能的影响，并在此基础上对 UHPC 抗冲击力学性能的未来研究工作提出进一步建议。

2　UHPC 动态力学性能评估方法

混凝土的动态力学性能指混凝土在动态荷载作用下吸收动能的能力，包括动态压缩性能、动态拉伸性能和动态弯曲性能。混凝土动态力学性能的评估方法包括实验测试法和数值模拟法等，如图 1 所示。下面将详细介绍这两类方法。

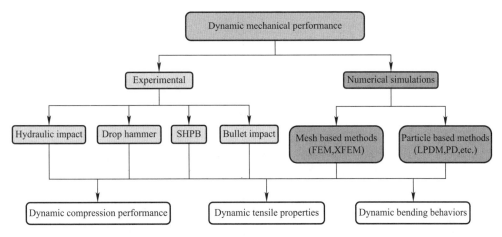

图 1　UHPC 的动态力学性能及其研究方法

2.1　动态力学性能实验测试方法

混凝土的动态力学性能可以通过液压实验、落锤试验、分离式霍普金森压杆 SHPB（Split Hopkinson Press Bar）和射弹试验等测试得到。表 1 给出了不同实验装置所适用的应变率范围[18]。目前一般认为应变率低于 $10^{-5}\,\mathrm{s}^{-1}$ 为静态，应变率范围在 $10^{-5}\sim10^{-3}\,\mathrm{s}^{-1}$ 之间为准静态或低应变率，介于 $10^{-3}\sim10^{2}\,\mathrm{s}^{-1}$ 时属于中应变率，当应变率高于 $10^{2}\,\mathrm{s}^{-1}$ 时称为高应变率[19]。通过与准静态力学性能进行对比，得出混凝土的动态力学性能的改善程度。液压冲击装置不仅能测试 UHPC 的动态力学性能，在工程上还可应用于破碎、凿岩、沉桩等。液压冲击装置有很多种，图 2（a）是其中一种最为常见的气液式液压冲击器，它由配油机构、氢气室、活塞、缸体等组成，它的工作原理是以液压为动力源，在氢气室及油压作用下推动活塞运动，直至冲击结束，进入下一个周期。整个过程通过换向阀换向，切换油路，调控活塞的运动方向、运动加速度及冲击力。而在基础试验研究中，一般采用较多的是落锤实验和 SHPB 实验。落锤冲击装置示意图如图 2（b）所示，它的原理是通过采用质量为 m 的重锤从高度 h 处掉落到试件上完成一次冲击，然后记录它的耗能及混凝土破损时的强度等。由于落锤冲击性能的测定在很大程度上取决于冲击物的重量、速度、试件大小、支座的刚度、试验的形式乃至于破坏的定义，因此所得数据一般用作定性比较。直到 1949 年，分离式 Hopkinson 压杆（SHPB）装置问世，落锤装置逐渐被取代。分离式 SHPB 装置是衡量抗冲击性能的有效装置之一，它可以方便地记录加载脉冲的应力—应变、应力—时间和应变率—时间的动态曲线。它由气枪（炮，或称发射装置）、子弹、入射杆、透射杆、能量吸收装置和数据采集系统组成，如图 2（c）所示。实验时，试件位于入射杆和透射杆之间，当撞击杆以一定的速度撞击入射杆时，在入射杆内将产生一个入射波（应力波）。当入射波到达试件端面后，试件在应力脉冲作用下将产生变形，此时部分入射波反射回入射杆形成往回的反射波，另一部分入射波穿过试件进入透射杆形成透射波，这些波形脉冲可以分别通过入射杆和透射杆上粘贴的应变片测得。SHPB 测得的混凝土动态强度的准确性主要受泊松效应、塑性流动引起的径向惯性效应、端面摩擦效应和弥散效应等影响。此外，在试验前应对试块端面进行打磨处理，以保证试块断面的平整性[4]。射弹试验一般用于有特殊要求的防护结构进行抗子弹冲击测试。通过采用不同型号的子弹，调控射击距离及弹速等，测试材料的防弹性能。

不同应变率对应的试验装置[4]　　　　　　　　　　表 1

装置	液压	落锤	SHPB	射弹
适用应变率（s^{-1}）	$10^{-5} \sim 1$	$1 \sim 10$	$1 \sim 10^4$	$10^3 \sim 10^5$

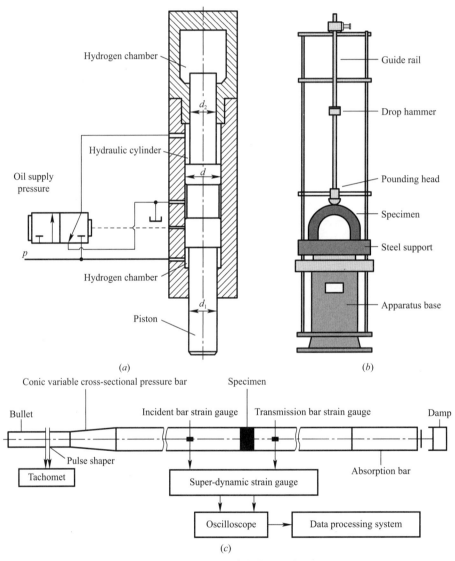

图 2　三种不同的冲击装置示意图

（a）液压冲击装置示意图[20]；（b）落锤冲击装置示意图[21]；（c）SHPB 装置示意图[22]

2.2 UHPC 动态力学性能数值模拟方法

数值模拟为解释超高性能混凝土动态荷载下力学行为的机理研究提供了有效的手段。随数值模拟方法，一般可以分为基于网格的方法和无网格方法。首提有限元[23]，扩展有限元[24]为常见的网格方法。而目前应用于 UHPC 的无网格方法主要有光滑粒子法（Smoothing Particle Method，SPH）[25]，格点离散粒子模型法（Lattice Discrete Particle Model，LDPM）[26]及再生核质点法（Reproducing Kernel

Particle Method，RKPM)[27]等。有限元方法是一种基于伽辽金变分法的区域离散方法，也是目前应用于 UHPC 动态力学性能研究最为成熟的方法。对于冲击问题，混凝土本构模型同时需要考虑强度、损伤、应变率及状态方程。

与静态力学行为采用隐式有限元进行模拟不同，动态荷载作用的混凝土数值模拟需要采用显示动力有限元（Explicit finite element method）（如图 3 所示）。其原因是，在受到冲击荷载作用时，UHPC 存在大变形、材料损伤等非线性问题，采用隐式有限元，其计算时间步长将变得很小，且很难收敛，难以得到有效的结果。

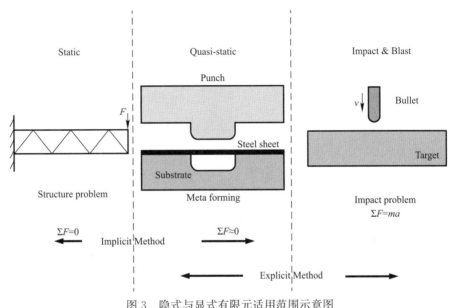

图 3　隐式与显式有限元适用范围示意图

研究 UHPC 动态力学性能常用的软件有 Abaqus/Explicit、Autodyn 及 Ansys/LS-dyna 等，其中 Ansys/LS-dyna 作为最广泛使用的软件，有着相对丰富的混凝土本构模型，现在已得到发展的有 TCK（Tylor-Chen-Kuszmaul)[28]模型、RHT 模型[29]，HJC（Holmquist Johnson Cook）模型，K&C（Karagozian & Case concrete model）模型[30]及 CSCM（Modified Continuous Surface Cap Model）模型[31]等。其中 K&C 及 CSCM 模型可应用于超高性能纤维增强混凝土的动态力学分析。一般地，以上所述的有网格的数值方法和无网格方法都是对偏微分方程进行离散求解，其对应的离散方法，基函数不同，但采用的本构模型基本一致，相关的数值方法已应用于混凝土低高速冲击力学行为研究。然而对高速冲击问题，为了减小计算时间，显示动力有限元往往采用减缩积分，这样网格发生大变形时，容易产生沙漏现象，使网格发生畸变（如图 4 所示），严重影响计算结果。而无网格方法没有网格的约束，不存在网格畸变问题，因此对于高速冲击作用下 UHPC 变形的计算，无网格法的计算精度比有网格法的计算精度高，有网格法的计算效率比无网格法的计算效率快。数值模拟作为研究 UHPC 动态力学性能的有效手段，常与实验手段进行结合，以充分地评估 UHPC 的动态力学性能。

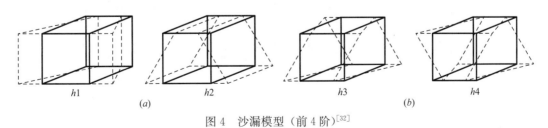

图 4　沙漏模型（前 4 阶）[32]

(a) h1, 2-Bending；(b) h3, 4-Twisting

3 动态力学性能

3.1 动态压缩性能

UHPC 的抗压缩冲击性能可以采用重复落锤试验、有仪器记录的冲击试验和高速炮弹冲击试验等进行测量。其评价指标主要为在试验中达到指定的破坏程度时重复的次数、试件在冲击下被破坏需要的能量、炮弹冲击试验作用下损伤面的大小、穿孔与否以及掉下的碎片数量等[33]。通过与准静态力学性能进行对比，得出 UHPC 抗冲击性能的增强程度。钢纤维增强 UHPC 的冲击压缩破坏程度远低于不掺纤维的 UHPC 基体的冲击压缩破坏程度[34]。这是因为钢纤维在 UHPC 基体中的作用主要是抑制内部微裂缝的发生和阻止宏观裂缝的发展。一方面，钢纤维增强 UHPC 的冲击压缩破坏机理源于钢纤维的阻裂作用；另一方面，从应力波角度来看，UHPC 可能会发生拉伸破坏。

UHPC 是应变率敏感材料，当应变率小于敏感阈值的时候，其动态抗压强度小于静态抗压强度；当应变率达到敏感阈值时，其动态抗压强度达到或略超过静态抗压强度；当应变率再提高时，其动态抗压强度提高较快，材料应变率硬化效应明显[17]。UHPC 的抗冲击断裂能是普通混凝土的 4 倍[35]。纤维掺量和类型对 UHPC 的抗冲击压缩性能均有一定影响。Rong 等[36]采用霍普金森杆（SHPB）研究了不同钢纤维体积掺量（V_f＝0、3％和4％）及不同应变率（25.9～93.4 s^{-1}）下超高性能水泥基复合材料（UHPCC）的动态压缩性能。结果表明：在足够大的应变率下，不掺纤维的 UHPCC 基体表现为粉碎性破坏，如图 5 所示。随着钢纤维体积掺量的增加，UHPC 的峰值应力、峰值应变和动态压缩韧性都不断增大，如图 6 所示；同样，随着应变率的提高，UHPC 的峰值应力和峰值应变都显著增大，极限应变也随之增大，应力—应变曲线下包围的面积也显著增大。黄政宇等[37]采用 SHPB 试验对掺不同类型纤维活性粉末混凝土（RPC）的动态力学性能进行了研究，发现在动载作用下钢纤维增强 RPC 的韧性能力明显优于 RPC 基体和聚丙烯纤维。这是因为钢纤维能有效地阻止试件内部裂缝的开展，大大地增加其吸能性能，延缓 RPC 的破坏，从而提高 RPC 的动态压缩韧性。

图 5　不同应变率下的 UHPC 的冲击压缩破坏形态[36]

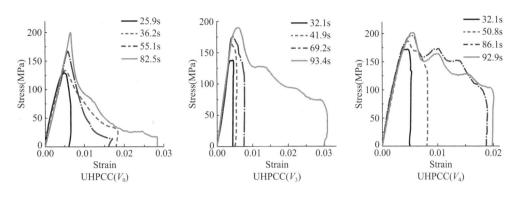

图 6　UHPC 的冲击压缩应力—应变曲线[36]

Banthia 等[35]采用锤头重 10kg、下落高度为 1.45 m 的动态落锤试验，研究了温度、应变率与纤维掺量对混杂纤维增强 HPC 的抗冲击性能的影响。试验采用了三种纤维，分别是长度为 3mm 直径 0.018mm 的碳纤维，长度为 3mm、截面尺寸为 0.025mm×0.005mm 的钢纤维和长度为 25mm 直径为 2mm 的钢纤维。结果表明：1％的细钢纤维和 1％的粗钢纤维混杂时，HPC 在冲击下吸能能力为 0.87J，比 1％的碳纤维和 1％的细钢纤维混杂时 HPC 吸能能力高 38.1％。这可能是因为弹性模量较低的碳纤维与基体的粘结强度比钢纤维与基体的粘结强度低。同时粗钢纤维对混杂纤维 HPC 抗冲击强度的增强作用被证明是很有效的，这是因为粗钢纤维对宏观裂缝有着很强的承载能力。

当长短纤维混杂时，且钢纤维总体积掺量保持 2％不变，随着短纤维体积掺量的增加，UHPC 的冲击压缩破坏程度逐渐提高，破坏后的碎片逐渐变多[12]。这是因为长纤维的长径比为 65，短纤维的长径比只有 30，在保证 UHPC 工作性和均匀性的前提下，较大的长径比能显著改善 UHPC 基体与钢纤维之间的连接作用，有利于吸收子弹冲击时的能量。此外，在冲击荷载作用下，较长的钢纤维还能起到更好的传递和承受荷载的作用，并且不易脱粘拔出[38]。Wu 等[39]采用霍普金森压杆对长短钢纤维混杂 UHPC 的冲击压缩性能进行了研究，并结合准静态下抗压强度，得出混杂纤维对动态增长因子（Dynamic Increase Factor，DIF）随应变率的变化规律。结果表明：混杂纤维 UHPC 的冲击抗压强度明显高于单掺纤维 UHPC 的冲击抗压强度。当冲击速度分别为 8.9m/s、11.7m/s 和 13.9m/s 时，混杂 1.5％的长纤维和 0.5％的短纤维的 UHPC 的冲击抗压强度最大，分别比未掺纤维的试样提高 59.1％、43.5％和 39.5％，如图 7 中所示。此后随着短纤维体积掺量的增加，冲击抗压强度逐渐降低，这与静态下抗压强度的规律相一致。这是因为纤维在基体中的分布角度对力学性能有很大的影响。当纤维间分布角度为 0°时，试件的变形能力最大，拉伸和弯曲力学性能达到最佳。当分布角度从 0°增大到 90°的过程中，试件的变形能力先降低再升高[40]。当钢纤维混杂时，一方面长纤维可以视为短纤维的虚边界，可相对抵抗短纤维的旋转，同时短纤维也可以反过来制约长纤维的旋转并进一步提高长纤维的边壁效应，从而使纤维间的分布角度更加接近 0°[41]，进而提高 UHPC 的冲击抗压强度与形变能力；另一方面混杂纤维更好地利用了长短纤维各自的优势，产生的协同效应抑制了裂缝的发生和发展，从而提高了 UHPC 的动态抗压强度[42]。DIF 随着应变率的增加而增大，但随着应变率的增加，动态冲击强度的增强效应逐渐减弱。这是因为应变率越大，在试件中同时产生的微裂缝数量也会越多，当应变率超过某一范围后，钢纤维因数量有限而对微裂缝的限制能力减弱。

Rong 等[36]采用 SHPB 压杆研究了掺不同纤维的 UHPC 动态压缩行为。结果表明：在同样的压缩荷载下，不掺纤维的试件被压碎，而掺 3％或 4％的钢纤维 UHPC 试件基本上完好无损。在不同的应变率下，破坏前混凝土的压缩应力—应变曲线可以简化成直线，之后为软化阶段。随应变的增加，峰值应力、峰值应变和极限应变明显增大；此外，钢纤维对 UHPC 的动态韧性影响显著，随应变率的增加，

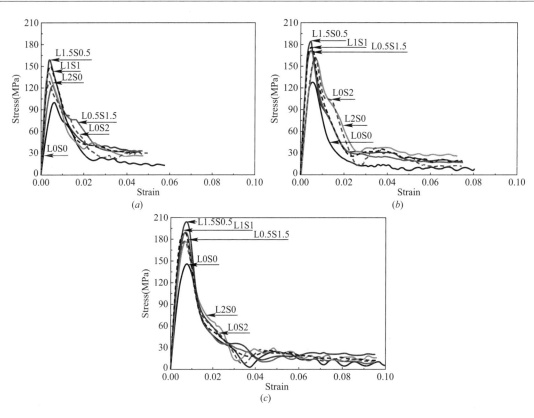

图 7　纤维混杂对 UHPC 冲击压缩应力—应变曲线的影响[39]

(*a*) 8.9m/s；(*b*) 11.7m/s；(*c*) 13.9m/s

应力—应变曲线下的面积增大，即韧性增大。焦楚杰等[45]采用 SHPB 压杆装置对不同纤维体积率的钢纤维超高强混凝土进行不同应变率的冲击压缩试验，研究发现：UHPC 为应变率敏感材料，具有应变率强化效应。其峰值荷载及破坏应变随应变率的增大而增大。测出的 UHPC 的应变率阈值为 $50s^{-1}$，当应变率超过阈值后，UHPC 的强度、弹性模量和韧性均随钢纤维体积率增加而显著增大。高应变率下，UHPC 基体呈粉碎性破坏，而 UHPC 呈现出裂而不散的破坏形态。

Maalej[43]等采用高速炮弹冲击试验对不同掺量组合的钢-聚乙烯醇混杂纤维增强高强混凝土板的抗冲击性能进行了研究。以 300～750m/s 的高速子弹进行冲击时，0.5％钢纤维与 1.5％聚乙烯醇纤维的混杂配比抗冲击性能达到最佳。与未掺纤维的混凝土板相比，混杂纤维混凝土板因冲击掉落的碎片数量与冲击破坏区域的面积均小很多，并且在冲击区域附近分布有很多微裂缝。这是因为混杂纤维的加入使得 UHPC 表现出明显的多裂缝开裂行为，而多裂缝开裂行为使得动态冲击下能量在试件中传递范围更广。每条微裂缝都能增加动态冲击下的耗能能力与变形能力，因此混杂纤维使得 UHPC 在动态冲击荷载下的断裂韧性与变形能力得到大幅度提高。

Simth[44]等采用 LDPM-F（Lattice Discrete Particle Model-Fiber）分析了 UHPC 柱的动态抗压缩能力。LDPM-F 纤维与基体直接桥接微观模型，在进一步改进模型中，考虑微观尺度混凝土强度和韧性的 Arrhenius 应变率效应和蠕变行为。结果表明，当应变率从 $0.001s^{-1}$ 增大到 $10s^{-1}$ 时，其宏观抗压强度增加了 1.24 倍。其原因是在不同应变率下，UHPC 的动态受压惯性效应和裂纹扩展模式发生了改变。

3.2　动态拉伸性能

许多学者研究了 UHPC 动态轴拉性能和劈裂拉伸性能，性能评价指标主要包括抗拉伸强度、弹性模量、能量吸收量和动态冲击系数等。任兴涛等[22]通过动态劈拉试验，发现随着应变率的增加，UH-PC冲击压缩破坏应力、破坏应变、弹性模量和动态劈裂拉伸破坏应力均有一定程度的增加，动态拉压比相对静态拉压比也有显著的提高。Zhang等[17]研究了4～14m/s范围内的不同冲击速度下UHPC动态拉伸强度，并与准静态拉伸强度进行了对比。结果表明：随冲击速度的增大，UHPC的动态拉伸强度明显增大，呈现出高应变敏感性。在高纤维掺量的混凝土中，最小动态拉伸强度小于准静态抗拉强度。此外，掺钢纤维的混凝土的动态拉伸强度大于不掺纤维的混凝土。孙伟等[45]采用SHPB试验对RPC进行了冲击劈裂拉伸和冲击轴向拉伸试验。结果表明：纤维掺量对活性粉末混凝土（RPC）的冲击拉伸强度有很大的影响，纤维掺量为3%和4%的RPC比素RPC试样的冲击劈拉强度提高了一倍左右，而冲击轴拉强度提高了近1.5倍。对破坏后的RPC进行观察，发现断裂面上的纤维均是拔出破坏而非拔断破坏。因此造成破坏的主要内部原因是基体与钢纤维之间的粘结强度不足，而不是钢纤维本身抗拉强度不足。

纤维掺量和类型对UHPC的抗冲击拉伸性能均有一定影响。Tai等[46]通过高速冲击试验研究了不同冲击速度和钢纤维体积掺量下UHPC的抗冲击性能。发现未掺钢纤维的UHPC呈脆性，在冲击荷载作用下会破裂成碎片，掺入钢纤维可提高其劈裂抗拉强度和抗折强度，降低脆性，掺入2%和5%的钢纤维UHPC的劈裂抗拉强度分别为21.9和31.6MPa，是普通混凝土劈裂抗拉强度的10～15倍。纤维增强UHPC的高抗拉强度可以抵抗高速射弹冲击时产生的拉伸波，从而提高其抗冲击性能。张灿光[47]采用变截面分离式SHPB压杆研究了钢棉纤维、镀铜钢纤维、端钩钢纤维和聚丙烯纤维单掺对UHPC层裂强度的影响。结果表明，镀铜钢纤维和端钩钢纤维对UHPC层裂强度具有明显的增强效应，而聚丙烯纤维和钢棉纤维对UHPC层裂强度影响较小。Su等[48]研究发现，扭曲钢纤维的动态抗拉增强效果优于细直钢纤维。Wille等[49]研究了不同应变速率下（0.0001～0.1s⁻¹）UHPC的动态单轴抗拉伸性能的影响。采用了三种不同形状的纤维，包括直纤维、端钩纤维和扭曲纤维，纤维掺量分别为1.5%、2%和3%。试验结果表明：端钩纤维UHPC试样的动态增长系数稍微比其他两种纤维高，如图8所示。在应变率为0.1s⁻¹时，其端钩、直纤维和扭曲纤维的动态增长系数分别为1.25、1.20和1.19。这主要是因为端钩纤维的端钩可以更好地提高纤维—基体的粘结强度和韧性。有研究表明端钩纤维与UHPC的粘结强度和韧性为直纤维的7倍和4倍左右[50]。

Su等[51]研究了不同纳米材料，包括纳米$CaCO_3$、纳米SiO_2、纳米TiO_2和纳米Al_2O_3对UHPC动态拉伸性能的影响，发现掺纳米$CaCO_3$的试样具有最高的抗拉伸强度。这主要是因为纳米$CaCO_3$不仅

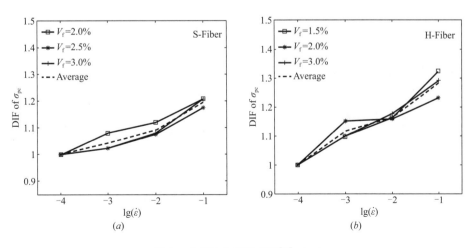

图8　动态冲击系数对比[46]（一）
(a) U-S；(b) U-H

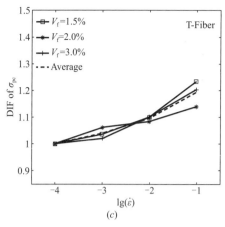

图 8　动态冲击系数对比[46]（二）

(c) U-T

有填充和聚集效应，可以使基体密实，并且纳米 $CaCO_3$ 吸附在 C-S-H 和钢纤维的表面上，改善纤维基体粘结性能。另外，纳米 $CaCO_3$ 可以跟水泥中的 C_3A 发生化学反应生成碳氯酸钙产物，使得水化产物含量增加并利于纤维-基体强度的提高[52]。

Rong 等[53]对 UHPCC 进行 SHPB 测试，并采用 HJC 模型进行动态拉伸模拟，验证了 HJC 模型在模型 SPHB 动态拉伸过程的有效性。并对不同钢纤维掺量的 UHPPC 动态拉伸破坏行为进行分析，发现当钢纤维掺量为 4% 时，UHPCC 在高应变率下（$30s^{-1}$），仅有微裂纹产生，而钢纤维为 0 时，结构完全断裂。说明增加钢纤维掺量能大大提高 UHPCC 在高应变下的抗拉伸性能。

3.3　动态弯曲性能

混凝土的弯曲性能测试一般采用三点弯曲试验，如图 9 所示。通过数据记录系统记录落锤的速率、冲击荷载大小、变形及所消耗的能量。Habel 等[54]采用动态落锤试验对 UHPC 的抗冲击抗折性能进行

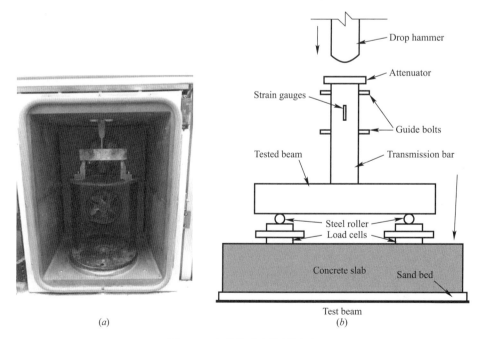

图 9　三点弯曲动态抗折试验

（a）动态抗折试验装置；（b）测试试样

了研究，并用质点—弹簧模型进行了模拟分析。结果表明：随着应变率的增加，UHPC 的抗冲击抗折强度也不断增大。当应变率达到最大应变 $2s^{-1}$ 时，UHPC 的抗冲击抗折强度达到最大，为 30.7kN，表现出明显的应变硬化特征与多裂缝开裂行为。与静态力学性能相比，其动态抗冲击性能增大了 25%。这是因为混杂纤维的加入使得动态冲击下的能量在 UHPC 中传递范围更广，能量通过多条裂缝耗散。

Wu 等[55]研究了掺不同辅助性胶凝材料和纳米材料的配比对水灰比为 0.18 的 UHPC 的动态抗折性能进行研究发现，掺 20% 的矿渣或者掺 3.2% 的纳米 $CaCO_3$ 的 UHPC 配合比比掺 20% 的粉煤灰和 1% 的纳米 SiO_2 的配合比的抗折性能好。这主要是因为矿渣具有火山灰效应和将近于水泥的水化活性，使得其纤维-基体粘结强度相对较高。而对于纳米 $CaCO_3$，它的聚集效应对 C-S-H 的改善和与 C_3A 的水化反应生成的产物有利于应力从基体传递至纤维[38]。Yoo 等[56]对比了不同尺寸的 UHPC 试样的静态和动态抗折性能。采用的长径比为 65 和 100，形状为直纤维和扭曲纤维。试验结果表明：大的长径比或使用扭曲纤维改善了 UHPC 的静态和动态抗折强度和韧性。随着试块尺寸的增大，静态抗折性能降低。增加应力和应变率可以提高初始开裂强度的 DIF。由于 UHPC 小梁的抗折强度相对较高，使得对抗冲击装置的压头的刚性要求较高，目前在此方面的研究相对较少。Yu[57] 等采用夏比落锤深入研究了长短钢纤维混杂对 UHPC 在冲击荷载下的抗折性能的影响。UHPC 的水灰比为 0.2，采用长短混杂纤维，纤维总掺量为 2%，长短纤维的比率分别为 0、0.25、0.5、0.75 和 1.0。试验结果表明：随着短纤维掺量的增加，混杂纤维增强 UHPC 在 28d 时的冲击吸能能力由 69.1J 下降到 28.4J，且下降几乎呈线性，如图 10 所示。因此其认为长纤维对动态冲击性能起决定性作用，而纤维总掺量一定时，短纤维的存在会降低 UHP-HFRC 的动态冲击性能。Mao 等[30]比较试验 DIF 值，并采用 RHT 混凝土模型 UHPFRC 板进行动态抗折数值模拟分析。结果表明，当冲击荷载离 UHPFRC 板较近时，预应力钢筋明显提高了 UHPFRC 板的抗折能力。Li 等[58]使用 KCC 模型对 UHPC 在 TNT 爆炸荷载作用下的力学行为进行模拟分析，使用残余承载力指标分析 UHPC 动态抗折能力。结果表明，当 TNT 为 10kg 时，UHPC 柱子残余承载力为 96%，而当 TNT 重量增加至 5kg 时，其残余承载力下降为 76%。

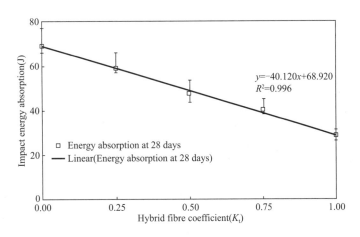

图 10 不同配比的混杂纤维对 UHPC 冲击吸能能力的影响[57]

4 结论与展望

本文主要总结了不同抗冲击性能测试方法，综述了不同影响因素，包括纤维掺量、纤维混杂、冲击速率等对超高性能混凝土动态抗压、动态拉伸、动态弯曲等力学性能的影响，得到以下结论：

（1）UHPC 为应变率敏感材料，具有应变率强化效应。其峰值荷载及破坏应变随应变率的增大而增大。钢纤维的掺入能有效提高 UHPC 的冲击性能，包括抗冲击压缩强度、冲击拉伸强度以及冲击抗折强度。UHPC 动态强度随钢纤维掺量的增加而提高。不掺任何钢纤维的 UHPC 基体表现为脆性破坏，钢纤维的掺入将脆性破坏改为韧性破坏。相对于波纹形钢纤维和铣削钢纤维，细直型钢纤维和端钩形钢纤维具有更好的冲击压缩性能，而扭曲钢纤维具有更好的动态抗拉增强效果。

（2）与单纤维增强 UHPC 相比，混杂纤维增强 UHPC 的初裂冲击强度和峰值冲击强度明显增强。在固定纤维总体积掺量为 2% 下，1.5% 的长纤维和 0.5% 的短纤维混杂的抗冲击性能最好。与掺直纤维的 UHPC 比，掺异型纤维，如端钩纤维和扭曲纤维由于力学锚固作用，可以更明显地改善动态冲击性能。

（3）通过胶凝材料组成优化可以改善 UHPC 的抗冲击性能。掺同样掺量的纳米 $CaCO_3$ 的 UHPC 的抗冲击拉伸性能比掺其他纳米材料，如纳米 SiO_2、纳米 TiO_2 和纳米 Al_2O_3 性能好。这主要是因为纳米 $CaCO_3$ 的聚集效应及化学反应更有利于纤维基体粘结性能的提高。此外，掺同样量的矿渣比掺粉煤灰更好。

（4）通过数值模拟发现，随着钢纤维掺量的增加，在动态拉伸荷载作用下，UHPC 的损伤逐渐减小。当掺量 1% 的钢纤维的 UHPC 与无钢纤维的 UHPC 相比，其动态荷载作用下的抗折性能大幅提高。

（5）通过对霍普金森杆动态压缩试验模拟，对于 UHPC，当应变增加至 $100s^{-1}$，需要考虑惯性效应。为了得到可靠的模拟结果，验证试验结论，霍普金森杆与试块之间摩擦作用需要采用动力摩擦模型。

（6）显式动力学有限元方法需要对结构进行网格划分，对于高速冲击问题，采用有限元方法容易产生沙漏现象，网格发生畸变，极大地影响计算结果。而无网格方法则无需进行网格划分，能够很好地模拟 UHPC 在高速冲击下的力学行为和动态损伤现象。其中，SPH 尽管计算效率较其他无网格方法效率高，但计算精度低，而其他无网格方法计算精度高，但计算效率低。

为了将超高性能混凝土更广泛地应用于实际工程，仍需要做以下进一步的研究：

（1）通过合理优化混杂纤维的形状、尺寸与掺量，将钢纤维总掺量降低到 2% 以内，达到既降低 UHPC 成本又优化性能的目的。

（2）不同形状的钢纤维对 UHPC 在抗冲击拉伸和弯曲性能的影响方面的研究非常有限，将其动态荷载下的力学性能并与准静态荷载下的力学性能结合起来，研究不同形状钢纤维对静态与动态力学性能影响的差别，并探讨纤维形状对其增强增韧机理。

（3）不同组成的 UHPC 在不同应变率下的抗冲击性能还有待研究，以便更全面地了解混杂纤维增强 UHPC 的动态力学性能。

（4）无网格法相对有限元法能更好地研究 UHPC 动态力学行为，但由于其精度及效率问题，目前多采用有限元法，因此十分有必要发展一种高精度、高效率的无网格方法，以更好地应用于 UHPC 动态力学行为研究。

参考文献

[1] F. D. L. Sedran. Optimization of ultra-high-performance concrete by the use of a packing model. Cement & Concrete Research，1994，24：997-1009.

[2] P. Richard. Reactive powder concretes with high ductility and 200-800 MPa compressive strength，Aci Spring Conversion，1994，114：507-518.

[3] ASTM C1856/C1856M-17 (2017). Standard practice for fabricating and testing specimens of ultra-high performance concrete.

[4] M. M. Reda, N. G. Shrive, J. E. Gillott. Microstructural investigation of innovative UHPC，Cement & Con-

crete Research，1999，29：323-329.

[5] D. Wang，C. Shi，Z. Wu，J. Xiao，Z. Huang，Z. Fang. A review on ultra high performance concrete：Part Ⅱ. Hydration，microstructure and properties，Construction & Building Materials，2015，96：368-377.

[6] C. Shi，Z. Wu，J. Xiao，D. Wang，Z. Huang，Z. Fang. A review on ultra high performance concrete：Part Ⅰ. Raw materials and mixture design，Construction & Building Materials，101：741-751.

[7] C. Wang，C. Yang，F. Liu，C. Wan，X. Pu. Preparation of Ultra-High Performance Concrete with common technology and materials，Cement & Concrete Composites，2012，34：538-544.

[8] Q. Shi. Study on compressive strength of gravel reactive powder concrete（Ph. D. thesis），Beijing Jiaotong University，China，2010.

[9] H. Yazıcı，M. Y. Yardımcı，H. Yiǧiter，S. Aydın，S. Türkel. Mechanical properties of reactive powder concrete containing high volumes of ground granulated blast furnace slag，Cement &Concrete Composites，2010，32：639-648.

[10] C. Shi，D. Wang，L. Wu，Z. Wu. The Hydration and microstructure of Ultra High-strength Concrete with Cement-silica Fume-slag Binder，Cement & Concrete Composites，2015，61：44-52.

[11] H. Yazıcı，H. Yiǧiter，A. Ş. Karabulut，B. Baradan，Utilization of fly ash and ground granulated blast furnace slag as an alternative silica source in reactive powder concrete，Fuel，2008，87：2401-2407.

[12] Z. Wu，C. Shi，W. He，D. Wang. Uniaxial Compression Behavior of Ultra-High Performance Concrete with Hybrid Steel Fiber，Journal of Materials in Civil Engineering，2016，28：06016017.

[13] S. H. Park，J. K. Dong，G. S. Ryu，K. T. Koh. Tensile behavior of Ultra High Performance Hybrid Fiber Reinforced Concrete，Cement & Concrete Composites，2012，34：172-184.

[14] J. K. Dong，S. H. Park，G. S. Ryu，K. T. Koh. Comparative flexural behavior of Hybrid Ultra High Performance Fiber Reinforced Concrete with different macro fibers，Construction & Building Materials，2011，25：4144-4155.

[15] K. Wille，A. E. Naaman，G. J. Parramontesinos. Ultra-High Performance Concrete with Compressive Strength Exceeding 150 MPa（22 ksi）：A Simpler Way，Aci Materials Journal，2011，108：46-54.

[16] Z. Wu，C. Shi，W. He. Comparative study on flexural properties of ultra-high performance concrete with supplementary cementitious materials under different curing regimes，Construction & Building Materials，2017，136：307-313.

[17] Y. Zhang，W. Sun，S. Liu，C. Jiao，J. Lai. Preparation of C200 green reactive powder concrete and its static-dynamic behaviors，Cement & Concrete Composites，2008，30：831-838.

[18] 任亮，何瑜，王凯. 超高性能混凝土抗冲击性能研究进展. 硅酸盐通报，2018.

[19] 张安康，陈士海，魏海霞，张宪堂. 建筑结构爆破振动响应应变率大小讨论. 爆破，2010，27：9-12.

[20] 陈博，杨国平，高军浩. 基于 AMESim 气液联合式液压冲击器的建模与仿真. 上海工程技术大学学报，2011，25：292-295.

[21] X. C. Zhu，H. Zhu，H. R. Li，Drop-Weight Impact Test on U-Shape Concrete Specimens with Statistical and Regression Analyses，Materials，2015，8：5877.

[22] 任兴涛，周听清，钟方平，胡永乐，王万鹏. 钢纤维活性粉末混凝土的动态力学性能. 爆炸与冲击，2011，31：540-547.

[23] K. -J. Bathe. Finite Element Procedures In Engineering Analysis，Prentice-Hall，1982.

[24] N. Moës，J. Dolbow，T. Belytschko. A Finite Element Method for Crack Growth Without Remeshing，International Journal for Numerical Methods in Engineering，2015，46：131-150.

[25] B. G. R. Liu，M. B. Liu. Smoothed particle hydrodynamics：a meshfree particle method，World Scientific，2004.

[26] G. Cusatis, D. Pelessone, A. Mencarelli. Lattice Discrete Particle Model (LDPM) for failure behavior of concrete. I: Theory, Cement & Concrete Composites, 2011, 33: 881-890.

[27] W. K. Liu, S. Jun, Y. F. Zhang. Reproducing kernel particle methods, International Journal for Numerical Methods in Engineering, 2010, 38: 1655-1679.

[28] L. Taylor. Microcrack-induced damage accumulation in brittle rock under dynamic loading, Computer Methods in Applied Mechanics & Engineering, 1985, 55: 301-320.

[29] W. Riedel, K. Thoma, S. Hiermaier, E. Schmolinske. Penetration of Reinforced Concrete by BETA-B-500 Numerical Analysis using a New Macroscopic Concrete Model for Hydrocodes, 1999.

[30] L. Mao, S. Barnett, D. Begg, G. Schleyer, G. Wight. Numerical simulation of ultra high performance fibre reinforced concrete panel subjected to blast loading, International Journal of Impact Engineering, 2014, 64: 91-100.

[31] W. Guo, W. Fan, X. Shao, D. Shen, B. Chen. Constitutive Model of Ultra-high-Performance Fiber-Reinforced Concrete for Low-velocity Impact Simulations, Composite Structures, 2018, 185.

[32] 张雄，王天舒. 计算动力学. 清华大学出版社，2007.

[33] A. E. Yurtseven, Determination of Mechanical Properties of Hybrid Fiber Reinforced Concrete, 2004.

[34] Z. Wu, C. Shi, W. He, D. Wang. Static and Dynamic Compressive Properties of Ultra-high Performance Concrete (UHPC) with Hybrid Steel Fiber Reinforcements, Cement & Concrete Composites, 2017, 79.

[35] N. Banthia, C. Yan, K. Sakai. Impact Resistance of Fiber Reinforced Concrete at Subnorma Temperatures, Cement & Concrete Composites, 1998, 20: 393-404.

[36] Z. Rong, W. Sun, Y. Zhang. Dynamic compression behavior of ultra-high performance cement based composites, International Journal of Impact Engineering, 2010, 37: 515-520.

[37] 黄政宇，王艳，肖岩等. 应用 SHPB 试验对活性粉末混凝土动力性能的研究. 湘潭大学自然科学学报，2006，28: 113-117.

[38] 赖建中，朱耀勇，徐升，过旭佳. 超高性能水泥基复合材料抗多次侵彻性能研究. 爆炸与冲击，2013，33: 601-607.

[39] Z. Wu, C. Shi, W. He, D. Wang. Static and Dynamic Compressive Properties of Ultra-high Performance Concrete (UHPC) with Hybrid Steel Fiber Reinforcements, Cement and Concrete Composites, 2017, 79: 148-157.

[40] O. Bayard, O. Plé. Fracture Mechanics of Reactive Powder Concrete: Material Modelling and Experimental Investigations, Engineering Fracture Mechanics, 2003, 70: 839-851.

[41] R. Yu, P. Spiesz, H. J. H. Brouwers. Static Properties and Impact Resistance of A Green Ultra-High Performance Hybrid Fibre Reinforced Concrete (UHPHFRC): Experiments and modeling, Construction & Building Materials, 2014, 68: 158-171.

[42] M. Hsie, C. Tu, P. S. Song. Mechanical Properties of Polypropylene Hybrid Fiber-reinforced Concrete, Materials Science and Engineering: A, 2008, 494: 153-157.

[43] M. Maalej, S. T. Quek, J. Zhang. Behavior of Hybrid-fiber Engineered Cementitious Composites Subjected to Dynamic Tensile Loading and Projectile Impact, Journal of Materials in Civil Engineering, 2005, 17: 143-152.

[44] J. Smith, G. Cusatis, D. Pelessone, E. Landis, J. O'Daniel, J. Baylot. Discrete Modeling of Ultra-High-Performance Concrete with Application to Projectile Penetration, International Journal of Impact Engineering, 2014, 65: 13-32.

[45] 孙伟，焦楚杰. 活性粉末混凝土冲击拉伸试验研究. 广州大学学报（自然科学版），2011.

[46] Y. Tai. Flat Ended Projectile Penetrating Ultra-high Strength Concrete Plate Target, Theoretical and Applied Fracture Mechanics, 2009, 51: 117-128.

[47] 张灿光. 活性粉末混凝土层裂强度的试验研究. 湖南大学，2008.

［48］ Y. Su，J. Li，C. Wu，P. Wu，Z. X. Li. Effects of steel fibres on dynamic strength of UHPC，Construction & Building Materials，2016，114：708-718.

［49］ K. Wille，M. Xu，S. El-Tawil，A. E. Naaman. Dynamic impact factors of strain hardening UHP-FRC under direct tensile loading at low strain rates，Materials & Structures，2016，49：1351-1365.

［50］ Z. Wu，K. H. Khayat，C. Shi. How do fiber shape and matrix composition affect fiber pullout behavior and flexural properties of UHPC，Cement & Concrete Composites，2018，90.

［51］ Y. Su，J. Li，C. Wu，P. Wu，Z. X. Li. Influences of nano-particles on dynamic strength of ultra-high performance concrete，Composites Part B Engineering，2016，91：595-609.

［52］ Z. Wu，C. Shi，K. H. Khayat. Multi-scale investigation of microstructure，fiber pullout behavior，and mechanical properties of ultra-high performance concrete with nano-$CaCO_3$ particles，Cement & Concrete Composites，2017，86.

［53］ Z. Rong，W. Sun. Experimental and numerical investigation on the dynamic tensile behavior of ultra-high performance cement based composites，Construction & Building Materials，2012，31：168-173.

［54］ K. Habel，P. Gauvreau. Response of ultra-high performance fiber reinforced concrete (UHPFRC) to impact and static loading，Cement & Concrete Composites，2008，30：938-946.

［55］ Z. Wu，C. Shi，K. H. Khayat，L. Xie. Effect of SCM and nano-particles on static and dynamic mechanical properties of UHPC，Construction & Building Materials，2018，182：118-125.

［56］ D. Y. Yoo，N. Banthia. Size-dependent impact resistance of ultra-high-performance fiber-reinforced concrete beams，Construction & Building Materials，2017，142：363-375.

［57］ R. Yu，Impact resistance capacity of a green ultra-high performance hybrid fiber reinforced concrete (UHPHFRC)，Ijret International Journal of Research in Engineering & Technology，2014，03：158-164.

［58］ J. Li，C. Wu. Damage evaluation of ultra-high performance concrete columns after blast loads，International Journal of Protective Structures，2018，9：44-64.

冲击爆炸作用下混凝土结构损伤破坏的高精度数值模拟

孔祥振，方　秦

（陆军工程大学爆炸冲击防灾减灾国家重点实验室，南京　210007）

摘　要：冲击爆炸作用下混凝土等工程材料与结构将经历高应变率、高压、材料损伤破坏等与地震、台风等动载不同的响应。由于理论分析的局限性和试验手段的受限，近年来高精度数值模拟成为当前研究的热点。本文介绍冲击爆炸等强动载作用下混凝土结构响应的高精度数值模拟三个方面的研究进展：（1）建立适合于强动载下新的混凝土材料模型；（2）建立非局部化模型，以解决强动载作用下网格不收敛问题；（3）采用无网格方法，以解决强动载作用下混凝土材料破坏的精细化数值模拟。

关键词：冲击爆炸荷载；混凝土材料模型；网格收敛性；非局部化模型；损伤破坏

1　引言

混凝土材料广泛应用于承受冲击和爆炸等强动载作用的军用与民用防护工程中。与静载、地震和风荷载等不同，强动载作用下混凝土材料受高静水压力、高应变率作用并产生大变形、开坑、震塌等损伤破坏。由于理论分析的局限性和试验手段的受限，近年来强动载作用下混凝土结构响应的高精度数值模拟（High-Fidelity Physics-Based simulation）成为当前研究的热点问题。前期研究表明，高精度数值模拟取决于合理的材料模型和合适的数值算法[1-5]。本文重点介绍强动载作用下混凝土结构响应高精度数值在如下三个方面的研究进展：（1）适合于强动载作用的混凝土材料模型；（2）强动载作用下网格相关性；（3）强动载作用下混凝土材料损伤破坏的无网格方法。

对于强动载下的混凝土材料模型，Tu 和 Lu[6]对常用的 Holmquist-Johnson-Cook（HJC）模型[7]、Riedel-Hiermaier-Thoma（RHT）模型[8]和 Karagozian & Case（K&C）模型[9]进行了较为全面的综述和评估。HJC 模型虽然已广泛应用于弹体侵彻的数值模拟中，可较好描述混凝土的动态压缩行为，但无法较好描述动态拉伸行为；此外 HJC 模型只采用了两个应力不变量来确定当前加载面，不能描述偏平面形状由低压时三角形向高压时圆形的过渡；并且 HJC 模型采用了 J_2 流动法则，无法描述混凝土材料的剪胀行为。目前对 HJC 模型的改进集中于动态压缩行为[10]和应变率效应[10-11]，但仍无法解决上述三个问题。为了改进 HJC 模型中拉伸损伤的描述，Liu 等[12]引入 Taylor-Chen-Kuszmaul（TCK）模型[13]来描述混凝土材料的动态拉伸行为，在弹体贯穿混凝土靶体开坑和震塌破坏的数值模拟中得到了较好的结果。然而，HJC 模型的其他两个缺陷仍没有解决，而且由于采用压缩和拉伸损伤分别处理的方法，其改进的 HJC 模型屈服面在压力零点不连续。最近 Kong 等[1]对 HJC 模型进行了全面改进，包

作者简介：孔祥振，陆军工程大学讲师。

　　　　　方　秦，陆军工程大学教授，博士生导师。

电子邮箱：fangqinjs@139.com

括改进屈服面、引入拉伸损伤、改进应变率效应等方面，并将改进的 HJC 模型用于弹体贯穿钢筋混凝土靶体的数值模拟中。虽然数值模拟得到的开坑和震塌破坏效果与实验吻合较好，但该模型还存在如下两个问题：（i）由于模型采用了 J_2 流动法则，因此无法描述剪胀效应；（ii）无法较好地描述压缩应变软化行为。

RHT 模型可以认为是 HJC 模型的改进，并广泛应用于强动载下混凝土结构的响应和破坏的数值模拟中[14]。RHT 模型采用三个独立的强度面，即初始屈服强度面、最大强度面和残余强度面，当前加载面通过等效塑性应变内插屈服强度面和最大强度面确定应变硬化效应，并通过损伤因子内插最大强度面和残余强度面确定应变软化效应。由于残余强度面中缺少第三应力不变量，因此在特定应力状态下模型预测结果会出现问题[6]。此外，RHT 模型采用拉伸线性软化模型，与已有实验数据不符。基于断裂能和双线性软化模型，Leppänen[15] 对 RHT 模型的拉伸行为进行了改进，在此基础上，Tu 等[16] 对该改进模型进行了进一步优化，包括建立考虑第三应力不变量的残余强度面和基于断裂能和应变率效应的拉伸软化模型。Lu 等[16] 和 Leppänen[15] 提出的改进 RHT 模型均假设断裂能为常数，断裂应变随着应变率的增大而减小；而近期的实验数据表明[17-18]：高应变率下拉伸断裂应变为常数，断裂能随着应变率的增大而增大；此外 RHT 模型和上述改进的 RHT 模型均采用 J_2 流动法则，因此无法描述剪胀行为。

K&C 模型最初开发用来预测爆炸荷载作用下混凝土结构的动态响应，现已广泛应用于强动载下混凝土结构动态响应中。K&C 模型采用三个独立的强度面，即初始屈服强度面，最大强度表面和残余强度面，当前破坏面由损伤因子内插屈服强度面和最大的强度面以及最大强度面和残余强度面得到。损伤因子先由零增大到 1，对应于应变硬化阶段；然后再从 1 减小到 0，对应于应变软化。K&C 模型较为全面描述了冲击爆炸荷载作用下混凝土材料的动态力学行为[6]，然而该模型仍存在如下几个缺点[2]：（1）K&C 模型在 Release III 版本中提供了参数自动生成算法并被广泛采用，自动生成的参数适用于较低静水压力情况（如远距离爆炸），但不适用于高压力情况（如弹体侵彻问题等）；（2）K&C 模型预测的断裂应变和断裂能均随应变率增大而增大，与实验现象不符。为解决上述问题，Kong 等[2] 对 K&C 模型进行了改进，包括改进强度面参数、提出新的拉伸动态强度增大系数、修正损伤因子和等效塑性应变关系以及提出新的拉伸破坏准则，其改进后的 K&C 模型用于弹体贯穿钢筋混凝土靶体的模拟中，并取得了良好的效果。

其他非商业软件中混凝土材料模型，如 Hao-Zhou 模型（HZ 模型）[19]，Hartmann-Pietzsch-Gebbeken 模型（HPG 模型）[20] 都存在其自身的缺陷。例如 HZ 模型未考虑第三应力不变量对当前加载面的影响；HPG 模型采用幂指数函数来描述破坏面，不能同时较好预测高压和低压实验数据；且 HPG 模型采用线性压缩应变软化模型，与实验数据差别较大。

可以看出，已有混凝土材料模型均侧重于强动载下响应的特定方面，存在其自身的缺陷和局限性，并且对这些模型的改进仍无法全面克服其缺陷。基于作者提出的修正的 HJC 模型[1] 和修正的 K&C 模型[2]，Kong 等[4] 近期提出了强动载作用下新的混凝土材料模型（KFCW 模型），其预测混凝土结构的动态响应和损伤破坏优于已有模型，该模型将在第二节介绍。

强动载下混凝土结构响应和损伤破坏数值模拟另外一个值得关注的问题是网格收敛性。混凝土材料通过形成裂缝破坏，裂缝可分为三种类型，即拉伸裂缝（模式Ⅰ），平面剪切（模式Ⅱ）和平面外剪切（模式Ⅲ）。裂缝的形成导致峰值应力后的应变软化，对于强动载下的局部化材料模型（如 HJC 模型），应变软化不可避免地导致网格尺寸依赖性，从数学角度看，这是由于偏微分控制方程对静力和动力问题不再具有椭圆性和双曲性所致[21]。局部化材料模型导致数值模拟结果对网格离散形式非常敏感[22]。目前对网格收敛性问题主要有两种解决方法：一是基于断裂能的弥散裂缝方法[23-24]，二是非局部化方法[25-26]。弥散裂缝方法控制单元的开裂应变能（拉伸应力应变曲线软化段面积）为 G_f/l，其中

G_f 为断裂能，l 为特征长度。在有限元中，特征长度 l 与断裂带（FPZ）宽度和单元特征尺寸有关，FPZ 宽度通常为混凝土中最大骨料尺寸的三倍[9]，单元特征尺寸为二维单元面积平方根或三维单元体积三次方根。当单元特征尺寸大于 FPZ 宽度时，特征长度 l 等于 FPZ 宽度[9]；而当单元特征尺寸小于 FPZ 宽度时，特征长度 l 等于单元特征尺寸[1,2,9]。弥散裂缝方法广泛应用于商业混凝土材料模型，如 RHT 模型、K&C 模型和 CSCM 模型[27]。已有研究表明[22]，当单元特征尺寸大于 FPZ 宽度时，弥散裂缝方法可取得较好的网格收敛效果；而当单元特征尺寸小于 FPZ 宽度时会带来较大的误差[22]，弥散裂缝模型的缺陷将在第 3 节结合算例具体介绍。解决强动载下网格收敛性的另一种方法为非局部化方法[25-26]。非局部方法的基本思想是，某个积分点的本构关系不仅取决于该点，而且还取决于该积分点邻域内的积分点，该邻域半径称为材料的内部长度。在非局部方法中，某些局部材料模型属性（如塑性应变、损伤等）由其在影响域内的加权平均值替代。基于显示计算中时间步长很小的假定，Cesar 等[28]提出了将局部材料模型转换为非局部材料模型的显示算法，并成功应用于金属应变硬化材料的网格收敛性分析中。虽然上述非局部方法可以解决网格的收敛性问题，但由于内部长度为一常数，其预测的损伤有可能与实际情况差别较大[29]。为了解决该问题，Pereira 等[30]提出了基于应力的非局部化模型，该模型中内部长度随影响域内的应力状态变化而变化。

为解决强动载下的网格收敛性问题，基于作者前期建立的修正的 K&C 模型（MKC 模型），Kong 等[5]近期提出了强动载作用下非局部化的 MKC 模型，计算结果表明网格收敛，该模型将在第三节介绍。

另外，强动载下混凝土结构可能在正面和背面产生开坑和震塌破坏，开坑破坏是由初始强烈的压缩波和压缩波在结构自由表面反射产生的拉伸波共同作用下造成的[1-2]；而背面震塌现象则是由压缩波在结构自由表面反射产生拉伸波引起的。混凝土的破坏通常涉及大变形，当采用有限元方法模拟时，大变形可能引起网格畸变甚至导致计算终止，因此必须引入合理的单元删除算法来描述混凝土材料的压碎（压缩破坏）和断裂（拉伸破坏）。普遍认为混凝土的压缩破坏可由等效塑性应变[1-2]或最大主应变[10-11]描述，而对于拉伸破坏则经常使用拉伸断裂应变[31-32]来描述。已有研究中发现，当拉伸断裂应变经验性地取为 0.01[31-32] 时，数值模拟得到的破坏现象与实验吻合较好，然而 Kong 等[1]研究表明，该拉伸断裂应变取值对破坏现象的预测非常敏感，因此其应用范围受到限制。最近 Kong 等[2,4]提出了基于损伤的拉伸破坏准则，较好地解决了上述经验和敏感问题。当上述用于压缩和拉伸破坏准则中的变量达到其相应的临界值时，认为该单元失效并删除。该方法广泛应用于强动载下混凝土结构破坏的数值模拟中[1-2,31-32]，然而该方法存在如下三点问题：（1）由于删除单元带走了部分质量和能量，因此系统质量和能量不守恒；（2）侵蚀准则临界值取决于单元尺寸和混凝土材料模型等，并且通常经过试算方法确定，缺乏预测能力；（3）尽管删除单元的残余应力很小，但是单元的删除会降低结构的刚度，不可避免地低估了结构抗力，该问题将在第四节进一步讨论。对强动载下混凝土破坏模拟的另一种方法为无网格方法（如 SPH 方法），无网格法不需要进行单元删除，并成功应用于模拟爆炸荷载[33]和冲击荷载[34]下的结构响应问题。考虑到无网格法在模拟大变形情况的天然优势，本文在第四节通过结合 KFCW 模型和 SPH 方法预测强动载作用下混凝土结构的损伤破坏。

基于上述强动载下混凝土结构响应高精度数值模拟中的三点问题，本文从材料模型、非局部化模型和采用无网格方法对破坏模拟三个方面介绍近期的研究进展。

2 强动载作用下 KFCW 混凝土材料模型

考虑到已有混凝土材料模型均侧重于强动载下响应的特定方面，存在其自身的缺陷和局限性，并且对这些模型的改进仍无法全面克服其缺陷，Kong 等[4]近期提出了强动载作用下新的混凝土材料模型（KFCW 模型），新模型保留了已有材料模型（HJC 模型、RHT 模型和 K&C 模型）的优点，并且较好解决了已有模型存在的缺陷。本节在简要介绍 KFCW 模型基础上，通过单单元算例验证其优越性，进一步将该模型用于冲击爆炸荷载作用下混凝土结构整体响应和局部响应的数值模拟中，并与 HJC 模型、RHT 模型和 K&C 模型的计算结果进行对比，HJC 模型、RHT 模型和 K&C 模型参数分别由文献 [7]、文献［8］和文献［35］中提出的方法确定。

2.1 KFCW 模型

2.1.1 强度破坏面

如图 1 所示，压缩子午线上的最大强度面 σ_m 和残余强度面 σ_r 表达式为：

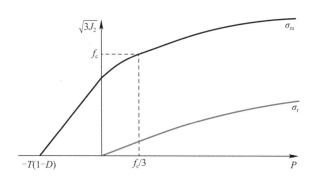

图 1 压缩子午线上的强度面

$$\sigma_m = \begin{cases} 3[P/(1-D)+T], & P \leqslant 0 \\ 1.5/\psi(P+T), & 0 \leqslant P \leqslant f_c/3 \\ f_c + \dfrac{P-f_c/3}{a_1+a_2 P}, & P \geqslant f_c/3 \end{cases} \tag{1}$$

$$\sigma_r = \frac{P}{a_1+a_2 P} \tag{2}$$

式中，参数 a_1 和 a_2 通过拟合三轴压缩实验数据确定，f_c 和 T 分别是单轴压缩强度和拉伸强度；P 为静水压力，D 为累积损伤；ψ 为拉伸和压缩子午线比率，由下式确定：

$$\psi(P) = \begin{cases} 0.5 & P \leqslant 0 \\ 0.5+1.5T/f_c & P = \dfrac{f_c}{3} \\ 1.15/[1+1.3/(3a_1+2.3a_2 f_c)] & P = \dfrac{2.3f_c}{3} \\ 0.753 & P = 3f_c \\ 1 & P \geqslant 8.45f_c \end{cases} \tag{3}$$

其他压力下的 ψ 值通过公式（3）线性差值得到。图 2 给出了已有三轴围压实验数据与公式（1）、HJC 模型、RHT 模型和 K&C 模型最大剪切强度面的对比。可以看出，公式（1）预测的最大强度面与低压和高压时实验数据均吻合较好；而 HJC 模型分别高估和低估了低压和高压下的实验数据；RHT 模型同时低估了低压和高压实验数据；K&C 模型能够较好地预测压力低于 $P/f_c < 3$ 的实验数据，但随着压力的增大，预测结果与实验数据偏差越来越大。

当前破坏面通过最大强度面与残余强度面插值确定：

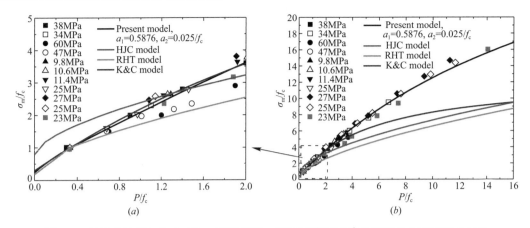

图 2　三轴压缩数据与公式（1）、HJC 模型、RHT 模型和 K&C 模型最大强度面的对比

(a) $0 \leqslant P/f_c \leqslant 2$; (b) $0 \leqslant P/f_c \leqslant 16$

$$Y(\sigma_{ij}, D) = \sqrt{3 J_2} = r' \left[D(\sigma_r - \sigma_m) + \sigma_m \right] \tag{4}$$

式中，J_2 第二应力不变量。r' 当前子午线与压缩子午线的比值，可由下式确定：

$$r'(\theta, \psi) = \frac{2(1-\psi^2)\cos\theta + (2\psi-1)\sqrt{4(1-\psi^2)\cos^2\theta + 5\psi^2 - 4\psi}}{4(1-\psi^2)\cos^2\theta + (1-2\psi)^2} \tag{5}$$

式中，θ 是欧拉角。混凝土是应变率敏感材料，为考虑其应变率效应，通过径向增强方法对当前强度面进行如下修正：

$$Y = r_f Y(P/r_f) \tag{6}$$

式中，r_f 是动态强度增强因子（DIF），对于拉伸和压缩分别定义。KFCW 模型采用 Xu 和 Wen[36] 提出的如下公式：

$$DIF_t = \left\{ \left[\tanh\left((\log(\dot{\varepsilon}/\dot{\varepsilon}_0) - W_x)S \right) \right] (F_m/W_y - 1) + 1 \right\} W_y \tag{7a}$$

$$DIF_c = (DIF_t - 1)(T/f_c) + 1 \tag{7b}$$

式中，DIF_t 和 DIF_c 分别为拉伸和压缩动态强度增强因子，$\dot{\varepsilon}_0 = 1\mathrm{s}^{-1}$ 为参考应变率。$F_m = 10$，$W_x = 1.6$，$S = 0.8$ 和 $W_y = 5.5$ 是经验参数。

2.1.2　损伤积累

KFCW 模型采用修正的等效塑性应变定义损伤，其定义为：

$$\lambda = \sum \begin{cases} \dfrac{\Delta \bar{\varepsilon}_p}{d_1 (T/f_c + P/f_c)^{d_2}}, & P > 0 \\ \Delta \bar{\varepsilon}_1, & P \leqslant 0 \end{cases} \tag{8}$$

式中，$\Delta \bar{\varepsilon}_p = \sqrt{(2/3)\,\Delta \varepsilon_{ij}^p \Delta \varepsilon_{ij}^p}$ 是在一个时步内的等效塑性应变增量，$\Delta \bar{\varepsilon}_1$ 是对应的单轴拉伸中的塑性应变增量，d_1 和 d_2 是损伤参数。为了考虑应变率效应对损伤的影响，λ 变为：

$$\lambda = \sum \begin{cases} \dfrac{\Delta \bar{\varepsilon}_p}{r_f d_1 (T/f_c + P/r_f f_c)^{d_2}}, & P > 0 \\ \Delta \bar{\varepsilon}_1, & P \leqslant 0 \end{cases} \tag{9}$$

拉伸损伤 D_t 采用"Hordijk-Reinhard 表达式"[18]，定义为：

$$D_t = 1 - \left(1 + \left(c_1 \frac{\lambda}{\varepsilon_{frac}} \right)^3 \right) \exp\left(-c_2 \frac{\lambda}{\varepsilon_{frac}} \right) + \frac{\lambda}{\varepsilon_{frac}} (1 + c_1^3) \exp(-c_2) \tag{10}$$

式中，ε_{frac} 是断裂应变，c_1 和 c_2 是常数。需要指出的是，当应力路径接近三轴拉伸时，由于应力偏量接近零，λ 和拉伸参数 D_t 也为零，与实际情形相悖。为解决这一问题，引入体积损伤定义如下：

$$\Delta D_t = d_3 \times f_d \times \Delta\varepsilon_v \tag{11a}$$

$$f_d = \begin{cases} 1 - \left| \sqrt{3J_2}/P \right| /0.1, & 0 \leqslant \left| \sqrt{3J_2}/P \right| < 0.1 \\ 0, & \left| \sqrt{3J_2}/P \right| \geqslant 0.1 \end{cases} \tag{11b}$$

式中，d_3 为常数，$\Delta\varepsilon_v$ 为在一个时步内的体积应变增量，f_d 为三轴拉伸路径因子。

压缩损伤 D_c 定义如下：

$$D_c = \frac{\alpha\lambda}{\lambda + 1} \tag{12}$$

式中，α 为控制压缩软化参数。

总的损伤由下式确定：

$$D = 1 - (1 - D_c)(1 - D_t) \tag{13}$$

2.1.3 状态方程

KFCW 模型采用 LS-DYNA 中的 8 号状态方程来描述压力和体积应变的关系：

$$P = C(\mu) + \gamma_0\theta(\mu)E_0 \tag{14}$$

式中，E_0 是单位体积的初始内能，γ_0 是温度特征因子，$C(\mu)$ 和 $\theta(\mu)$ 分别是压力和温度与体积应变之间的关系。在加载阶段，压力通过公式（14）确定；卸载沿卸载体积模量至压力截断点（图3）；重新加载首先沿卸载路径至卸载开始点，然后沿着加载路径继续上升。

图 4 给出了压力-体积应变的实验数据与 HJC 模型、RHT 模型和 K&C 模型的状态方程预测曲线。可以看出，HJC 模型和 RHT 模型的预测曲线低估了实验数据，而本文模型和 K&C 模型预测曲线与实验数据吻合良好（实际上本文模型采用与 K&C 模型相同的状态方程）。

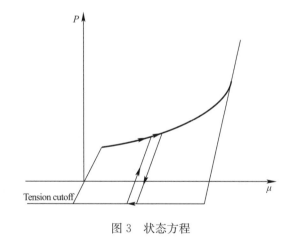

图 3　状态方程

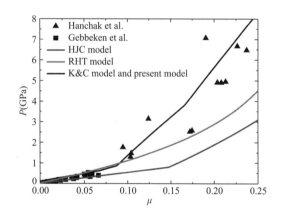

图 4　压力-体积应变实验数据与模型预测曲线对比

2.1.4 部分关联流动法则和模型参数确定

低围压下混凝土受压呈现体积膨胀，即剪胀效应。为考虑此现象，采用如下塑性势函数：

$$g = \sqrt{3J_2} - \omega Y(\sigma_{ij}, D) \tag{15}$$

式中，g 是塑性势函数，ω 是控制塑性应变的参数。当 $\omega=1$ 时，公式（15）为完全关联流动法则；当 $\omega=0$ 时为无关联且无膨胀的流动法则（J_2 流动）；$0<\omega<1$ 为部分关联流动法则。

KFCW 模型参数需用一系列实验数据确定，为方便工程应用，以下提出参数快速确定方法。模型参数可以分为三类，第一类是强度面参数，包括 f_c、T、K、G、a_1 和 a_2。T、K 和 G 可由下式确定：

$$T = 0.0109(145f_c)^{2/3}, E = 5700\sqrt{f_c/145}, K = E/3(1-2\nu), G = E/2(1+\nu), \nu = 0.2 \tag{16}$$

式中，E 为弹性模量，ν 为泊松比。基于图 2 所示大量三轴围压实验数据，通过曲线拟合，可得 a_1 和 a_2 为：

$$a_1 = 0.5876，a_2 = 0.025/f_c \tag{17}$$

第二类是与损伤有关的参数，包括压缩损伤参数（d_1、d_2 和 a），拉伸损伤参数（c_1，c_2 和 ε_{frac}）和体积损伤参数 d_3。其中 d_1、d_2 和 a 可通过单轴压缩应力—应变曲线的软化段确定，建议值分别为 0.04、1.5 和 1.0。基于已有实验数据，ε_{frac} 的值为 0.01，约为单轴压缩实验峰值应变的 100 倍，c_1 和 c_2 分别建议取为 3 和 6.93[18]。d_3 的建议值为 0.1[1]。

第三类是状态方程参数，如图 4 所示，K&C 模型的自动生成参数能够较好描述实验数据，因此以下分析中 KFCW 模型采用上述自动生成参数。

2.2 模型验证

本节首先给出单元层次 KFCW 模型、HJC 模型、RHT 模型和 K&C 模型的预测结果，然后给出这四种模型模拟弹体侵彻和爆炸的典型算例，其中 HJC 模型、RHT 模型和 K&C 模型的计算参数分别由文献［7］、文献［8］和文献［35］确定。

2.2.1 单单元算例

（1）单轴压缩（UUC）

Attard 和 Setunge[37] 给出了强度 20～130MPa 的混凝土在围压和单轴加载条件下应力应变曲线的经验公式。UUC 应力应变曲线的预测结果与该经验公式的对比如图 5 所示。由此可见，由于在 $P = f_c/3$ 时对破坏面的高估，HJC 模型未能重现材料的单轴压缩强度，且材料的应变软化也未能很好模拟；与经验公式相比，RHT 材料模型预测的软化梯度偏小；K&C 模型高估了材料的应变软化；KFCW 模型较好地预测了材料的应变软化行为。另外，K&C 模型和 KFCW 模型均能模拟剪胀现象，而 HJC 模型和 RHT 模型均不能模拟该现象。

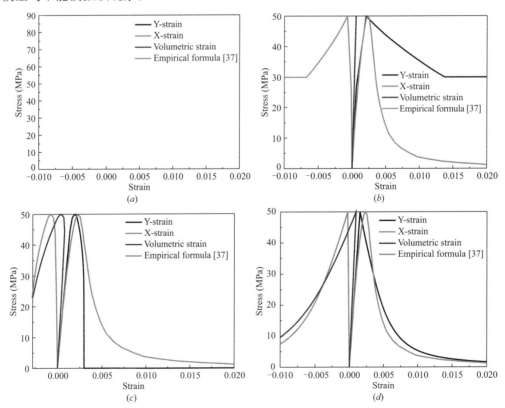

图 5　四种模型预测的单轴压缩应力应变曲线与经验公式的对比

（a）HJC 模型；（b）RHT 模型；（c）K&C 模型；（d）KFCW 模型

（2）单轴拉伸（UUT）

图 6 对比了四种材料模型预测的和文献［18］建议的单轴拉伸应力应变曲线，可以看出，HJC 模型预测的应力应变曲线是理想弹塑性的；RHT 模型和 K&C 模型预测的应变软化效应基本上呈线性变化，与试验不相符；KFCW 模型较好地预测了混凝土材料的拉伸应变软化行为。

图 7 给出了不同应变率条件下四种材料模型预测的动态拉伸应力应变曲线，可以看出：当应变率为 $1s^{-1}$ 和 $10s^{-1}$ 时 HJC 模型预测的动态拉伸强度几乎相同，在应变率为 $100s^{-1}$ 时预测的应力应变曲线呈震荡性，明显与试验不符；RHT 模型预测

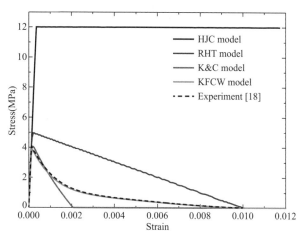

图 6 四个材料模型预测拉伸应力应变曲线
与文献［18］的对比

的应变率在 $1\sim100s^{-1}$ 之间的动态拉伸强度几乎没有变化且应变软化效应为线性衰减，与实验不符；K&C 模型预测的应变软化效应为线性衰减，且断裂应变和断裂能均随应变率的增大而增大，高估了高应变率下材料的断裂能；KFCW 模型较好地描述了材料的应变软化，且断裂应变为一定值，断裂能随着应变率的增加而增加，与试验相符。

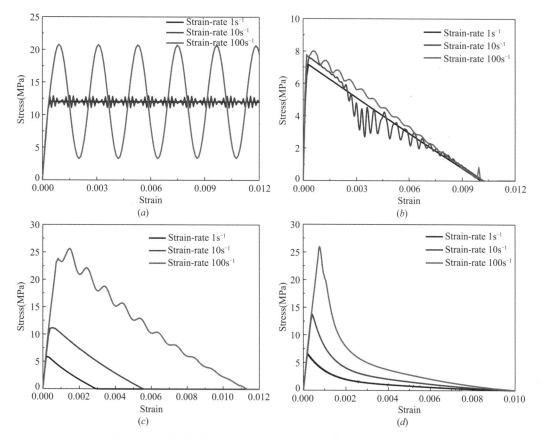

图 7 四个模型预测的单轴压缩应力应变曲线与经验公式的对比
（a）HJC 模型；（b）RHT 模型；（c）K&C 模型；（d）KFCW 模型

（3）双轴强度包络线

图 8 给出了各模型预测的双轴强度包络线与 CEB 规范[38]的对比，由于 HJC 模型未考虑罗德角影响，图中未给出 HJC 模型的计算结果。可以看出，K&C 模型和 KFCW 模型的计算结果同 CEB 建议的

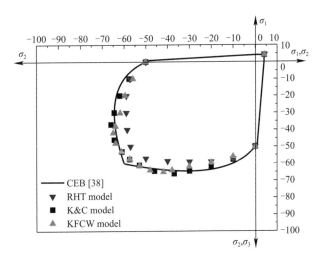

图 8 各材料模型预测的双轴强度包络面与 CEB 规范对比

双轴强度包络线吻合较好，而 RHT 模型由于低估了材料破坏面以及子午面拉压比率定义不准确，低估了材料的双轴强度。

（4）三轴压缩（TXC）

四种材料模型预测不同围压下的三轴压缩实验应力应变曲线与经验公式对比如图 9 所示。可以看出：HJC 模型高估了峰值应力，且无法较好预测应变软化行为；RHT 模型低估了峰值应力，且预测的应变软化梯度比经验公式小；K&C 模型高估了峰值应力，且预测的应变软化梯度比经验公式大；KFCW 模型预测的峰值应力和应变软化行为与经验公式均较为接近。

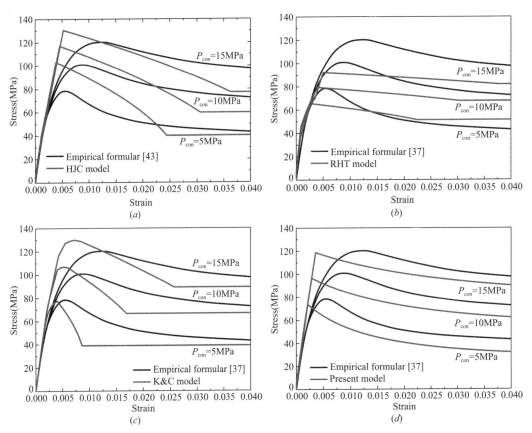

图 9 四个模型预测的三轴压缩应力应变曲线与经验公式的对比
（a）HJC 模型；（b）RHT 模型；（c）K&C 模型；（d）KFCW 模型

（5）三轴拉伸（TXE）

图 10 给出了四种材料模型预测的三轴拉伸应力应变曲线的对比，可以看出，只有 KFCW 模型可以预测三轴拉伸条件下应变软化行为。

2.2.2 典型算例

（1）RC 梁近区爆炸实验

该实验中 7 公斤的岩石乳化炸药悬挂于梁中心正上方 1.5m 处，并通过放置在爆炸物两端的两个引

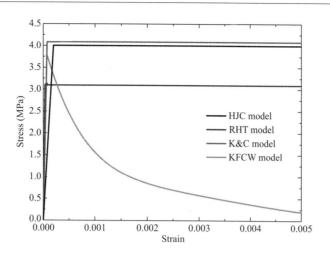

图 10　四个模型预测的三轴拉伸应力应变曲线的对比

爆管引爆，钢筋混凝土梁构造细节如图 11 所示，混凝土单轴抗压强度为 32.4MPa，在梁跨中和每隔 380mm 位置处共布置三个压力传感器和 LVDT 位移传感器，分别用于记录试样上的超压和动态位移。

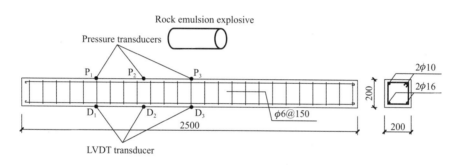

图 11　钢筋混凝土梁构造细节（单位：mm）[39]

考虑到对称性，数值模拟中建立 1/2 钢筋混凝土模型，混凝土采用 3D Solid 164 单元，钢筋采用梁单元，网格尺寸为 10mm×10mm×10mm，梁的端部支撑条件为简支。图 12 给出了四个模型数值模拟预测的位移时程曲线与实验数据的对比。可以看出，由于未考虑拉伸损伤，HJC 模型低估了第一个位移峰值并高估了第二个位移峰值；RHT 模型和 K&C 模型均能很好地预测第一个位移峰值，但过高估计了第二个位移峰值，这主要是由于对拉伸损伤描述得不准确；KFCW 模型预测与实验数据吻合较好，然而自由振荡阶段的数值模拟结果小于实验数据，可能是由于数值模拟的支撑条件与实验有差别。

实验后观测到梁中心有三条主裂缝和周围若干微小裂缝（图中未画出），图 13 给出了数值模拟预测的损伤分布与实验中裂缝的对比情况。可以看出，RHT 模型和 KFCW 模型与实验后试件的裂缝一致性较好；由于对拉伸损伤描述的不足，HJC 模型不能再现裂纹而 K&C 模型高估了试件的损伤。

（2）混凝土板接触爆炸实验

课题组近期开展了混凝土板的接触爆炸实验[40]，该实验中，混凝土在一个 0.005m 厚、直径 1m、高度 0.4m 的圆形钢管中浇筑，混凝土的单轴抗压和抗拉强度分别为 103MPa 和 5.31MPa。2.0kg 立方体 TNT 装药放置在混凝土板中心引爆，试验后混凝土板表面开坑直径，开坑深度和背面剥落的直径分别为 0.54m，0.12m 和 0.73m。

为了预测实验中观察到的混凝土板的破裂和破坏等物理现象，数值模拟必须引入单元删除算法，KFCW 模型采用基于断裂应变 ε_{frac} 的单元删除准则，即 $\bar{\varepsilon}_1$ 大于 ε_{frac} 时单元将被立即删除，ε_{frac} 经验性地取为 0.01，其他模型均采用基于最大主应变的单元删除准则（详见 4.1 节）。

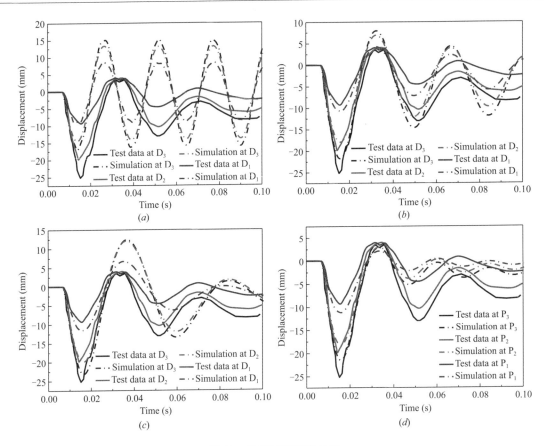

图 12　位移时程曲线对比

(a) HJC 模型；(b) RHT 模型；(c) K&C 模型；(d) KFCW 模型

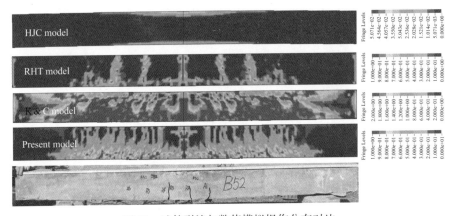

图 13　试件裂缝与数值模拟损伤分布对比

图 14 给出了混凝土板损伤破坏的数值模拟结果，可以看出 HJC 模型和 RHT 模型低估了开坑破坏，并且不能模拟震塌现象；尽管 K&C 模型可以预测震塌现象，但预测的震塌尺寸远小于实验数据；KFCW 模型对开坑直径，开坑深度和剥落直径的预测与实验数据非常接近。

（3）弹体贯穿 RC 板实验

Wu 等[41] 进行了弹体贯穿 RC 板的实验，实验中弹体长度为 152mm，直径 25.3mm，质量 0.428kg，曲径比为 3，混凝土强度为 41MPa。贯穿问题同样需要引入单元删除准则，这里采用基于等效塑性应变和断裂应变单元删除准则，图 15 给出了实验和数值模拟得到的开坑和剥震塌尺寸，可以看出：只有 KFCW 模型预测结果与实验吻合较好，其他模型由于对拉伸损伤的不准确描述和缺乏拉伸破坏准则，无法模拟靶体的开坑和震塌破坏现象。

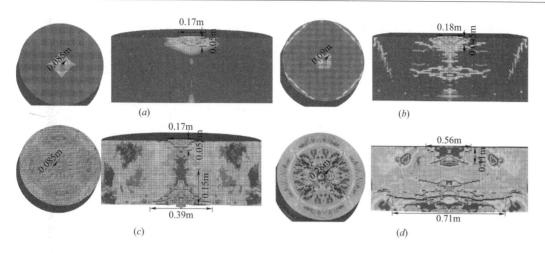

图 14　混凝土板损伤破坏数值模拟结果

（a）HJC 模型；（b）RHT 模型；（c）K&C 模型；（d）KFCW 模型

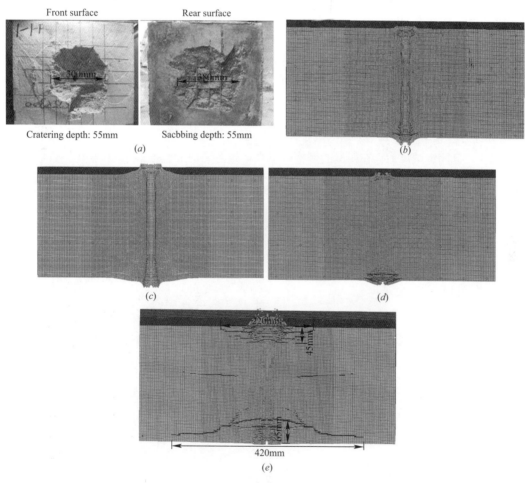

图 15　实验 1-1 开坑和震塌实验数据与数值模拟结果对比

（a）实验；（b）HJC 模型；（c）RHT 模型；（d）K&C 模型；（e）KFCW 模型

3　强动载下的网格收敛性

如引言中介绍，强动载下混凝土结构响应数值模拟另外一个值得关注的问题为网格收敛性，目前通常采用基于断裂能的弥散裂缝方法来解决。基于作者前期建立的修正的 K&C 模型（MKC 模型），本节首先通过数值算例探讨弥散裂缝方法的缺陷，然后通过非局部化的方法来解决强动载下的网格收敛性问题。MKC 模型及其参数确定方法已在文献［2］和［5］中详细阐述，这里不再赘述。

3.1 局部模型和弥散裂缝模型的缺陷

如引言中介绍，弥散裂缝方法是通过控制单元的开裂应变能。该方法已广泛应用于 LS-DYNA 等商业软件中混凝土材料模型，如 RHT 模型、K&C 模型和 CSCM 模型，本节通过数值算例探讨弥散裂缝方法的局限性。

考虑一承受单轴拉伸的带缺口混凝土试件（图 16），试件一端固定，另一端承受速度荷载，对准静态加载，速度取为 0.0001m/s，而对于动态加载速度取为 0.2m/s。混凝土单轴压缩和拉伸强度分别为 50MPa 和 4.1MPa，其他参数通过自动生成算法得到[2]。为节约计算成本，采用如图 16 所示的轴对称模型，以下探讨固定端反力对网格尺寸的敏感性。

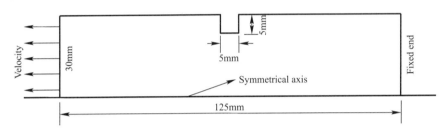

图 16　带缺口混凝土试件直接拉伸示意图

图 17 分别给出了静载和动载下局部模型预测的固定端反力和损伤云图，可以看出，损伤（应变）在一层单元局部化，且固定端反力存在明显的网格敏感性，这主要是由于局部材料模型中不含尺寸相关信息。

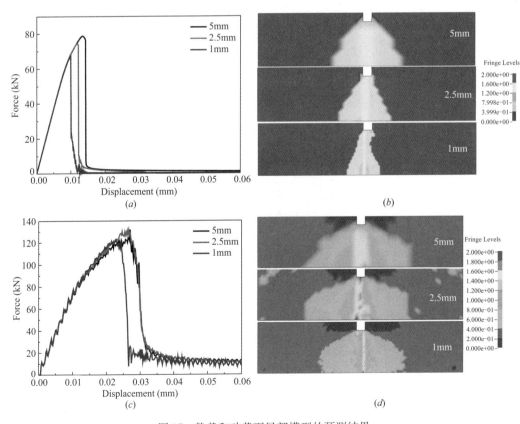

图 17　静载和动载下局部模型的预测结果

（a）静载固定端反力；（b）静载损伤云图；（c）动载固定端反力；（d）动载损伤云图

图 18 分别给出了静载和动载下弥散裂缝模型预测的固定端反力和损伤云图，可以看出，损伤（应变）仍在一层单元局部化，对于静载情况，固定端反力随网格尺寸变化收敛而对于动载情况不收敛，这是由于应变率在一层单元局部化引起的[5]。

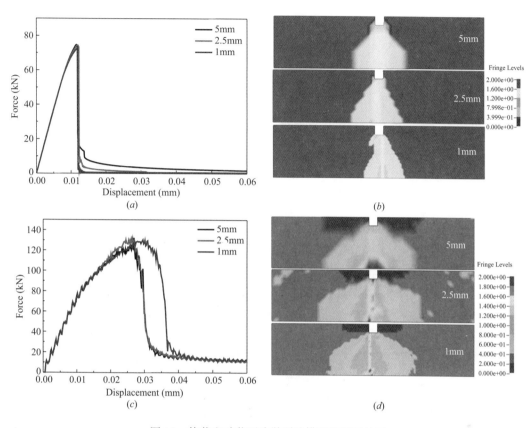

图 18　静载和动载下弥散裂缝模型的预测结果
（a）静载固定端反力；（b）静载损伤云图；（c）动载固定端反力；（d）动载损伤云图

弥散裂缝方法的基本假设为断裂过程中 FPZ 吸收能量全部由有限元中一行单元吸收能量表征。由于静载拉伸实验通常观测到一个主裂缝（含有微小分支），因此该点假设对于静载情况是合理的；然而动载条件下，裂缝通常由多个平行裂缝组成，因此该点假设对于动载是不合适的。当弥散裂缝方法用于动载时，由于应变率的局部化，应变率随着单元尺寸的减小而增大，由于混凝土材料的率敏感性，应变率的提高会导致"材料强度"的提高，因此随着单元尺寸的减小，弥散裂缝预测的能量吸收能力随着单元尺寸的减小而增大。

3.2　非局部化模型

考虑到局部化模型和弥散裂缝方法的内在缺陷，本节通过引入非局部化方法来解决强动载下的网格收敛性问题。

非局部化方法的基本思想为任一积分点的应力状态不仅与该点有关，而且与附近邻域积分点有关，该邻域由内部长度 l_r 控制[25-26]，如图 19 所示。非局部化的 MKC 模型通过将局部模型中的损伤变量 λ 替换为非局部化损伤变量 $\bar{\lambda}$ 如下：

$$\bar{\lambda}(x) = \int_V \beta(x, \xi) \lambda(\xi) dV(\xi)$$ (18)

其中，x 表示任一高斯积分点，ξ 表示其邻域内的任一积分点（图 19），$\beta(x, \xi)$ 表达式为：

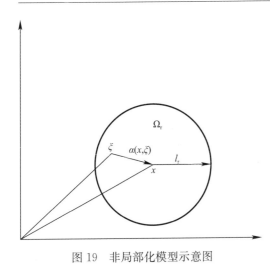

$$\beta(x,\xi) = \frac{\alpha(x,\xi)}{\Omega_r}, \Omega_r = \int_V \alpha(x,\xi) \mathrm{d}V(\xi) \quad (19)$$

其中 Ω_r 为影响域，$\alpha(x,\xi)$ 为权函数，表达式如下：

$$\alpha(x,\xi) = \exp\left(-\frac{4x-\xi}{l_r^2}\right) \quad (20)$$

上述非局部化模型通过显示算法植入 LS-DYNA[5,27-28]，这里不再赘述。

图 20 分别给出了静载和动载下非局部模型预测的带缺口单轴拉伸试件固定端反力和损伤云图，可以看出，固定端反力实现了网格收敛，且损伤在 FPZ 中均匀分布。

图 19　非局部化模型示意图

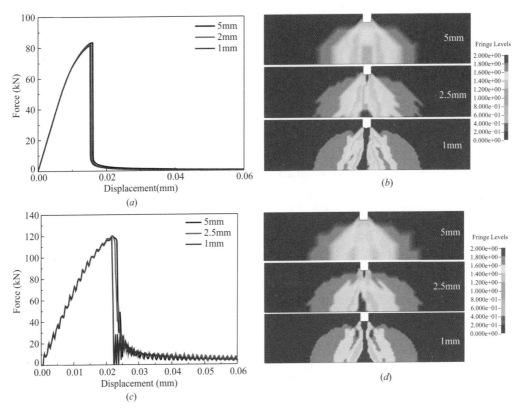

图 20　静载和动载下非局部化模型的预测结果

（a）静载固定端反力；（b）静载损伤云图；（c）动载固定端反力；（d）动载损伤云图

3.3　实验验证

本节选取 Tedesco 等[42]进行的 SHTP 实验进行非局部化的 MKC 模型的验证。该实验中入射杆和投射杆尺寸分别为 3350mm×50.8mm（长度×直径）3660mm×50.8mm；混凝土试件尺寸为 50.8mm×50.8mm，试件中间包含 3.175mm 的缺口；混凝土单轴压缩和拉伸强度分别为 57.7MPa 和 4.5MPa。

为节约计算成本，采用轴对称模型，并将实验中测得的入射杆上的拉伸波作为边界条件施加于入射杆端。图 21 分别给出了局部化模型、弥散裂缝模型和非局部化模型预测的透射波形和实验数据的对比，可以看出局部化模型和弥散裂缝模型存在明显的网格依赖性；而非局部化 MKC 模型预测结果网格收敛，另外由于应变和应变率在 FPZ 中平均，非局部化 MKC 模型预测结果与实验吻合很好。

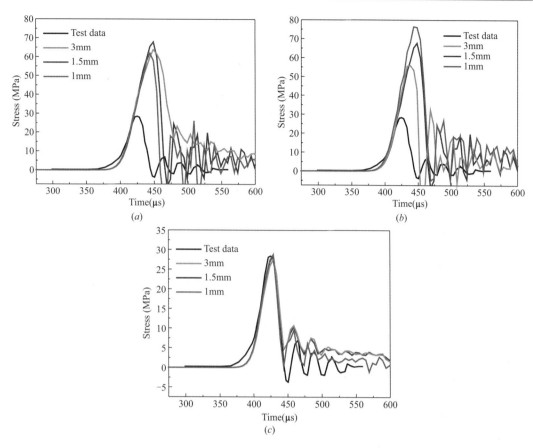

图21 各模型预测的透射波形与实验数据的对比

（*a*）局部化模型；（*b*）弥散裂缝模型；（*c*）非局部化模型

图22给出了各模型预测的损伤云图的对比，可以看出，局部化模型和弥散裂缝模型存在明显的网格依赖性，非局部化模型较好解决了该问题。

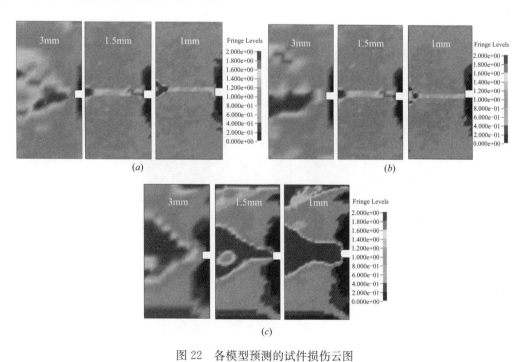

图22 各模型预测的试件损伤云图

（*a*）局部化模型；（*b*）弥散裂缝模型；（*c*）非局部化模型

4 强动载下混凝土破坏的数值模拟

如引言中介绍，目前对混凝土破坏的模拟通常采用有限元结合合适的单元删除算法实现。基于第二节的KFCW模型，本节首先通过数值算例说明单元删除算法的局限性，然后基于无网格的SPH方法对强动载下的混凝土破坏进行数值模拟。

4.1 基于单元删除的混凝土破坏的模拟

单元删除算法可分为两种：一种是基于应变的删除准则，即当最大主应变大于给定阈值时单元删除，该准则可通过LS-DYNA中的"MAT_ADD_EROSION"实现并广泛应用于混凝土破坏的数值模拟中；另一种是Kong等[2,4]提出的基于损伤的删除准则，该准则中当与损伤相关的特定变量达到一阈值时单元删除，应该指出，LS-DYNA中没有提供基于损伤的单元删除准则。

对于KFCW模型，基于应变的单元删除准则定义为当最大主应变ε_1大于临界值$\varepsilon_{1,\mathrm{critical}}$时，单元删除；而基于损伤的单元删除准则通过修正的等效塑性应变λ实现，其定义为：

$$\lambda = \begin{cases} \lambda_c, & P>0 \\ \lambda_t, & P\leqslant 0 \end{cases} = \sum \begin{cases} \dfrac{\Delta\bar{\varepsilon}_p}{d_1(T/f_c+P/f_c)^{d_2}}, & P>0 \\ \Delta\bar{\varepsilon}_{11}, & P\leqslant 0 \end{cases} \tag{21}$$

其中λ_c和λ_t分别为压缩和拉伸的单元删除准则。当λ_c或λ_t大于其阈值$\lambda_{\mathrm{critical}}$时删除该单元。

以下通过2.2.2节的接触爆炸算例探讨单元删除阈值$\varepsilon_{1,\mathrm{critical}}$和$\lambda_{\mathrm{critical}}$对数值模拟预测结果的敏感性。

4.1.1 基于应变的单元删除算法

图23给出了$\varepsilon_{1,\mathrm{critical}}$对数值模拟预测开坑和震塌破坏的敏感性，可以看出，$\varepsilon_{1,\mathrm{critical}}$对预测的开坑和震塌破坏非常敏感，因此精准的预测实验的破坏情况需要对$\varepsilon_{1,\mathrm{critical}}$反复调试，计算成本高，并且预测能力受限。

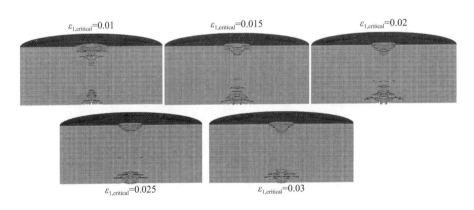

图23 $\varepsilon_{1,\mathrm{critical}}$对开坑和震塌破坏的敏感性

4.1.2 基于损伤的单元删除算法

图24给出了$\lambda_{\mathrm{critical}}$对数值模拟预测开坑和震塌破坏的敏感性，可以看出，在一定范围（±50%）内数值模拟预测的开坑和震塌破坏对$\lambda_{\mathrm{critical}}$不敏感，这是由于基于损伤的单元删除可识别单元的拉伸和压缩状态（通过λ_c和λ_t识别），而基于应变的单元删除准则无法识别单元的应力状态。

虽然基于损伤的单元删除准则可较好解决敏感性问题，但当$\lambda_{\mathrm{critical}}$设为不合理值时仍可能对预测的损伤破坏有较大影响，如$\lambda_{\mathrm{critical}}$取为很大值时，则预测结果出现没有开坑和震塌等破坏现象。

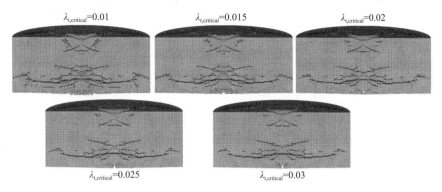

图 24　$\varepsilon_{1,\text{critical}}$ 对开坑和震塌破坏的敏感性

4.2　基于 SPH 方法对混凝土破坏的模拟

考虑到采用有限元分析中单元删除算法的内在缺陷，本节采用无网格的 SPH 方法对混凝土破坏进行模拟。SPH 方法的主要优点是在计算空间导数时不需要网格，可避免网格畸变。

图 25 给出了 KFWC 模型结合 SPH 方法的预测结果，可以看出，数值模拟得到的开坑直径、开坑深度和震塌直径分别为 0.41m、0.11m 和 0.73m，与实验结果非常接近，且不需要引入经验性的单元删除算法，具有预测能力。

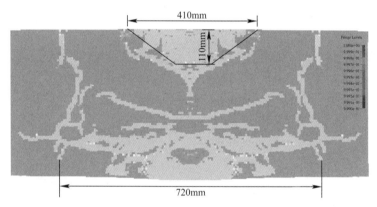

图 25　KFWC 模型结合 SPH 方法预测的开坑和震塌破坏结果

5　结论

本文介绍强动载作用下混凝土结构响应的高精度数值三个方面的研究进展，主要结论如下：

（1）提出的混凝土材料 KFCW 新模型保留了已有模型的优点、基本解决了已有材料模型的缺陷，可较好地预测爆炸和冲击荷载作用下混凝土材料与结构的整体和局部响应及损伤破坏，适合于冲击爆炸作用下混凝土结构的数值模拟；

（2）指出了在 LS-DYNA 商用软件中广泛使用的弥撒裂缝模型的缺陷，以及无法适用于强动载情况的原因，并建立了非局部化的损伤塑性 MKC 模型，模型预测结果网格收敛且与实验数据吻合较好；

（3）指出有限元模拟混凝土破坏常用的单元删除算法的内在缺陷，并提出了基于损伤的单元删除法，计算结果表明基于损伤的单元删除法优于广泛使用的基于应变的单元删除法，在此基础上，进一步采用无网格 SPH 方法结合 KFCW 模型预测了强动载作用下混凝土的损伤破坏并得到了实验的较好验证，该方法不需要引入经验性参数，可对混凝土材料与结构的损伤破坏进行预测。

进一步的研究可考虑如下几个方面：

（1）建立基于能量的损伤机制，提出新的损伤模型；引入考虑相变的状态方程以对超高压力情况（如弹体超高速侵彻问题）进行高精度数值模拟；

（2）基于四叉树算法和应力相关的内部长度，建立适用于 KFCW 模型的高效非局部化模型；

（3）由于 SPH 方法在处理有限域问题或采用少量离散质点时计算精度较差，拟基于 RKPM 算法＋KFCW 模型对强动载下混凝土结构破坏进行模拟，以期取得更好的效果。

致谢

本文得到国家自然科学基金（51427807，51808550）和国家重点基础研究发展计划 973 项目（2015CB058001）的资助。

参考文献

[1] Kong XZ，Fang Q，Wu H，Peng Y. Numerical predictions of cratering and scabbing in concrete slabs subjected to projectile impact using a modified version of HJC material model. Int J Impact Eng 2016：95：61-71.

[2] Kong XZ，Fang Q，Li Q M，Wu H，Crawford JE. Modified K&C model for cratering and scabbing of concrete slabs under projectile impact. Int J Impact Eng 2017：108：217-228.

[3] Kong XZ，Fang Q，Wu H，Hong J. A comparison of strain-rate enhancement approaches for concrete material subjected to high strain-rate. Int J Protect Struct 2017：8（2）：155-176.

[4] Kong XZ，Fang Q，Chen L，Wu H. A new material model for concrete subjected to intense dynamic loadings. Int J Impact Eng 2018，120：60-78.

[5] Kong XZ，Fang Q，Chen L，Wu H. Nonlocal formulation of the modified K&C model to resolve mesh-size dependency of concrete structures subjected to intense dynamic loadings. International Journal of Impact Engineering 2018，doi：10. 1016/j. ijimpeng. 2018.

[6] Tu Z，Lu Y. Evaluation of typical concrete material models used in hydrocodes for high dynamic response simulations. Int J Impact Eng 2009，36（1）：132-146.

[7] Holmquist TJ，Johnson GR，Cook WH. A computational constitutive model for concrete subjected to large strains，high strain rates，and high pressures. In：Proceedings of the 14th International Symposium on Ballistics，Quebec，1993：591-600.

[8] AUTODYN Theory Manual (Revision 4. 3). Century Dynamics，Inc.；2003.

[9] Malvar LJ，Crawford JE，Wesevich JW，Simons D. A plasticity concrete material model for DYNA3D. Int J Impact Eng 1997；19（9）：847-873.

[10] Polanco-Loria M，Hopperstad OS，Børvik T，Berstad T. Numerical predictions of ballistic limits for concrete slabs using a modified version of the HJC concrete model. Int J Impact Eng 2008，35（5）：290-303.

[11] Islam MJ，Swaddiwudhipong S，Liu ZS. Penetration of concrete targets using a modified Holmquist-Johnson-Cook material model. Int J Comp Meth 2012，9（04）：1-19.

[12] Liu Y，Ma A，Huang F. Numerical simulations of oblique-angle penetration by deformable projectiles into concrete targets. Int J Impact Eng 2009，36（3）：438-446.

[13] Taylor LM，Chen EP，Kuszmaul JS. Microcrack-induced damage accumulation in brittle rock under dynamic loading. J Comput Methods Appl Mech and Eng 1986，55：301-320.

[14] Wang W，Zhang D，Lu F，Wang SC，Tang F. Experimental study and numerical simulation of the damage mode of a square reinforced concrete slab under close-in explosion. Eng Fail Anal 2013，27：41-51.

[15] Leppänen J. Concrete subjected to projectile and fragment impacts: Modelling of crack softening and strain rate dependency in tension. Int J Impact Eng 2006, 32 (11): 1828-1841.

[16] Tu Z, Lu Y. Modifications of RHT material model for improved numerical simulation of dynamic response of concrete. Int J Impact Eng 2010, 37 (10): 1072-1082.

[17] Schuler H, Mayrhofer C, Thoma K. Spall experiments for the measurement of the tensile strength and fracture energy of concrete at high strain rates. Int J Impact Eng 2006, 32: 1635-1650.

[18] Weerheijm J, van Doormaal JCAM. Tensile failure of concrete at high loading rates: new test data on strength and fracture energy from instrumented spalling tests. Int J Impact Eng 2007, 34 (3): 609-626.

[19] Hao H, Zhou XQ. Concrete material model for high rate dynamic analysis. Keynote paper in Proceedings of the 7th International Conference on Shock and Impact Loads on Structures, Huang FL, Li QM, Lok TS, editors, Beijing China (2007), 753-768.

[20] Hartmann T, Pietzsch A, Gebbeken N. A hydrocode material model for concrete. Int J Protect Struct 2010, 1 (4): 443-468.

[21] Li ZX, Zhong B, Shi Y, Yan JB. Nonlocal formulation for numerical analysis of post-blast behavior of RC columns. Int J Concr Struct M 2017, 11 (2): 403-413.

[22] Khoe YS, Weerheijm J. Limitations of smeared crack models for dynamic analysis of concrete. In: 12th Int LS-DYNA Users Conf, Detroit; 2012.

[23] Bazant ZP, Oh BH. Crack band theory for fracture of concrete. Mater Struct 1983, 16: 155-177.

[24] Bažant ZP, Lin FB. Nonlocal smeared cracking model for concrete fracture. J Struct Eng 1988, 114 (11): 2493-510.

[25] Bažant ZP, Jirásek M. Nonlocal integral formulations of plasticity and damage: survey of progress. J Eng Mech-ASCE 2002, 128 (11): 1119-1149.

[26] Pijaudier-Cabot G, Bazant P. Nonlocal damage theory. J Eng Mech 1987, 113 (10): 1512-1533.

[27] Murray YD. Users manual for LS-DYNA concrete material model 159. Report No. FHWA-HRT-05-062. Washington DC: Federal Highway Administration; 2007.

[28] Cesar de Sa J, Andrade F, Pires F. Theoretical and numerical issues on ductile failure prediction-an overview. Comput Methods Mater Sci 2010, 10 (4): 279-293.

[29] Simone A, Askes H, Sluys L. Incorrect initiation and propagation of failure in non-local and gradient-enhanced media. Int J Solids Struct 2004, 41: 351-363.

[30] Pereira LF, Weerheijm J, Sluys LJ. A new rate-dependent stress-based nonlocal damage model to simulate dynamic tensile failure of quasi-brittle materials. Int J Impact Eng 2016, 94: 83-95.

[31] Xu K, Lu Y. Numerical simulation study of spallation in reinforced concrete plates subjected to blast loading. Comput Struct 2006, 84: 431-8.

[32] Li J, Hao H. Numerical study of concrete spall damage to blast loads. Int J Impact Eng 2014, 68: 41-55.

[33] Lu Y, Wang Z, Chong K. A comparative study of buried structure in soil subjected to blast load using 2D and 3D numerical simulations. Soil Dyn Earthq Eng; 2005, 25 (4): 275-288.

[34] Meuric OFJ, Sheridan J, O'Caroll C, Clegg RA, Hayhurst CJ. Numerical prediction of penetration into reinforced concrete using a combined grid based and meshless lagrangian approach. In 10th International Symposium on Interaction Effects of Munitions with Structures, 2001.

[35] Malvar LJ, Crawford JE, Morrill K B. K&C concrete material model release III-automated generation of material model input. Karagozian and Case Structural Engineers Technical Report TR-99-24. 3. 2000.

[36] Xu H, Wen HM. Semi-empirical equations for the dynamic strength enhancement of concrete-like materials. Int J Impact Eng 2013; 60: 76-81.

［37］ Attard MM, Setunge S. Strain-stress relationship of confined and unconfined concrete. ACI Mater J 1996, 93 (5): 432-442.

［38］ CEB-FIB Model Code 1990. Design Code. Lausanne, Switzerland: Thomas Telford; 1993.

［39］ Zhai CC, Chen L, Xiang HB, Fang Q. Experimental and numerical investigation into RC beams subjected to blast after exposure to fire. Int J Impact Eng 2016, 97: 29-45.

［40］ Hong J, Fang Q, Chen L, Kong XZ. Numerical predictions of concrete slabs under contact explosion by modified K&C material model. Constr Build Mater 2017, 155: 1013-1024.

［41］ Wu H, Fang Q, Peng Y, Gong ZM, Kong XZ. Hard projectile perforation on the monolithic and segmented RC panels with a rear steel liner. Int J Impact Eng 2015, 76: 232-50.

［42］ Tedesco JW, Ross CA, McGill PB, O' Neil BP. Numerical analysis of high strain rate concrete direct tension tests Comput Struct 1991, 40 (2): 313-327.

基于贝叶斯网络的油气设施爆炸风险评估方法

马国伟，黄轶淼，徐 莹

（河北工业大学土木与交通学院，天津 300401）

摘 要：油气设施爆炸风险高，安全事故多。本文采用贝叶斯网络（BN）定量风险分析（QRA）方法（BN-QRA），评估汽油从初始泄漏到爆炸全过程，建立油气设施爆炸事件的 BN 模型。该 BN 模型考虑了汽油溢出、爆炸云形成、点燃、爆炸、疏散条件和人员数量等关键风险因素。本文提出的 BN-QRA 方法包含既有收集信息、数值仿真结果、经验分析结论三种数据信息，减少了数据短缺带来的风险因素不确定性，提高了 BN 定量分析的可靠性和准确性。此外，本文建立了一种基于贝叶斯网络的三维网格风险扫描方法，该方法将目标分析区域划分成具有适当大小并包含简化环境条件数据的网格，并对每个网格进行风险分析。最后，基于所有网格的风险分析结果描绘分析区域总风险图。通过对加油站和炼油厂爆炸事故分析结果表明：本文提出的 BN-QRA 方法能够考虑爆炸多重后果及其与基本风险因素间复杂的相互关系；三维网格风险扫描方法能够对具有复杂环境条件的油气设施区域进行高效、可靠的爆炸风险分析。

关键词：油气爆炸；风险评估；贝叶斯网络；定量风险分析

1 引言

在石油和天然气行业中，油气爆炸往往导致灾难性的后果。尤其当油气设施位于人口众多的居民区附近时，爆炸事故常导致严重的人员伤亡及财产损失。如：2014 年 7 月 31 日，台湾高雄发生一系列瓦斯爆炸事故，造成 32 人死亡，321 人受伤，超过四条总长约 6 公里的主要道路受损（Liaw，2016)[1]。2015 年 6 月 4 日，加纳阿克拉洪水事件导致加油站发生了严重的火灾和爆炸事故，造成 152 人死亡（Asumadu-Sarkodie 等，2015)[2]。

关于石油和天然气设施的爆炸风险分析，应用最广泛的方法是基于事件树（ET）和故障树（FT）的传统定量风险分析（QRA）法。它通常侧重于简略的宏观风险评估，仅统计目标分析区域风险的总体结果，如事故死亡率（FAR）和潜在的人员伤亡率等（PLL）（Vinnem，2014)[3]。然而，对于具有复杂环境条件的油气设施区域的风险分析，这种简略的分析很难考虑所有风险因素及其复杂的相互关系。

同时，爆炸风险评估需要考虑多项致灾因子（如泄漏严重性、通风条件、结构复杂性）和多重灾害效应（如建筑物损坏、人员伤亡、环境影响）及其相互关系。因此，为了充分分析油气设施爆炸及人员伤亡之间的复杂机制，本研究提出了详细的宏观风险评估方法 BN-QRA，该方法能够充分考虑多

作者简介：马国伟，河北工业大学副校长，土木与交通学院院长，博士生导师，智慧基础设施研究院院长，国际岩石力学学会 DDA 专委会主席，国际不连续变形计算方法大会主席，中国计量测试学会室内环境及材料测试分会副主任委员。
黄轶淼，西澳大学研究助理。
徐 莹，河北工业大学土木与交通学院硕士研究生。
电子邮箱：guowei. ma@hebut. edu. cn

种风险因素及其复杂的相互关系。由于 BN 是概率图形模型，相比于传统的事件树（ET）和故障树（FT）方法，它可以处理具有不同因果关系的多重变量。

目前，BN 越来越多地用于工业中的风险和安全评估。Khakzad 等（2011）[4]使用 BN 对丙烷从蒸发器到洗涤塔的进料系统进行安全性分析。结果证明对于复杂系统，BN 模型优于传统 FT 模型。Haugom 和 Friis-Hansen（2011）[5]针对氢气加油站建立了灾害风险分析 BN 模型，考虑了燃气泄漏、喷射火灾和人员伤亡的相互关系，发现在分析不同变量之间的依赖性时，BN 模型具有更大的准确度和灵活性。Pasman 和 Rogers（2013）[6]将 BN 应用于氢罐站灾害风险防护级别分析（LOPA），发现 BN 能够考虑爆炸条件影响、风险因素不确定性并提供相应安全管理决策。Zarei 等人（2017）[7]建立了基于 BN 的动态和综合 QRA（DCQRA）分析模型，用于天然气站的风险建模和安全评估。

然而，当对 BN 模型进行定量分析时，建模的准确性会受到风险因素数据短缺的限制。本研究中综合考虑三种数据信息：既有收集信息、数值仿真结果和经验分析结论，提高定量分析方法的可靠性和准确性。既有收集信息包括基本风险因素的历史数据，如不同泄漏原因发生概率、点火概率及分析区域环境信息。数值仿真结果由挪威 DNV Technical 公司开发的 PHAST 软件计算得出，并为 BN 模型节点定量分析提供数据。PHAST 是一款专门用于石油石化和天然气领域爆炸危险分析和安全计算的软件（DNV GL，2016）[8]，被证明可以进行有效、可靠的爆炸模拟。经验分析结论是在相应历史数据较为缺乏，但 BN 节点间逻辑关系简单直接时，依据对历史爆炸事件中各风险因素间相互关系的归纳总结，对 BN 节点中各风险因素的相互关系进行定量分析。

此外，本研究提出了基于贝叶斯网络的三维网格风险扫描方法，可以对具有复杂环境条件的油气设施区域进行高效、可靠的爆炸风险分析。该方法将目标分析区域划分为具有适当大小并包含简化环境条件数据的多个网格，并对每一个网格进行风险分析。最后，基于所有网格的风险分析结果描绘整个目标分析区域的风险分布图。

2　基于贝叶斯网络的爆炸风险评估方法及应用

2.1　分析方法与理论

基于贝叶斯网络的爆炸风险评估方法主要包括以下步骤：

• 建模：建立基于风险因素及其相互关系的贝叶斯网络模型

• 量化：查找相关数据，定量分析已建立的 BN 模型

• 计算：计算贝叶斯网络中目标节点的概率

贝叶斯网络是一种基于概率推理的图形化概率网络。图 1 为建立的评估加油站发生汽油泄漏爆炸和人员伤亡风险的贝叶斯网络模型。该 BN 模型由 14 个节点和 18 条线路组成，描述了汽油泄漏、爆炸云形成、点燃、爆炸及其后果间复杂的相互关系。表 1 列出了 BN 中每个节点的名称及节点状态。

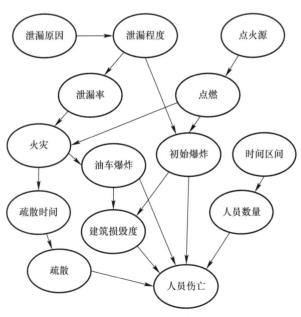

图 1　加油站爆炸风险分析的 BN 模型

贝叶斯网络的节点及节点状态 表1

节点			状态	
编号	名称	状态数量	状态
A	泄漏原因	5	油罐满溢、输油管道连接错误、输油管道破裂、输油管道连接故障、油蒸汽回流
B	泄漏程度	3	重大、中等、轻微
C	点火源	8	吸烟、电弧、未熄灭的灰烬、操作设备的火花或火焰、动力设备的热量、静电放电、摩擦产生的热量或火花、闪电放电
D	点燃	2	是、否
E	初始爆炸	4	重大、中等、轻微、无
F	泄漏率	3	重大、中等、轻微
G	火灾	4	重大、中等、轻微、无
H	油车爆炸	2	是、否
I	建筑损毁度	4	重大、中等、轻微、无
J	疏散时间	3	充足、较短、很少
K	疏散	3	疏散成功、在商店避难、疏散失败
L	时间区间	5	8：00—9：00，9：00—16：00，16：00—17：00，17：00—20：00，20：00—8：00
M	人员数量	3	高、中、低
N	人员伤亡	4	重大、中等、轻微、无

贝叶斯网络的定量分析包含确定基本节点概率及节点之间条件概率两部分。基于历史统计数据对BN模型进行定量分析是最方便、可靠的方式。但是，大多数爆炸案例仅记录了死亡、伤害人数或估算的经济损失，仅通过这些数据难以对节点之间的相互关系进行准确的定量分析。因此，本研究采用DNV-PHAST软件数值仿真结果和经验分析结论来降低既有收集信息缺乏的局限性。DNV PHAST计算数据用来定量分析泄漏与爆炸风险之间的相互关系。如果BN节点之间的逻辑关系明显且易于确定，则经验分析结论具有一定的准确性和可靠性，但需要对这种风险因素概率的定量分析进行重复检查。如果现场条件发生变化，则需要对BN模型进行调整以确保更新相应逻辑关系。反之，如果逻辑关系复杂且不易确定，则可以使用置信度方法来减少经验分析结论的不确定性（Huang et al.，2015）[9]。

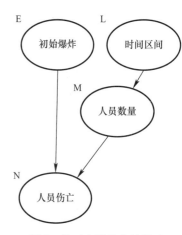

图2 关于人员伤亡的贝叶斯子网络图

如图2所示，以贝叶斯网络中部分节点网络图为例介绍BN计算方法，该子网包含4个节点和3条线路。人员伤亡的严重程度（节点N）由初始爆炸的严重程度（节点E）和加油站内的人员数量（节点M）决定，且在一天的不同时间区间（节点L）内，人员数量会有变化。

基于贝叶斯网络定理（Nielsen&Jensen，2009）[10]，联合概率可以由等式（1）确定。

$$P(x_1,\cdots,x_n) = \prod_{i=1}^{n} P(x_i \mid Pa(x_i)) \tag{1}$$

式中，$Pa(x_i)$ 是 x_i 的源项。如果 x_i 没有源项，则该函数是 $P(x_i)$ 的无条件概率。在这个子网中，初始爆炸节点、人员数量节点是人员伤亡节点的源项，时间节点是人员数量节点的源项。因此，可以确定以下等式：

$$P(N = \text{major}, E = E_i, L = L_j, M = M_k)$$
$$= P(N = \text{major} \mid M = M_k, E = E_i) \times P(M = M_k \mid L = L_j)$$
$$\times P(L = L_j) \times P(E = E_i) \tag{2}$$

其中条件概率由定量分析的风险因素间相互关系决定，通过等式（3）计算爆炸载荷的先验概率。

$$P(N = \text{major}) = \sum_{i=1}^{4} \sum_{j=1}^{5} \sum_{k=1}^{3} P(N = \text{major}, E = E_i, L = L_j, M = M_k) \tag{3}$$

其中 P 表示概率，N、E、L、M 分别表示 BN 中人员伤亡节点、初始爆炸节点、时间区间节点、人员数量节点；E_i 表示节点 E 的状态，L_j 表示节点 L 的状态，M_k 表示节点 M 的状态（见表 1）。

2.2 案例分析

本案例主要针对油车输油到加油站过程中的爆炸事故，采用 BN-QRA 方法进行爆炸风险评估并解释定量分析过程。图 3 为该加油站的 GIS 地图，阴影处表示加油区域，尺寸约为 4m×6m。

 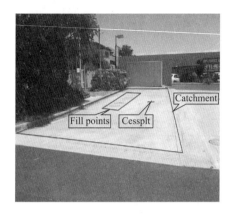

图 3　目标分析区域的 GIS 地图　　　　图 4　加油站集油区分布图

2.2.1 贝叶斯网络的定量分析

本文对图 1 贝叶斯网络中的 14 个节点分别进行定量分析。通过调查 1996～2008 年西澳大利亚油车输油到加油站过程中的 18 起泄漏事故，总结出不同泄漏原因发生的概率（表 2）。

不同泄漏原因发生概率　　　　　　　　　　　　　　　　表 2

情形	描述	数量	概率
油罐满溢	测量误差，地下储罐填充过满	6	33.33%
输油管道连接错误	油车司机失误	6	33.33%
输油管道破裂	输油管道老化破坏或管道机械破坏	3	16.67%
输油管道连接故障	卸料软管与输油管道断开	2	11.11%
油蒸汽回流	第 1 阶段蒸汽回收连接开启导致油蒸汽回流	1	5.56%

泄漏程度节点分为三级：汽油溢出泄漏限制区为"严重"、汽油溢出内部集油坑且在泄漏限制区内为"一般"，汽油未溢出内部集油坑为"轻微"。图 4 为泄漏限制区域位置分布图。泄漏限制区域大小约为 6m×4m，低于水平地面约 50mm。假设内部集油坑能容纳 120L 泄漏物，约占泄漏限制区域总容积的 10%，由此可以确定泄漏严重程度。

关于点火源节点，表 3 中显示了 2004～2008 年美国加油站火灾中最常见的点火源（Evarts，2011）[11]，其中吸烟和动力设备产生的热量最易引起火灾。

2004～2008 年加油站火灾的点火源　　　　　　　　　　　表 3

点火源	缩写	案例	概率
吸烟	S	160	21.3%
电弧	A	90	12.0%
未熄灭灰烬	HE	140	18.7%
操作设备的火花或火焰	SF	70	9.3%
动力设备的热量	UH	180	24.0%
静电放电	SD	40	5.3%
摩擦产生的热量或火花	F	60	8.0%
闪电放电	L	10	1.3%

点燃节点的定量分析需要考虑点火源数量和泄漏程度的影响。当泄漏程度为严重泄漏时，点燃节点的定量分析需要考虑所有可能的点火源；当泄漏程度为一般泄漏时，需要考虑点火源 S、A、HE、SD、L；当泄漏程度为轻微泄漏时，需要考虑点火源 S、SD、L。

初始爆炸节点的定量分析采用 DNV-PHAST 爆炸模拟计算结果。图 5 表示当泄漏量为 400L 时，PHAST 输出爆炸超压为 0.689bar 区域。如果爆炸超压大于 0.689 bar 的区域，且到达最近的自助式加油机（约 10m）和商店区域（约 20m），则认为初始爆炸的严重程度分别为一般和高。

泄漏率节点可以根据泄漏量和泄漏时间计算。由于不同爆炸情形下具体的泄漏时间难以确定，因此根据操作员的反应时间，假设在 60～300s 内阻止汽油泄漏，同时认为泄漏总体积是恒定的，则泄漏率由泄漏体积除以泄漏时间（60s 或 300s）来计算。依据 HSE（2015）[12] 划分计算出的泄漏率，如表 4 所示。

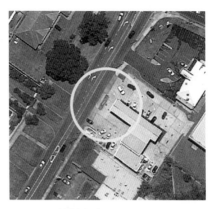

图 5　初始爆炸范围为 0.689bar 区域

泄漏率等级划分　表 4

泄漏率等级	泄漏率（L/s）	数量	概率
重大	＞14.08	4	13.33%
中等	0.28～14.08	18	60.0%
轻微	0～0.28	8	26.67%

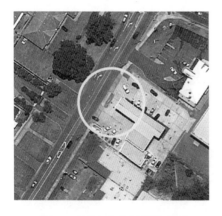

图 6　2kW/m² 热辐射效应区

火灾节点的定量分析取决于火焰的燃烧距离和火灾现场场地的大小。本研究案例中，目标分析区域的大小为 40m×32m，加油点位于加油站的边缘。图 6 显示当泄漏总体积为 20L 且泄漏时间为 60s 时，PHAST GIS 输出的由初始爆炸形成的 2kW/m² 热辐射效应区域。根据联邦紧急事务管理局（1990）[13] 的调查，人类暴露于 2kW/m² 的热辐射区域超过 45s 或 187s，会感受到剧烈疼痛或造成二度烧伤。图示圆圈外区域是相对的"安全区"。因此，火灾严重程度的划分如表 5 所示。当火灾覆盖零售商店区域时，为重大火灾；当火灾影响超过一半加油站区域时，为中等火灾；当火灾影响不到一半加油站区域时，为轻微火灾。

火灾的严重程度划分　表 5

火灾严重程度	火灾燃烧距离（m）	数量	概率
重大	＞34	10	33.3%
中等	34＞L＞16	12	40.0%
轻微	＜16	8	26.67%

对于 BN 模型中油车爆炸节点的定量分析，考虑了安全防护措施在阻止或延迟火灾蔓延到油车方面的有效性。表 6 显示了油车操作员成功启动安全防护措施开关的概率，表中的概率依据经验分析结论确定。当安全防护措施无法启动时，认为油车爆炸。对于油车爆炸的定量分析，仅分为"是"或"否"

两种表述；"是"指油车严重爆炸。图 7 为使用 DNV-PHAST 进行爆炸模拟输出的当仅有一辆油车爆炸情况下，爆炸超压大于 0.689bar 的区域。

图 7 油车爆炸范围为 0.689 bar 区域

安全防护措施概率 表 6

火灾严重程度	安全防护措施		油车爆炸	
	无	有	是	否
重大	99%	1%	99%	1%
中等	80%	20%	80%	20%
轻微	50%	50%	50%	50%
无	0%	100%	0%	100%

疏散是否成功取决于疏散时间，表 7 和表 8 说明了火灾节点、疏散时间节点和疏散节点之间的关系，表中的概率均依据经验分析结论计算。

火灾和疏散时间之间的相互关系 表 7

火灾严重程度	疏散时间		
	充足	短	少
重大	0%	20%	80%
中等	10%	60%	30%
轻微	70%	20%	10%

疏散时间与疏散之间的相互关系 表 8

疏散时间	疏散		
	疏散成功	在商店避难	疏散失败
充足	80%	10%	10%
短	40%	30%	30%
少	10%	30%	60%

在不同时间区间内，加油站内人数有较大变化，因此加油站内人员数量的定量分析取决于时间区间。本文将一天（24h）分为 5 个时间区间。表 9 表示不同时间区间内加油站人员数量，并将加油站的人员数量划分为高、中、低三个级别。通过统计 22 个事故案例的发生时间，计算出不同时间区间爆炸发生的概率（表 10）。

不同时间区间加油站的人员数量 表9

时间区间	服务员	油车司机	客户	排队人数	总数	状态
8：00～10：00	3	1	16	16	36	高
10：00～16：00	2	1	12	0	15	中
16：00～19：00	3	1	16	20	40	高
19：00～22：00	2	1	12	0	15	中
22：00～8：00	1	1	4	0	6	低

不同时间区间内加油站爆炸发生的概率 表10

时间区间	案例	概率
8：00～10：00	1	4.6%
10：00～16：00	11	50.0%
16：00～19：00	5	22.7%
19：00～22：00	2	9.1%
22：00～8：00	3	13.6%

根据 Van Wingerden（1994）[14] 的研究，当爆炸超压大于 35kPa 和 17kPa 时，将导致建筑物严重和中等程度损坏。位于目标分析区域的商店为单层结构，该建筑物损坏程度根据其中心爆炸超压确定（表11）。表11 还显示了建筑物损毁程度级别。

建筑损毁度定量分析 表11

泄漏量（L）	商店中心爆炸超压（kPa）	建筑损毁度		
		重大（>35kPa）	中等（17～35kPa）	轻微（<17kPa）
40	20.48		Ⅱ	
200	33.9		Ⅱ	
22	16.19			Ⅱ
315	38.4	Ⅱ		
70	24.82		Ⅱ	
80	25.9		Ⅱ	
50	22.18		Ⅱ	
50	22.18		Ⅱ	
50	22.18		Ⅱ	
300	37.9	Ⅱ		
750	48.29	Ⅱ		
20	15.55			Ⅱ
5000	72.33	Ⅱ		
400	40.95	Ⅱ		
8400	76.54	Ⅱ		

人员伤亡节点的定量分析包含爆炸范围内的伤亡人数和在零售商店内伤亡人数。假定在爆炸影响范围内并且无法快速逃脱的人将在爆炸中受到严重伤害或死亡，而撤离到商店人员的伤亡风险取决于建筑损毁程度。本文将人员伤亡的严重程度划分为重大、中等、轻微和无四种情况。人员伤亡的严重程度取决于加油站中的人数、疏散情况和爆炸严重程度。

2.2.2 结果分析

在定量分析 BN 节点各风险因素之间的相互关系之后，可以根据 2.1 介绍的等式估算加油站区域的人员伤亡情况，计算结果如图 8 所示。

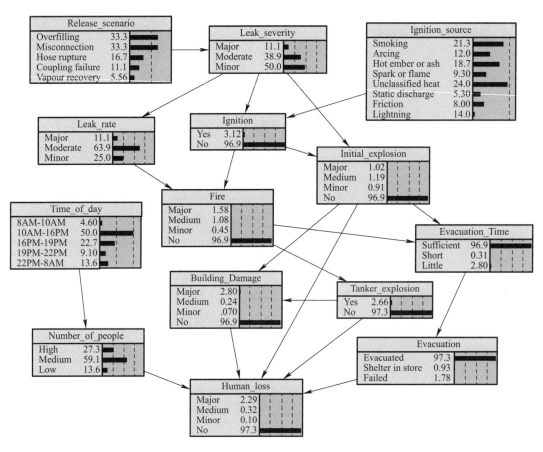

图 8　BN 计算结果

由图 8 可知，当泄漏发生时，爆炸的概率约为 3.1%，造成人员伤亡的可能性约为 2.7%。其中重大、中等和轻微的人员伤亡比率分别为 85%、11% 和 4%。可以看出，当火灾和爆炸事故发生时，重大人员伤亡的概率远大于中等和轻微情况。火灾和爆炸事故的破坏性以及由此造成的建筑严重损毁是导致重大人员伤亡的主要原因。表 12 表示不同爆炸程度下的人员伤亡概率。此外，如果在 BN 中未考虑火灾引起的油车爆炸，人员伤亡概率仍为 2.7%。如果保证油车的安全，重大人员伤亡从 2.3% 下降至 1.6%。因此，建议操作人员应注意输油过程安全，以便尽快采取相应措施降低油车爆炸的风险。

不同爆炸严重程度下人员伤亡概率　　　　　　　　　　　　　　　　　　　　　　　表 12

初始爆炸	人员伤亡			
	重大（%）	中等（%）	轻微（%）	无（%）
重大	79.7	7.29	0	13
中等	76.4	9.67	0.93	13
轻微	62.6	14.1	10.3	13

本文对 BN 的两个基本节点：点火源节点和时间区间节点进行灵敏度研究，以评估基本风险因素对人员伤亡的影响。假设每个基本节点的每种状态以 100% 的概率发生，而其他状态的概率为 0。

由于点火源 SF、UH 和 F 通常位于汽油泄漏限制区外，仅当大量汽油泄漏时才可能接触到这些点火源，因此由表 13 可知，其导致人员伤亡的概率仅为约 0.6%。然而泄漏的汽油在任何区域均有可能接触到点火源 S、SD 和 L，因此其导致人员伤亡概率约 4.6%。同时，点火源 S 占点火源总概率的比例非常大（21.3%），而点火源 SD 和 L 仅分别占 5.3% 和 1.4%。由此可见，吸烟是加油站最危险的点火源，应该完全禁止。

点火源的灵敏度研究 表 13

点火源	缩写	人员伤亡程度			
		重大（%）	中等（%）	轻微（%）	无（%）
吸烟	S	4.56	0.74	0.35	94.35
电弧	A	2.52	0.29	0.02	97.17
未熄灭灰烬	HE	2.52	0.29	0.02	97.17
操作设备的火花或火焰	SF	0.58	0.05	0	99.37
动力设备的热量	UH	0.58	0.05	0	99.37
静电放电	SD	4.56	0.74	0.35	94.35
摩擦产生的热量或火花	F	0.58	0.05	0	99.37
闪电放电	L	4.56	0.74	0.35	94.35

此外，输油管道破裂导致的汽油泄漏往往会造成重大人员伤亡。在其他泄漏原因中，当储油罐过满或输油管道连接失败时，人员伤亡概率略低；当仅发生输油管连接错误或油蒸汽回流时，人员伤亡概率显著降低。而 AcuTech Consulting Group（2014）[15] 指出油罐满溢是最常见的情况。因此，储油罐满溢和输油管道破裂情况作为最常发生和最具破坏性的泄漏原因，应当引起油车司机及加油站工作人员的高度重视。

从表 14 可以得出结论，时间节点仅影响人员伤亡的严重程度。白天各时间区间内人员伤亡程度没有太大差异。但是，由于夜间客户数量相对白天较少，重大人员伤亡的概率在夜间降低了约 1%。因此，加油站输油工作应尽可能在夜间进行。

对时间区间的敏感性研究 表 14

时间区间	人员伤亡			
	重大（%）	中等（%）	轻微（%）	无（%）
8:00~10:00	2.55	0.1	0.07	97.28
10:00~16:00	2.32	0.29	0.1	97.29
16:00~19:00	2.55	0.1	0.07	97.28
19:00~22:00	2.32	0.29	0.1	97.29
22:00~8:00	1.64	0.87	0.2	97.29

3 基于贝叶斯网络的三维网格油气设施爆炸风险扫描分析方法

基于贝叶斯网格的三维网格风险扫描分析方法包括以下步骤：
- 网格化：确定网格大小并收集每个网格区域的环境条件信息
- 建模：建立基于泄漏原因和爆炸后果的 BN 模型
- 量化：查找数据，定量分析已建立的 BN 模型

- 分析：计算 BN 目标节点的条件概率
- 结果：基于输出的每个网格区域风险图，描绘目标分析区域的风险分布图

3.1　网格划分与 BN 模型的建立

图 9 显示已经划分网格的炼油厂 GIS 地图，网格尺寸为 50m×50m。从图 9 中可以看出，在炼油厂附近有一个住宅区，最近的住宅建筑距离储油罐仅约 100～200m。图 10 为针对炼油厂爆炸风险分析的 BN 模型，该 BN 模型包含有 9 个节点和 10 条线路，仅代表爆炸和爆炸后果的关键因素。表 15 为 BN 模型中的节点及节点状态。

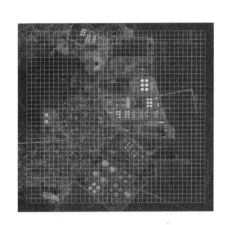

图 9　研究区域的 GIS 图

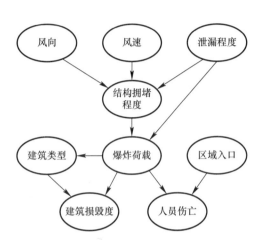

图 10　炼油厂爆炸风险分析的 BN 模型

建立的 BN 模型节点及节点状态　　表 15

节点			状态	
编号	名称	状态数量	状态	
A	风向	4	东、南、西、北	
B	风速	3	高、中、低	
C	泄漏程度	3	重大、中等、轻微	
D	结构拥堵程度	3	高、中、低	
E	爆炸荷载	5	a：0～0.024bar，安全距离 b：0.0204～0.17bar，约 50% 的建筑损毁 c：0.17～0.689bar，建筑物几乎完全破坏 d：0.689～1.01bar，完全毁坏建筑物 e：>1.01bar，肺出血导致死亡	
F	建筑类型	4	住宅、储罐、工厂、空地	
G	区域人口	4	众多、中等、较少、极少	
H	建筑损毁度	4	重大、中等、轻微、无	
I	人员伤亡	4	重大、中等、轻微、极少	

3.2　BN 模型的定量分析

如上所述，建立的 BN 模型有 5 个基本节点。风向和风速数据从当地天气数据网站收集。关于风向和风速的概率列于表 16。

风向	东	南	西	北	风速	3m/s	1.5m/s	0.1/s
概率	0.203	0.284	0.284	0.229	概率	0.698	0.2	0.102

风向和风速的概率　　　　　　　表 16

图 11 表示不同网格区域的环境信息，图 11（a）显示了分析区域的人口信息，红色、黄色、绿色和蓝色代表的人口数量，分别为众多、中等、较少和极少。类似地，图 11（b）中的红色、黄色、绿色和蓝色代表不同的建筑类型，分别为住宅、储罐、工厂和空地。网格内的信息用 Excel 读取并输出数值数据以供进一步分析。

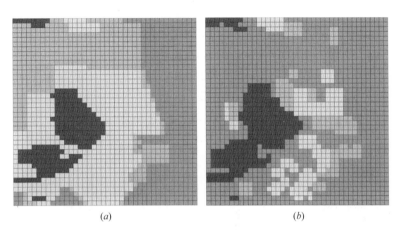

（a）　　　　　　　　　　　　　　（b）

图 11　研究区域信息

（a）人口分布；（b）建筑类型分布

BN 模型相互关系的定量分析分为两部分：节点定量分析和线路定量分析。依据数值仿真结果和经验分析结论对 BN 模型节点和线路间的相互关系进行定量分析。同时，将 BN 分成两个子网：爆炸压力子网络（包括节点 A、B、C、D、E）以及包括建筑损毁度和人员伤亡节点在内的子网（包含节点 E、F、G、H、I）。泄漏点设置在离住宅区最近的储罐。

通过 PHAST 对爆炸进行模拟，首先输出气体云扩散 GIS 图，再基于云的大小和位置来确定爆炸区域拥堵水平。图 12 为爆炸形成的气体云的 GIS 图。根据图 12 中的云的大小和位置，定义此情形的拥塞级别为"高"。然后输出由具有不同压力网格形成的最终爆炸载荷 GIS 图，如图 13 所示。依据 DNV-PHAST 进行数值模拟的计算结果定量分析基本风险因素和爆炸超压之间的相互关系。

 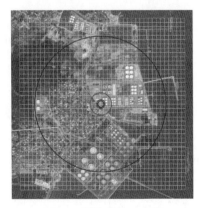

图 12　气体云扩散 GIS 图　　　　　图 13　爆炸载荷 GIS 图

建筑损毁度和人员伤亡子网络的定量分析是基于目标分析区域环境信息进行的经验风险分析。对于不同的设施和建筑物，抗爆炸载荷的标准是不同的。一般来说，在 17bar 的爆炸载荷下，钢框架建筑

127

将发生扭曲（Lobato 等，2009）[16]，50％的房屋砖墙被摧毁。因此，对于住宅建筑和生产设备，当爆炸载荷大于 C 级时，要考虑重大损坏。但储油罐具有比住宅建筑和工厂设施更高的强度，因此定义 C 级爆炸载荷下，储罐为中等损坏。采取相同的方法定量分析基本风险因素节点和人员伤亡节点之间的相互关系。

3.3 结果分析

基于 2.1 节中的方程式和 3.2 节中对 BN 模型的定量分析，可以计算出建筑损毁度和人员伤亡的概率，并将其输出为显示每个网格风险等级的 3D 风险图。图 14 和图 15 分别给出了爆炸导致的建筑损毁和人员伤亡的风险分布图。

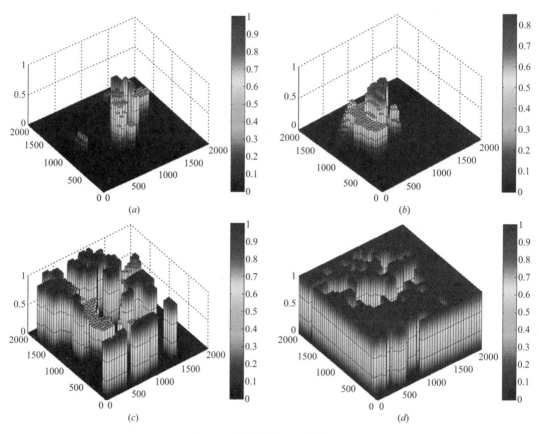

图 14　建筑物损坏风险分布图
（a）状态"重大"；（b）状态"中等"；（c）状态"轻微"；（d）状态"无"

关于建筑损毁度，图 14 显示在工厂和靠近爆炸中心的住宅区发生重大建筑物损坏的可能性很大。因此，应根据爆炸载荷的风险图来加强该区域内的建筑物强度，以抵抗较高的爆炸超压。同时，图 14（b）表示可能存在中等建筑物损坏的区域，该区域中有超过 50％的建筑需要进行强度检查，并采取相应加固措施。

图 15 为人员伤亡风险图。从图 15（a）可以看出，由于人口众多，靠近爆炸中心的居民区为人员伤亡风险最高的危险区域。同时，住宅区和工厂间隔的距离大大降低了人员伤亡的可能性。因此，如果爆炸中没有射弹和火灾，相比于在危险区域建筑物内避难，疏散到没有建筑物的空旷区域更安全。图 15（b）显示，即使远离爆炸中心，由于储油罐位于靠近住宅区的地方，爆炸可能造成中等人员伤亡，并且在"B"级爆炸载荷下 1800m 范围内可能发生部分建筑物损坏。因此，出于人员安全考虑，需要对该区域内安全防护措施和部分建筑物采取加固措施。

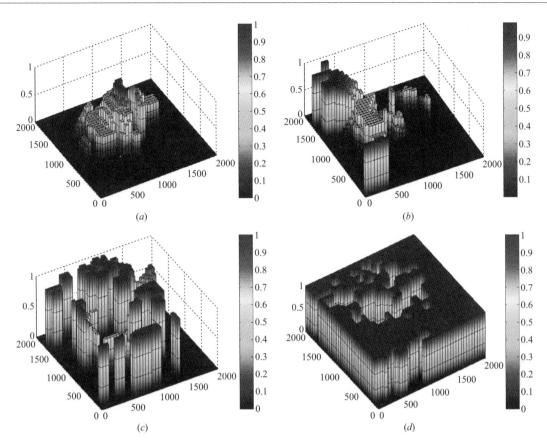

图 15　人员伤亡风险分布图

（a）状态"重大"；（b）状态"中等"；（c）状态"轻微"；（d）状态"微小"

4　结论

本文以贝叶斯网络（BN）为风险分析工具，采用定量风险分析（QRA）方法及提出的三维网格风险扫描方法，针对居民区附近油气设施爆炸进行风险评估。研究证明，本文提出的 BN-QRA 方法能综合考虑多重致灾因子和多重灾害后果之间的相互关系，即能够考虑汽油初始泄漏、爆炸云形成、点燃、爆炸和人员伤亡之间的复杂机制。本文综合考虑既有收集信息、数值仿真结果、经验分析结论三种数据信息，降低了由于数据短缺造成的风险因素的不确定性，提高了 BN 定量分析的准确性和可靠性。此外，本文提出的基于贝叶斯网络的三维网格风险扫描方法能够输出目标分析区域的总风险图，以三维柱状图的形式描述了爆炸导致的分析区域建筑物损坏、人员伤亡的风险分布，证明该方法可以高效、可靠地对具有复杂条件的油气设施区域进行爆炸风险评估。同时，该方法输出的风险图提供了潜在风险的清晰视图，这对于规划、建设和运营阶段的风险和安全管理有指导作用。

参考文献

［1］　Liaw，H. J.，2016. Lessons in process safety management learned in the Kaohsiung gas explosion accident in Tai-wan. Process Saf. Prog. 35（3），228-232.

［2］　Asumadu-Sarkodie，S.，Owusu，P. A.，& Rufangura，P.（2015）. Impact analysis of flood in Accra，Ghana. Advances in Applied Science Research，6（9），53-78.

［3］　Vinnem，J. E.，2014. Offshore Risk Assessment Principles，Modelling and Applications of QRA Studies. Springer，London．

［4］ Khakzad，N．，Khan，F．，& Amyotte，P．（2011）．Safety analysis in process facilities：Comparison of fault tree and Bayesian network approaches．Reliability Engineering & System Safety，96（8），925-932．

［5］ Haugom，G．P．，& Friis-Hansen，P．（2011）．Risk modelling of a hydrogen refuelling station using Bayesian network．International journal of hydrogen energy，36（3），2389-2397．

［6］ Pasman，H．，Rogers，W．（2013）．Bayesian networks make LOPA more effective，QRA more transparent and flexible，and thus safety more definable！．Journal of Loss Prevention in the Process Industries，26（3），434-442．

［7］ Zarei，E．，Azadeh，A．，Khakzad，N．，Aliabadi，M．M．，& Mohammadfam，I．（2017）．Dynamic safety assessment of natural gas stations using Bayesian network．Journal of hazardous materials，321，830-840．

［8］ DNV GL．（2016）．PHAST tutorial manual．DNV GL software，London，UK．

［9］ Huang，Y．，Ma，G．，Li，J．，& Hao，H．（2015）．Confidence-based quantitative risk analysis for offshore accidental hydrocarbon release events．Journal of Loss Prevention in the Process Industries，35，117-124．

［10］ Nielsen，T．D．，& Jensen，F．V．（2009）．Bayesian networks and decision graphs．Springer Science & Business Media．

［11］ Evarts，B．（2011）．Fires at U．S．service stations，National Fire Protection Association，Quincy，MA，USA．

［12］ HSE．（2015）．Offshore Statistics & Regulatory Activity Report 2015．United Kingdom：Health and Safety Executive．

［13］ Federal Emergency Management Agency（1990），Handbook of Chemical Hazard Analysis Procedures．Department of Transportation，USA．

［14］ VanWingerden，K．，Van Den Berg，B．，Van Leeuwen，D．，Mercx，P．，& Van Wees，R．（1994）．Guidelines for Evaluating the Characteristics of Vapor Cloud Explosions，Flash Fires，and BLEVES．Center for Chemical Process Safety，American Institute of Chemical Engineers，New York，NY．

［15］ AcuTech Consulting Group（2014）．A risk analysis/ hazard assessment of high ethanol content fuels at service station，CRC Project No．CM-138-12-1，Alpharetta，GA，USA．

［16］ Lobato，J．，Rodríguez，J．，Jiménez，C．，Llanos，J．，Nieto-Márquez，A．，& Inarejos，A．（2009）．Consequence analysis of an explosion by simple models：Texas refinery gasoline explosion case．Afinidad，66（543），372-279．

AP1000 核电站屏蔽厂房及辅助厂房
抗大型商用飞机撞击分析

赵耀云[1]，吴　昊[2]，方　秦[1]

（1. 陆军工程大学，南京　210007；2. 同济大学结构工程与防灾研究所，上海　200092）

摘　要： 本文主要利用 LS-DYNA 有限元分析软件，采用飞射物-靶板相互作用法对 AP1000 重要建筑抗大型商用飞机撞击进行了数值模拟分析。依据施工图，建立了考虑配筋和细部构造的 AP1000 屏蔽厂房及辅助厂房精细化有限元模型，并建立了考虑真实质量分布和燃油的空客 A380 飞机有限元模型。根据工程背景和国内外相关规范，就整体破坏和局部破坏分析，评估了 AP1000 屏蔽厂房和辅助厂房的结构防护性能。同时基于振动安全评估规范，就飞机撞击造成的振动对设备的影响进行了分析。

关键词： AP1000；数值模拟；飞机撞击；动力分析；振动分析

1　引言

根据国际原子能机构的统计，截至 2018 年 9 月 5 日，全球运营核电机组数 455 座（其中国内 43 座），在建核电机组数 55 座（国内 13 座）[1]，具体分布如图 1 所示。核能作为清洁高效的能源发展迅速，然而核电站一旦发生破坏造成核泄漏产生的后果无疑是毁灭性的。特别是 "9·11 事件" 发生后，飞机撞击造成的灾难性后果引起了各国政府的广泛关注。"9·11 事件" 之前，核电站设计仅需要满足战斗机的撞击，该事件之后，各国政府相继出台了相关法规完善核电站抵御飞机撞击的内容。2009 年，美国核能管理委员会颁布了新的联邦法规 10CFR50.150 "Aircraft Impact Assessment"，要求新建核电站的结构设计必须考虑大型商用客机的撞击[2]。国内于 2016 年颁布的 HAF 102—2016《核动力厂设计安全规定》首次提出核电厂设计必须考虑商用客机的恶意撞击[3]。

飞机撞击对核电站安全壳的直接损伤效应主要包括结构的整体响应和局部破坏两方面，整体响应包括结构的整体变形和倾覆，以及可能产生的整体失稳。局部破坏包括撞击区域混凝土的震塌破坏，硬性飞射物（主要是引擎）贯穿防护结构等。此外，飞机撞击引发的振动对内部重要设备的影响和燃油抛洒引起的火灾对于结构的损伤也需要考虑。基于实际工程背景的核电站安全壳防大型商用飞机撞击的安全评估相关研究已经有很多。

Kukreja[4] 运用非耦合方法对印度 500MWe 重水堆安全壳结构进行了非线性瞬时动力分析。该核电站安全壳为双层 RC 结构，文中对其施加波音 707-320 和空客 300B4 荷载时程曲线。模拟结果表明，外

作者简介：吴　昊，同济大学土木工程学院教授，博士生导师。

　　　　　赵耀云，陆军工程大学硕士研究生。

　　　　　方　秦，陆军工程大学教授，博士生导师。

电子邮箱：wuhaocivil@tongji.edu.cn

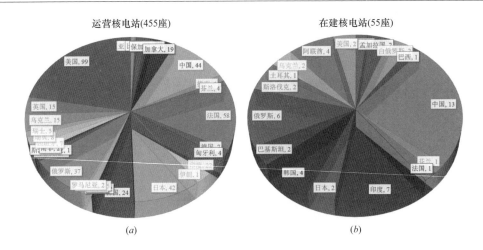

图1 全球核电站概况[1]

(a) 运营核电站分布；(b) 在建核电站分布

层 RC 墙会发生贯穿破坏，内层 RC 墙会发生局部开裂和钢筋屈服但是不会发生贯穿破坏，飞机荷载对安全壳的整体稳定性影响较小。Dundulis 等[5]运用非耦合方法研究飞机撞击对伊格纳利纳核电站（IN-PP）事故定位系统（ALS）建筑物结构完整性的影响。采用有限元法和理论经验公式结合分析，利用飞机碰撞冲击模型的动态载荷，对 ALS 建筑物的一部分进行了结构整体完整性分析。利用经验公式，对飞机发动机撞击建筑物墙体引起的局部效应进行独立评估。Kostov 等[6]对保加利亚贝莱内的 VVER（水-水高能反应堆）A92 核电站在波音 747-400 撞击下的结构和设备进行了完备细致的安全评估。A92 核电站反应堆安全壳采用双层 RC（钢筋混凝土）结构，周边围有 RC 辅助厂房。结果表明 A92 核电站外部 RC 墙有足够的强度和延展性防止被贯穿，且安全壳整体稳定性是足够安全的不会发生倾覆。Lin 等[7]建立了国内第三代核电站的安全壳-地基模型，该安全壳为双层结构，外侧为 RC 墙，内侧为钢板结构。运用非耦合方法对不同的撞击位置施加波音 767-400 荷载时程曲线，分析了模型的动力响应和撞击引发的振动响应，此外运用热分析方法预测了撞击产生的温度场并基于此进行了机械热应力分析安全评估。然而以往研究大多运用非耦合方法对核电站安全壳进行安全评估，没有考虑飞机机身在碰撞过程中发生的大变形导致的截面形状随时间的变化，对于复杂的结构和撞击工况难以施加准确的荷载时程曲线；并且以往的核电站安全壳大多是 RC 结构，对于 SC（钢板混凝土）结构安全壳的研究较少。

本文主要研究的是大型商用客机 A380 对 AP1000 核电站的撞击破坏效应。建立 A380 飞机有限元模型和 AP1000 核电站主要结构有限元模型，运用靶板相互作用法通过数值模拟对飞机撞击 AP1000 核电站厂房的复杂效应进行分析研究。AP1000 是美国西屋公司基于 AP600 设计开发的第三代先进压水反应堆。AP1000 核电站旨在满足美国国家核能管理委员会设计安全标准和概率风险标准，是目前世界上安全性能最高的核电站类型之一，也是我国引进反应堆技术并进行自主化的依托堆型。目前浙江三门和山东海阳各有一座 AP1000 核电站处于建设中。国内现有规范对于核电站安全壳抗大型商用飞机还没有统一的评估标准，本文结合工程实际与已有设计规范，对 AP1000 核电站主要结构在大型商用飞机撞击下的安全防护性能进行了全面的评估，考虑了辅助厂房对安全壳的支撑作用，并对辅助厂房内乏燃料池的防护问题进行了研究分析。重点关注撞击产生的挠度、钢板损伤应变和振动加速度对结构及内部设备的影响，同时给出了模拟的燃油抛洒面积，有助于研究分析飞机撞击引发的火灾场。

2 有限元模型设置

2.1 AP1000 有限元模型

本文主要关注 AP1000 核电站反应堆和乏燃料池的防护问题，其中核反应堆位于屏蔽厂房内，乏燃料池位于辅助厂房内。依据 AP1000 的施工图，本文建立了 AP1000 屏蔽厂房和辅助厂房精细化有限元模型，尺寸及细部构造均参考图纸。AP1000 屏蔽厂房为双层防护结构，外侧为钢板混凝土（SC）结构，内侧为钢板结构，内侧密封钢板结构主要为反应堆提供封闭的反应环境，与外侧 SC 墙之间存在间隔，本文主要关注外侧 SC 墙的防护性能，辅助厂房为 RC 结构。

2.1.1 屏蔽厂房有限元模型

屏蔽厂房总高 81.8m，筒身段高 64.5m，内侧半径为 21.2m，本文所建立的屏蔽厂房及辅助厂房包含埋在地基以下的部分，其中埋在地基以下的部分深度为 12m。

屏蔽厂房主要由筒身、进气口、锥形屋面、PCS 水箱构成。细部结构包含钢筋、牛腿、钢梁、加劲板。筒身处为双层 SC 结构，内含拉筋连接两侧钢板，需要注意的是，屏蔽厂房与辅助厂房连接处为 RC 结构。进气口主要位于筒身与锥形屋面连接处，结构含有很多圆形穿管，用于外部冷却空气进入，进气口也是双层钢板混凝土结构，含有对拉钢筋。锥形屋面为单侧钢板混凝土结构，背覆钢板，混凝土内配置钢筋网。PCS 水箱内含钢板，在进气口配置钢筋网，锥形屋面底端含有加劲板，其中进气口处布置有牛腿，用于支撑钢梁，钢梁布置于锥形屋面内侧，起到支撑作用。AP1000 屏蔽厂房有限元模型如图 2 所示。

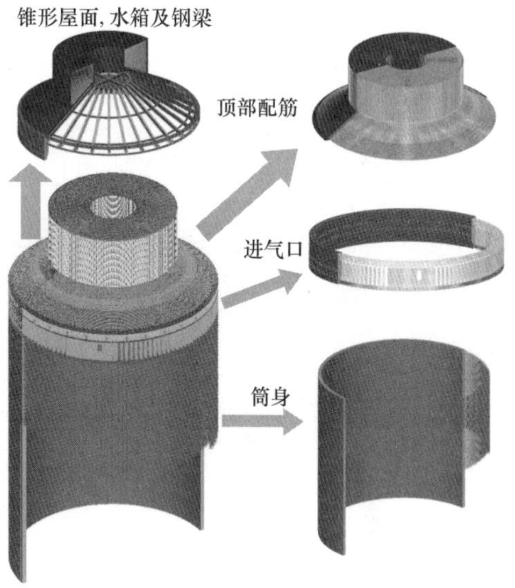

图 2　屏蔽厂房有限元模型

2.1.2 辅助厂房有限元模型

如图 3 所示，AP1000 辅助厂房模型主要包含楼层和乏燃料池，与屏蔽厂房相连。根据施工图纸绘制出每一层楼层和乏燃料池的有限元模型，为了尽可能地接近实际建筑物，隔墙和门窗都按照实际尺寸绘制。并且对于重点关注的乏燃料池四周，在可能撞击的乏燃料池西墙和顶部配置了钢筋和钢板，且对于顶部墙体配置了钢梁。

屏蔽厂房模型加上辅助厂房有限元模型构成了 AP1000 有限元模型，有限元模型如图 4 所示。

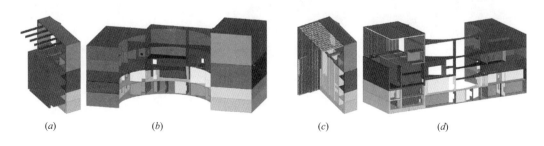

图 3　辅助厂房有限元模型

（a）乏燃料池；（b）主要楼层；（c）钢筋；（d）辅助厂房剖面图

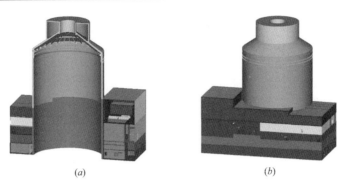

(a)   (b)

图 4   AP1000 有限元模型示意图

(a) 剖面图；(b) 侧视图

2.2   A380 飞机模型

空客 A380 飞机是目前世界上最大的商用飞机之一，其质量约 400t，机身长 72.7m，翼展 79.8m，机尾高度 24.1m。图 5 给出了飞机有限元模型与真实飞机对比图，飞机的有限元模型外观尺寸与真实飞机尺寸完全一致，A380 的引擎型号为 Trent900，其实物图片与有限元模型对比如图 6（a）和图 6（b）所示。飞机模型除了考虑外观尺寸，机身蒙皮外，还建立内部构造如机翼翼肋、机身桁条、地板梁等，此外还建立了燃油单元如图 6 所示。

(a)   (b)

图 5   真实飞机与有限元模型对比

(a) 真实飞机；(b) 有限元模型

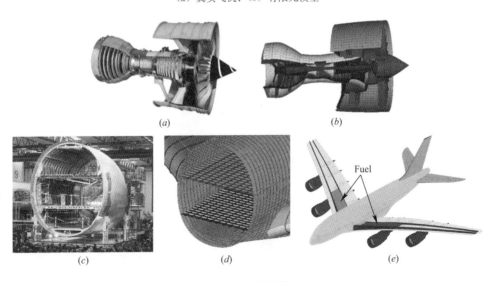

(a)   (b)

(c)   (d)   (e)

图 6   A380 细部构造

(a) 真实引擎；(b) 引擎模型；(c) 机身；(d) 机身；(e) 有限元模型

为证实 A380 飞机模型的合理性，图 7 给出了 A380 飞机模型的质量分布，从图中可以看出，该有限元模型的质量分布符合真实飞机的质量分布特征。机头部分单位长度质量较小，飞机中部单位长度质量较大，因为该部位包含机翼，燃油，引擎，起落架等，机尾部分尽管有尾翼的存在，由于机身段面积减小，因此机尾部分单位长度质量也比较小。图8给出了飞机撞击刚性墙的撞击力曲线，并与经济合作与发展组织核能局[8]给出的B747撞击力曲线和Arros和Doumbalski[9]给出的B747撞击力曲线进行对比。飞机的型号、尺寸、质量分布和撞击速度的不同都会造成撞击力曲线的差异，但是整体曲线的趋势是类似的。从图中可以看出三个飞机模型的撞击力曲线趋势是一致的，曲线基本上都是由初始上升段、平滑段、上升段和下降段组成，表明了本文所用飞机模型的合理性。

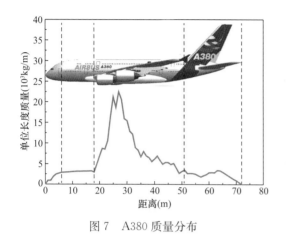

图7　A380质量分布

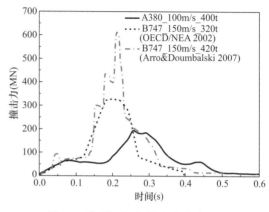

图8　不同类型飞机撞击力曲线对比

2.3　接触设置

AP1000屏蔽厂房混凝土单元全部采用共节点的方式进行连接，钢板与混凝土之间采用共节点的方式进行连接，屏蔽厂房内部的钢筋，牛腿，加劲板等细部构造与混凝土单元间采用拉格朗日耦合约束（CONSTRAINED_LAGRANGE_IN_SOLID），该方式考虑了钢筋混凝土间的摩擦滑移作用，使得钢筋牛腿加劲板等与混凝土共同受力，而且可以减少采用共节点方式进行建模而带来的大量工作。辅助厂房混凝土单元与钢板及钢筋的接触方法与屏蔽厂房的一致，辅助厂房与屏蔽厂房采用固连的接触方式进行节点约束（CONTACT_TIED_NODES_TO_SURFACE）。AP1000屏蔽厂房及辅助厂房有限元模型中将底部的节点进行完全固定。飞机有限元模型单元全部采用共节点的方式进行连接，飞机与AP1000屏蔽厂房及辅助厂房采用自动点面（CONTACT_AUTOMATIC_NODES_TO_SURFACE）的方式进行接触。

2.4　材料模型与参数

有限元模型中，混凝土单元采用SOLID实体单元进行绘制，并选用Winfrith混凝土本构模型（*MAT_84）进行模拟，该模型在模拟钢板混凝土上有着广泛的使用性，且考虑了应变率效应。屏蔽厂房外露部分混凝土强度等级为C55，辅助厂房混凝土强度等级为C35，其材料参数如表1所示。钢板、钢梁、蒙皮、飞机地板采用SHELL壳单元进行绘制，钢筋采用BEAM梁单元进行绘制，这些材料都采用塑性随动硬化模型（*MAT_03）进行模拟，该模型考虑了应变率强化效应，参数输入简单。

混凝土模型参数　　　　　　　　　　　　　　　　　　表1

混凝土	密度（kg/m³）	弹性模量（MPa）	泊松比	抗压强度（MPa）	抗拉强度（MPa）	断裂能[15]（N/m）	骨料直径（mm）
屏蔽厂房	2500	35500	0.2	35.5	2.74	150	40
辅助厂房	2500	31500	0.2	23.4	2.20	150	40

3 非线性动力分析

本节对 AP1000 屏蔽厂房及辅助厂房遭受 A380 撞击进行数值模拟分析，屏蔽厂房内含钢板结构，为反应堆提供封闭环境，对于钢板结构的密闭性和整体性有很高的要求。出于安全评估的保守性，飞机撞击位置的撞击挠度必须小于安全壳与内侧钢板结构的净空，本节仅对屏蔽厂房的危险性较高的位置进行撞击分析。辅助厂房内含乏燃料池，对于乏燃料池周边的辅助厂房墙体防护性能要求很高，出于安全考虑，要求飞机撞击位置的挠度小于墙体与乏燃料池之间的距离。实际工程中，辅助厂房周边还存在其他的建筑物，本节只针对乏燃料池周边墙体可能发生的撞击位置进行分析。

3.1 屏蔽厂房撞击分析

3.1.1 撞击位置

A380 飞机撞击 AP1000 屏蔽厂房的位置如图 9 所示。垂直撞击屏蔽厂房筒身中部，距离屏蔽厂房底部 32.1m。

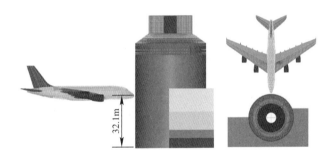

图 9 屏蔽厂房撞击工况

3.1.2 撞击过程

图 10 给出了不同时刻飞机撞击屏蔽厂房筒身过程示意图。0.15s 时，飞机机头部分与屏蔽厂房筒身区域碰撞，飞机机头前部发生压屈破坏，此时飞机机翼和机尾没有变形；0.30s 时，飞机机身中部、机翼和引擎与筒身发生碰撞，均发生不同程度的损伤破坏，飞机机翼所携带的油箱因变形过大破裂致使燃油抛洒而出；0.45s 时，飞机机身与机翼连接的部位全部破坏，机翼与机身分离，与筒身接触的机翼发生损伤破坏，同时尾部的机翼在惯性作用下仍然向前运动，因此机翼发生一定程度的偏转；0.60s 时，飞机机翼向上偏转角度继续加大，右侧机翼初始撞击高度低于辅助厂房顶部，由于机翼尾部偏转幅度较大，未与辅助厂房发生碰撞，燃油分子在惯性作用下继续运动，抛洒面积进一步扩大，机尾的速度此时接近为 0 对安全壳的损伤很小，同时燃油抛洒面积达到最大，燃油抛洒面积预估为 1015.86m²。

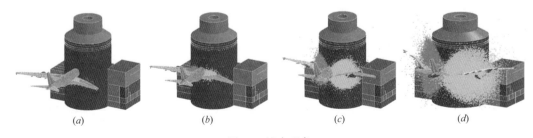

图 10 撞击现象

(a) 0.15s；(b) 0.30s；(c) 0.45s；(d) 0.60s

3.1.3 撞击位移

屏蔽厂房及辅助厂房的位移云图如图11所示，为使得显示效果更加分明清晰，每张图的损伤程度分级不一致。0.15s时，屏蔽厂房的位移分布呈现明显的"蝴蝶型"分布，撞击中心处撞击位移最大，最大不超过122.8mm，随后应力向四周扩散，四周出现不同程度的位移，因撞击位置在跨中区域，对于圆形筒体来说，筒体对它存在横向支撑作用，而竖向区域则不存在，因此初始的撞击中心区域位移挠度呈竖向椭圆形；0.30s时，机身、两侧机翼及内侧引擎与屏蔽厂房筒身发生碰撞，此时可以看出撞击中心区域发生明显位移，且撞击中心处最严重的损伤区域呈横向椭圆形，形状和机身与机翼相连处类似；0.45s时，应力逐渐扩散，整个屏蔽厂房及辅助厂房都存在一定的位移，辅助厂房上存在一定的位移，表明辅助厂房对于应力的扩散是有一定积极的作用的；0.6s，由于撞击力的减小和应力的扩散，主要的撞击区域位移逐渐减小。

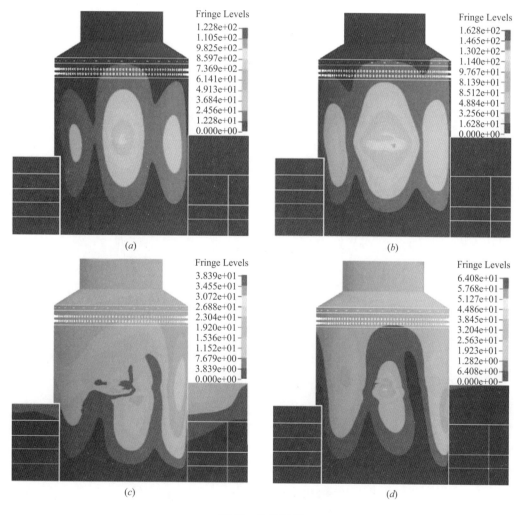

图11　位移云图
(*a*) 0.15s；(*b*) 0.30s；(*c*) 0.45s；(*d*) 0.60s

对于安全壳的整体动力响应分析，撞击位移是反映和评估结构变形和破坏的重要指标之一，为了对撞击中心处的位移有更加直观清晰的认识，且涉及评估标准，图12给出了撞击中心处背覆钢板的位移时程曲线。从图中可以看出，0.34s时，撞击中心处达到最大位移183mm。屏蔽厂房与内侧钢板结构之间的净空为1.3m，撞击中心处位移远小于该净空，满足安全评估标准。除撞击区域外，其他的结构保持完整，几乎没有损伤，表明筒身处在大型商用飞机撞击下并没有造成整体破坏如倾覆，倒塌等。

3.1.4 钢板等效应变

NEI-07[10]规范中基于安全壳的两种破坏形态提出了两种不同的钢板的延性失效应变极限。一种是安全壳的整体延性破坏，整体延性破坏应变极限值包括对拉伸不稳定性应变造成的损伤，以考虑焊接区域中材料性质的变化和材料刚度。一种是撞击区域的局部开裂破坏，对于结构在更复杂的应力状态下的损伤位置，延性破坏发生在延性开裂的机制中，这取决于局部应力状态的三轴性。在这两种情况下，应变极限性能由标准拉伸测试结果确定，并基于复杂应力状态的影响进行修改。对于钢板，第一种整体破坏形态下，规范中给出的一种钢板的失效应变为0.05，另外一种不锈钢的失效应变为0.067，基于保守设计的准则，本文中使用的钢板失效应变极限为0.05；对于第二种局部开裂的破坏形态，钢板的失效应变极限为0.14/TF，其中TF为三轴应力系数，TF的计算公式如式（1）。

$$TF=\frac{\sigma_1+\sigma_2+\sigma_3}{\sigma_e} \quad \sigma_e=\frac{1}{\sqrt{2}}\left[(\sigma_1-\sigma_2)^2+(\sigma_2-\sigma_3)^2+(\sigma_3-\sigma_1)^2\right]^{\frac{1}{2}} \tag{1}$$

其中σ_1，σ_2，σ_3为不同方向的主应力，σ_e为等效应力，为便于计算，TF保守估计可以取2。所以这种破坏形态下，钢板的失效应变可保守取为0.07。为便于理解，可以基本认为，钢板应变达到0.05时即材料已经达到应变极限，当材料失效应变达到0.07时，钢板发生开裂。以下评判钢板的失效标准均基于以上规范。

图13给出了撞击中心处背覆钢板的等效应变曲线，由图可知，钢板的应变峰值为0.002，并未达到NEI-07规范中给出的钢板失效应变0.05，表明撞击处背覆钢板并未发生失效，没有发生局部破坏。

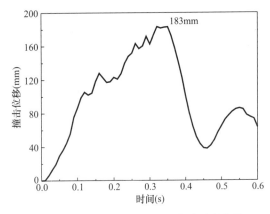 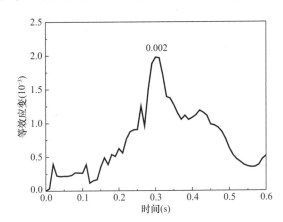

图12　撞击中心处背覆钢板位移时程曲线　　图13　撞击中心处背覆钢板等效应变

3.2 辅助厂房撞击分析

3.2.1 撞击位置

A380撞击AP1000辅助厂房的位置如图14所示，垂直撞击乏燃料池西墙，距离辅助厂房底部17.4m。

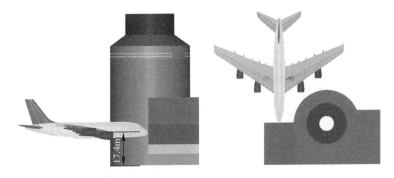

图14　辅助厂房撞击工况

3.2.2 撞击过程

飞机撞击辅助厂房西墙的过程如图15所示，分别给出了0.15s、0.30s、0.45s和0.60s的飞机撞击现象。0.15s时，飞机机头部分与辅助厂房碰撞且发生压屈破坏，左侧机翼与屏蔽厂房发生碰撞，机翼内的油箱破裂产生燃油抛洒现象，机身部位和右侧机翼未发生明显变形；0.3s时，飞机左侧机翼破损严重，发生了明显变形，右侧机翼也与辅助厂房发生碰撞，油箱破裂；0.45s时，飞机破坏程度进一步加大，左侧机翼开始发生下坠，右侧机翼发生断裂，断裂部分由于惯性仍然向撞击方向运动；0.6s时，飞机除机尾外，其他部位基本上完全破坏，速度基本降为0，只剩碎片在进行惯性运动，最后时刻燃油抛洒面积预估为630.75m²。就撞击过程来看，飞机翼展较长，较撞击处辅助厂房的宽度要大很多，两侧机翼并没有完全撞到辅助厂房上，对辅助厂房造成的损伤有限。

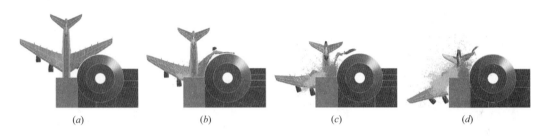

图15 不同时刻飞机撞击过程

(a) 0.15s；(b) 0.30s；(c) 0.45s；(d) 0.60s

3.2.3 撞击位移

图16给出了辅助厂房及屏蔽厂房在不同时刻飞机撞击的位移云图。0.15s时，飞机左侧机翼撞击到安全壳，图16（a）显示辅助厂房上的最大位移为31mm，此时飞机机头部分已与辅助厂房发生碰撞，但是飞机机头部分材料强度比较低，易于破坏，所以造成的位移也较小；0.30s时，飞机右侧机翼、油箱与辅助厂房发生碰撞，造成的最大位移不超过69.5mm；0.30s后，飞机机翼及引擎均发生了不同程度的损伤，此时撞击力逐渐下降，撞击位移也随之降低。

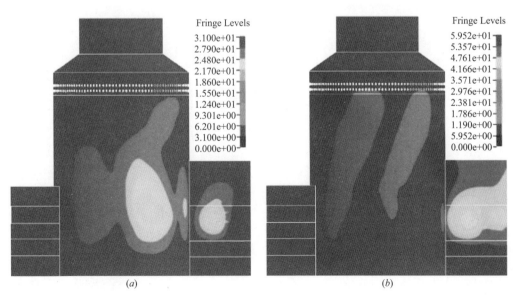

图16 位移云图（一）

(a) 0.15s；(b) 0.30s

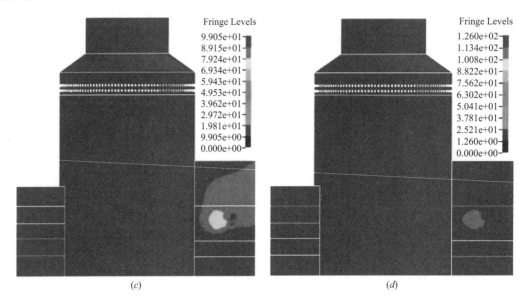

图 16 位移云图（二）

(*c*) 0.45s；(*d*) 0.60s

位移云图反映了飞机撞击辅助厂房影响的主要区域，为了更明确地描述最大撞击位移的变化过程，图 17 给出了撞击中心处后覆钢板的位移时程曲线。由图可知，撞击处最大位移为 58mm，一方面撞击处墙体厚度为 1676mm，且后覆钢板双层配筋，防护性能优良，另一方面飞机翼展较大，未能完全与辅助厂房发生碰撞，左侧机翼撞击屏蔽厂房，右侧机翼只有一部分与辅助厂房发生碰撞，所以最终造成的位移只有 58mm，乏燃料池西墙与乏燃料池外壁相距 1.2m，表明辅助厂房外墙在飞机撞击下是足够安全的，乏燃料池的安全能够得到保证。

3.2.4 钢板等效应变

图 18 给出了飞机撞击辅助厂房乏燃料池西墙撞击中心处背覆钢板的应变曲线，由图可知，0.28s 时，背覆钢板达到最大应变 0.00064。钢板并未达到失效应变极限 0.05。表明撞击处背覆钢板并未发生失效，没有发生局部破坏。

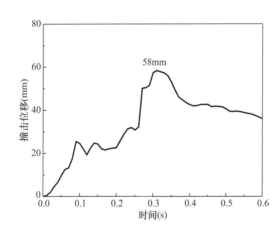

图 17 辅助厂房撞击点的位移时程曲线

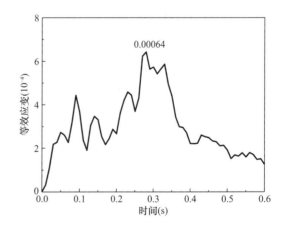

图 18 撞击中心处背覆钢板的应变曲线

4 振动分析

飞机撞击可能会对核电站安全壳造成整体破坏和局部破坏，撞击所产生的振动还有可能对内部仪器设备造成损伤，因此评估核电站在飞机撞击下的设备振动安全也是十分有必要的。当冲击振动超过运行基准地震时，甚至可能导致核电厂的停堆。美国电力研究所 EPRI 在 1988 年发表了 NP-5930[11]。根据这篇报告，超过运行基准地震（OBE）需要同时满足以下两个条件：

反应谱评估：计算的 5% 阻尼反应谱超过相应的 OBE 设计反应谱或 $0.20g$，以较大者为准；

累积绝对速度（CAV）评估：计算的 CAV 值大于 $0.3g \cdot s$。

尽管以上判断标准是针对地震所设计的，然而对于飞机撞击所造成的冲击振动也可以同样运用以上标准进行设备的安全评估。本节便基于此评估标准对飞机撞击下 AP1000 核电站的设备振动安全进行评估。

4.1 模型设置

核岛厂房防大型商用飞机撞击结构振动分析中，主要目的是获取厂房内部不同位置的振动加速度，从而评估该处设备的安全性，因此需要考虑弹性地基的传递振动功能。振动分析有限元模型如图 19 所示，该模型底部设置了长 300m，宽 200m，厚度为 27m 的弹性地基。振动分析主要目的是提取不同位置的振动加速度，为提高计算效率，有限 B 元模型中屏蔽厂房和辅助厂房均简化为 SHELL 壳单元进行计算。并将安全壳内部结构简化成质量串进行安全评估，质量串模型示意图如图 20 所示。振动分析的撞击工况如图 21 所示，飞机的撞击速度为 100m/s，距离地面（地面标高 100.0m）20.3m，垂直撞击安全壳。

图 19　振动分析有限元模型

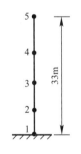

图 20　质量串模型示意图

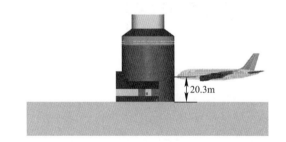

图 21　撞击位置

4.2 结果分析

计算时间设为 0.6s，振动数据输出间隔为 0.0001s，共输出数据 6000 个。对于重要设备的位置进行编号，见图 22，提取该位置的振动加速度用于评估设备的安全。其中安全壳结构内部质量串编号为 1~5，辅助厂房内部不同标高的位置编号如下：

通过所得到的不同位置的振动加速度曲线，可以获得不同位置的振动反应谱加速度。图 23 给出了典型的内部结构质量串编号 1 和辅助厂房内部位置编号 8 的撞击方向的加速度时程曲线。

不同位置的振动反应谱加速度如图 24 所示。飞机的撞击位置的标高为 120.3m，从图 24 中可得出，图 24（e）的平均反应谱加速度最大，且整体趋势从图 24（e）到图 24（b）的反应谱加速度依次递减，图 24（b）中的位置与撞击位置的距离最远而图 24（e）中的位置与其距离最近。质量串的最底部标高为 88.0m，与图 24（b）的标高一致，然而安全壳的内部结构质量串与撞击位置的距离也相对于图 24（b）

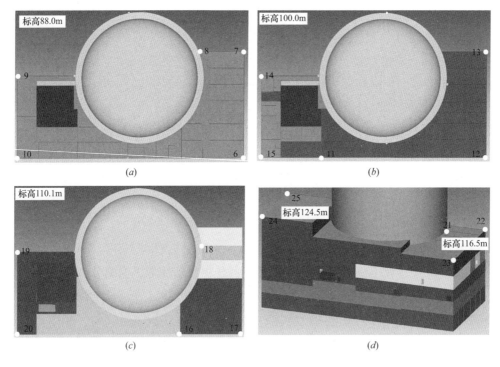

图 22　振动分析位置

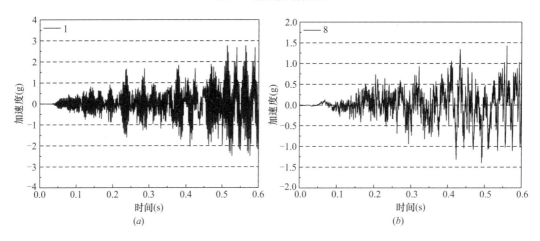

图 23　撞击方向加速度时程曲线

中的位置要紧，因此质量串编号 1 的反应谱加速度也大于图 24（b）中所有位置的反应谱加速度。图中所引用的振动反应谱加速度临界值为 Kostov[12] 于 2014 所建立的设备振动反应谱加速度的最小值，超过这个曲线值，则认为会有设备发生损伤。从图中可以看出，除去图 24（b）中位置反应谱加速度没有超过临界值，其他的图中均不同程度地超过该临界值，由此判定在 A380 飞机撞击下，超过反应谱加速度临界值。

在 A380 飞机撞击下，不同位置的绝对累积速度时程曲线如图 25 所示。图 25（a）（b）（c）中的绝对累积速度都没有超过临界值 $0.3g \cdot s$，然而图 25（d）和图 25（e）中的绝对累积速度都超过了临界值，出于保守的考虑，结合反应谱加速度评估，认为超过运行地震基准，反应堆应停堆。

5　结论

基于实际工程背景，本文对 AP1000 核电站重要建筑防大型商用飞机 A380 的撞击进行了安全评

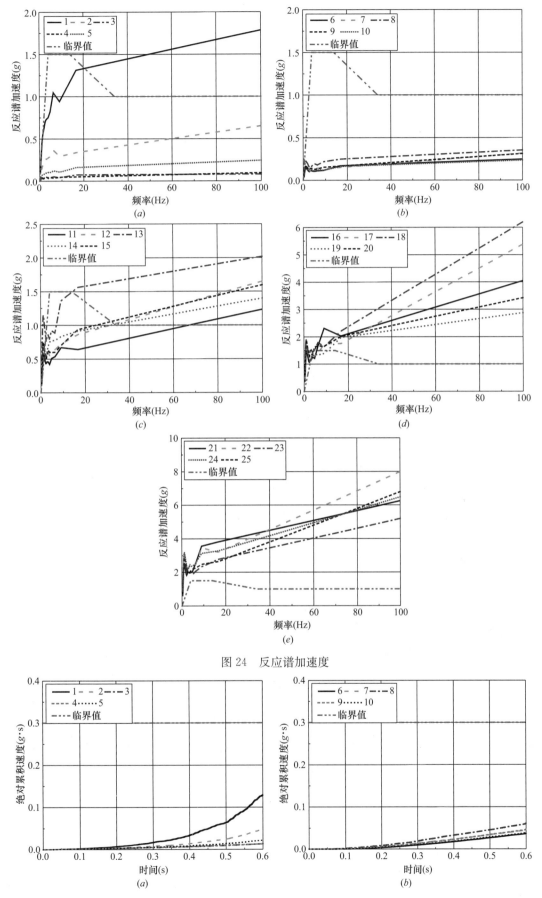

图 24　反应谱加速度

图 25　绝对累积加速度时程曲线（一）

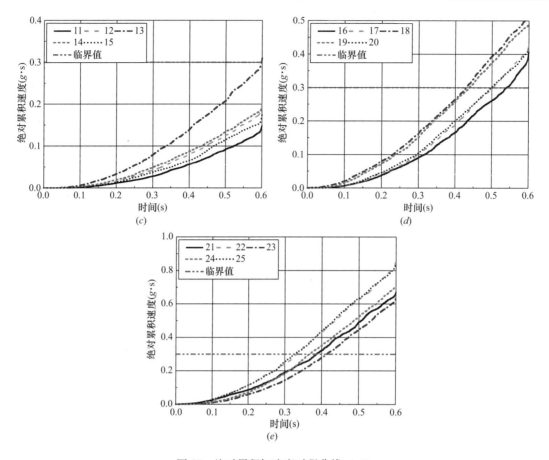

图 25　绝对累积加速度时程曲线（二）

估。重点关注核反应堆、乏燃料池和重要设备的安全问题。本文的主要工作和结论如下：

（1）建立了精细化的 AP1000 核电站 SC 屏蔽厂房和 RC 辅助厂房。所建模型完全参考真实结构尺寸和构造，屏蔽厂房模型中考虑了钢筋、拉筋、加劲板和钢梁等细部构造，辅助厂房在乏燃料池周围的墙体中配置了钢梁和多层钢筋。

（2）建立了考虑真实尺寸和质量分布的 A380 飞机有限元模型。模型中考虑了飞机一些主要的结构如引擎、地板梁、桁梁等，并建立了燃油单元，有助于分析撞击中燃油抛洒的面积为后续结构防火灾分析奠定了基础。

（3）评估了屏蔽厂房和乏燃料池周围辅助厂房的防护性能。结果表明，屏蔽厂房和辅助厂房在大型商用飞机撞击下不会发生整体破坏如倾覆、倒塌等，且飞机撞击产生的挠度小于安全评估标准。

（4）局部破坏分析中，撞击处的背覆钢板未达到 NEI-07 规范中给出的失效标准，表明未发生局部钢板开裂破坏。

（5）建立振动分析模型，并开展了飞机撞击下的设备振动安全评估。基于反应谱评估和 CAV 评估，存在一些设备振动数据超过临界值的现象，表明飞机撞击中产生的振动会使某些设备失效，建议增加相应的防护措施。

参考文献

［1］　https：//www.iaea.org/PRIS/home.aspx

［2］　US Nuclear Regulatory Commission. 10 CFR50. 150 Aircraft impact assessment［S］. Washingt on，DC：US Nuclear Regulatory Commission，2009.

［3］ 中国国家核安全局. HAF 102-2016 核动力厂设计安全规定 ［S］. 2016

［4］ Kukreja M. Damage evaluation of 500 MWe Indian Pressurized Heavy Water Reactor nuclear containment for aircraft impact ［J］. Nuclear Engineering & Design，2003，235（17）：1807-1817.

［5］ Dundulis G，Kulak R F，Marchertas A，et al. Structural integrity analysis of an Ignalina nuclear power plant building subjected to an airplane crash ［J］. Nuclear Engineering & Design，2007，237（14）：1503-1512.

［6］ Kostov M，Henkel F O，Andonov A. Safety assessment of A92 reactor building for large commercial aircraft crash ［J］. Nuclear Engineering & Design，2014，269（4）：262-267.

［7］ Lin F，Tang H. Nuclear containment structure subjected to commercial aircraft crash and subsequent vibrations and fire ［J］. Nuclear Engineering & Design，2017，322：68-80.

［8］ OECD/NEA，Specialist Meeting on External Hazards，2002.

［9］ Arros J，Doumbalski N. Analysis of aircraft impact to concrete structures ［J］. Nuclear Engineering & Design，2007，237（12）：1241-1249.

［10］ NEI 07-13. Methodology for Performing Aircraft Impact Assessments for New Plant Designs. Revision 8，Nuclear Energy Institute，Washington，DC，April 2011，ADAMS Accession No. ML111440006.

［11］ Reed J W，Kassawara R P. A criterion for determining exceedance of the operating basis earthquake ［J］. Nuclear Engineering & Design，1989，123（2）：387-396.

［12］ Kostov M. Seismic safety evaluation based on DIP ［J］. Nuclear Engineering & Design，2014，269（4）：256-261.

折纸结构的力学性能和能量吸收研究进展

项新梅，卢国兴

（澳大利亚斯威本科技大学机械与产品设计工程系，墨尔本　3122）

摘　要： 近年来带有折纸图案的结构吸引了工程领域研究人员的兴趣，因为它们具有良好的机械和能量吸收特征。本文介绍了本课题组近年来关于带有折纸图案结构的实验和数值研究的概述。本文包括四个主要工作，即具有折纸图案的薄壁管轴向压缩、Miura 板结构和拱形 Miura 结构在准静态载荷下的变形以及 Miura 折纸结构夹芯的三明治板的力学行为。从以上研究中，总结了带有折纸图案的结构有以下几个特征：（1）折纸图案可有效降低薄壁管轴向压缩的峰值力和波动；（2）具有 Miura 构型的平面结构和拱形结构具有用作能量吸收结构的良好潜力；（3）Miura 折纸结构夹芯的三明治板具有良好的通风、通气性以及可以与传统蜂窝夹芯相媲美的力学性能。

关键词： 折纸图案；薄壁管；Miura 构型；三明治板

1　引言

折纸结构有许多优点，例如可折叠性和可展性。这些特征使得结构能够紧凑地装载在相对小的包装中并且在展开形式中具有良好的结构性能。例如，对于军事应用，可展开的折纸结构盾牌具有很大的优势，因为在运输过程中需要非常小的空间[1,2]。制作折纸结构的最常见图案之一被称为 Miura 图案，它是通过沿着具有直线和锯齿形折痕的图案折叠来制造的[3]。基于 Miura 图案的折纸结构具有许多有用的特性，例如刚性可折叠性，因此它已经应用于工程，建筑等设计中。Miura 图案的折叠过程完全通过折痕处的折叠或展开来实现，并且不涉及刚性面的任何变形[4]。由于这种特性，基于 Miura 图案的结构可以很容易地由塑料、纸张、金属或复合材料等板材制造[5,6]。

薄壁管被广泛用作工业中的能量吸收结构。薄壁管的压缩变形过程可分为三个阶段：首先，压缩力达到初始峰值以克服管的初始阻力；其次，当管子变形时，力在平均压缩力附近波动；最后，由于薄壁管被压实，压缩力迅速增加，标志着压缩过程的结束。对于能量吸收而言，通常第二阶段的压缩过程被认为是长且稳定的。对于许多实际应用来说，不希望有过高的初始峰值力，因为它会导致大的减速，使损伤或死亡的可能性大大增加。将折纸图案引入薄壁管具有两个优点：首先，可以有效地减小初始峰值力并且可以控制初始峰值力；其次，管在压缩过程中表现出的力波动小得多。

本课题组研究了折纸图案结构的能量吸收，包括具有折纸图案的薄壁管、Miura 图案的平面板和拱形板结构以及 Miura 折纸结构夹芯三明治板。对于每种结构，通过实验研究或有限元分析揭示其变形模式和能量吸收能力。本文简要总结了这些研究成果和一些有意义的发现。

作者简介：卢国兴，澳大利亚斯威本科技大学机械与产品设计工程系教授，博士生导师，系主任。
　　　　　项新梅，澳大利亚斯威本科技大学机械与产品设计工程系博士后研究员。
电子邮箱：glu@swin.edu.au

2　具有折纸图案的薄壁管

本课题组用数值方法研究了具有正方形、六边形和八边形横截面的折纸图案的薄壁管的轴向压缩[7]，基于数值结果分析了图案的几何参数对压缩力学行为的影响。对带有折纸图案的方形薄壁管进行了轴向压缩试验，并用于验证有限元的结果。

2.1　有限元

该研究使用 Abaqus/Explicit 来模拟压缩过程。管的网格赋予三节点壳单元 S3R，在整个厚度上有七个积分点，全局网格大小为 1mm，我们研究了方形、六边形和八边形图案以及传统无图案管。将管子放在固定的底板上。顶板最初刚刚接触管的顶部边缘，向下移动至压缩管。两个板都被设置为刚体。壳体材料为退火状态的低碳钢，其力学性能如下：密度 $\rho=7332.3\text{kg/m}^3$，杨氏模量 $E=190.5\text{GPa}$，泊松比 $\nu=0.3$，屈服应力 $\sigma_y=287.9\text{MPa}$，极限应力 $\sigma_u=506.9\text{MPa}$。通过使用具有应变硬化指数的模型来近似应变硬化效应，$n=0.22$，没有考虑应变率效应。

图 1（a）显示了在压缩过程不同阶段的方管模型轮廓。图 1（b）显示了样品的力—位移曲线，图 1（c）显示了这些试样的初始峰值和平均压缩力。如图 1（b）和（c）所示，带有折纸图案的管初始峰值力远低于传统无图案管（SQU-0）的峰值（35%～76%）。随着预折叠角度（θ）减小，初始峰值减小。同样从图 1（b）中我们可以看出，当 θ 减小时，压缩过程变得更加均匀，对应于初始峰值的位移逐渐增加，并且初始峰值在压缩过程中更接近随后的峰值。

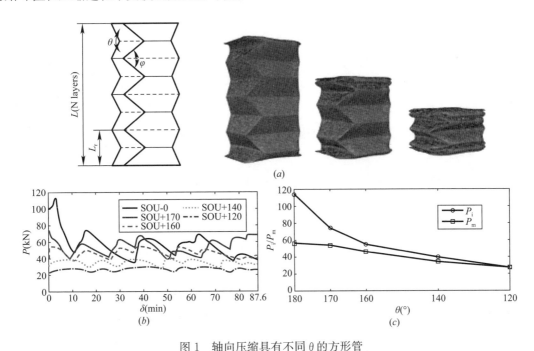

图 1　轴向压缩具有不同 θ 的方形管

（a）不同压缩阶段的轮廓；（b）力—位移曲线；（c）初始峰值和平均压缩力

对六边形和八边形截面的常规和折纸图案薄壁管也进行了有限元模拟研究。在压缩过程中，所有带折纸图案的管都沿着折痕进行压缩变形。与折纸图案方管类似，六边形和八边形折纸图案管的初始峰值低于传统管的初始峰值，六角形管降低 25%～46%，八角形管降低 3%～35%。随着 θ 的减小，峰值减小，带有折纸图案的管有更均匀的压缩过程，平均压缩力也更小。

2.2 实验

我们制造了带有折纸图案的方管试样（参见图 2（a）），并对其进行轴向压缩测试。该管由低碳钢制成，并通过在两块金属板上冲压图案将它们焊接在一起。使用 Instron 万能试验机，以 10mm/min 的准静态加载。当压缩距离达到 87.4mm 时停止试验。图 2（b）显示了载荷－位移曲线。初始峰值为 11.85kN，平均压缩力为 10.85kN。正如数值模拟预测的结果，在试验中观察到平滑的压缩力。压缩管的剖视图如图 2（c）所示，可以观察到整齐的折叠图案。

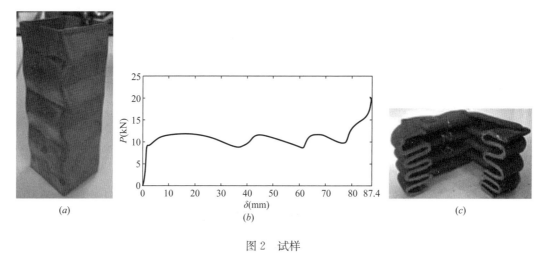

图 2　试样

（a）焊接后的带折纸图案的方管；（b）力—位移曲线；（c）轴向压缩试验后管的剖视图

3　Miura 板结构

通过试验和有限元分析研究了 Miura 板结构的力学响应[8]。试样由聚合物 Elvaloy 制成，材料的力学性能由拉伸和四点弯曲试验测量得到。在试样上施加两个主方向上的平面外压缩、三点弯曲和面内压缩。为了提供变形的进一步细节，即应力分布、变形模式等，使用 Abaqus/Explicit 进行有限元模拟分析。

3.1 实验

对试样施加面外压缩、面内压缩和两个主方向与对角线方向的三点弯曲（见图 $3a_1$，b_1 和 c_1），相应的力—位移曲线绘制在图 3（a_2），（b_2）和（c_2）中。在面外压缩试验中，对于 0～1.4mm 的位移，变形可以被认为是线弹性，其中载荷随位移线性增加（阶段 1）。当位移为 1.4～2mm 时负载逐渐增加，直到达到平台（阶段 2）。在阶段 3，当平板开始弯曲时，负载保持恒定并且板结构坍塌。在面内压缩测试中，板在测试 X2 中开始致密化时的位移约 38mm，在测试 X1 中开始致密化时的位移为 52mm，这表明 X1 中的折叠范围大于 X2 中的折叠范围。完全卸载后，试样分别在 X1 和 X2 方向上有 6.1mm 和 4.6mm 的永久位移。在三点弯曲试验中，使用刚性触针在板中心施加点荷载。如图 3（c_2）所示，力-位移曲线几乎呈线性。在相同的位移下，测试 X2 中的相应载荷是测试 X1 的两倍，约是对角线方向测试的 3.7 倍。在完全卸载后，存在约 1.3mm 的永久位移。在测试之后，观察到变形板已经缓慢地弹回到原始形状。

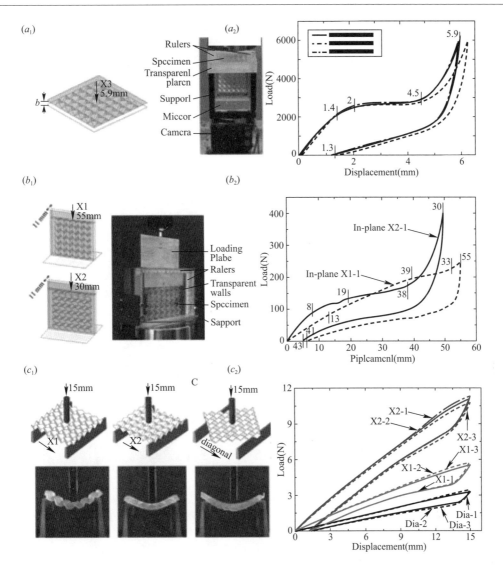

图 3　Miura 板结构的准静态试验

（a）面外压缩；（b）面内压缩；（c）两个主方向和对角线方向上的三点弯曲

3.2　有限元

Miura 板结构模型首先在 SolidWorks 中构建，然后在 Abaqus/Explicit 中将模型网格化并赋予 S4R 型壳单元。选择 1mm 的单元尺寸作为所有模拟的默认单元尺寸，并选择 20mm/s 作为顶部压板的压缩速度，摩擦系数 0.3。图 4 显示典型的 Von Mises 图以研究板的应力分布。在图 4（a）中，对于平面外压缩，与支撑压板接触的山谷折痕线对总力的贡献最大。在面内压缩 X1 方向中，与 X1 平行的山峰折痕线对力的贡献最大（图 4b）。面内压缩 X2 方向中的反作用力主要由所有折痕线的折叠产生（图 4c）。在三点弯曲的模拟中，应力集中在 X2 方向的中央单元上（图 4e）。在 X1 方向和对角线方向的模拟中，中间的三行单元变形最大（图 4d 和图 4f）。

由于 Elvaloy 的材料属性，Miura 板结构可以紧凑地压缩，然后弹回而不会破坏其结构。在致密化之前，板在面外压缩下以约其高度的一半的位移吸收最多的能量。在面内压缩测试中，在致密化之前，板分别在 X1 和 X2 方向上被压缩至其原始长度的约 60% 和 40%。板在面内 X1 方向上比 X2 吸收多 50% 的能量。根据三点弯曲试验模拟的板塑性能量图，发现板没有表现出塑性变形。

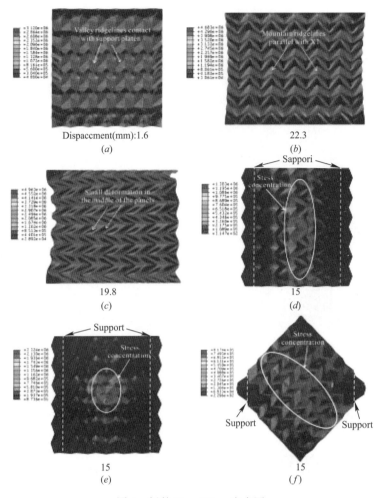

图 4　板的 Von Mises 应力图

（a）面外压缩；（b）X_1 和（c）X_2 方向的面内压缩；（d）X_1、（e）X_2 和（f）对角线方向的面外弯曲

4　拱形 Miura 结构

基于 Miura 的折纸结构由于具有许多优点，例如通风、通气性和廉价的制造工艺，因此被认为是传统蜂窝夹芯的潜在替代品。拱形 Miura 折纸结构是 Miura 的衍生结构之一，没有曲率限制，试样使用冲压工艺制造，并在准静态面外压缩载荷下进行力学测试[9]。

4.1　实验

使用 INSTRON 机器以 3mm/min 的恒定速度对拱形 Miura 折纸结构进行准静态压缩试验（参见图 5a 和 b）。图 5（a）和（b）显示了具有自由边界和固支边界的试样变形过程。两种试验的力-位移曲线如图 5（c）和（d）所示。曲线中两个点的（图 5c 和 d 中的①和②）力突然增加，点①对应于上板接触顶部两个折痕的时刻，而点②对应于底部两个折痕接触底板的时刻（见图 5a 和 b）。

4.2　有限元

使用 ABAQUS 对拱形 Miura 折叠结构进行有限元分析。选择低碳钢作为试样的材料，因为它比铝合金更具延展性和经济性。在有限元分析中使用弹性-完美塑性的低碳钢模型，密度为 7800kg/m^3，杨氏模量为 210GPa，屈服应力为 200MPa。模拟样品在两块刚性板之间的平面外压缩。图 6 是分别基于

a_1（参见图6a）和单元数目 m 的增加（参见图6b）生成的拱形 Miura 模型。它表明，a_1 较低的模型更紧密，表面积更大。为了使所有模型具有相同的质量，壳的厚度随着 a_1 的不同值而变化。

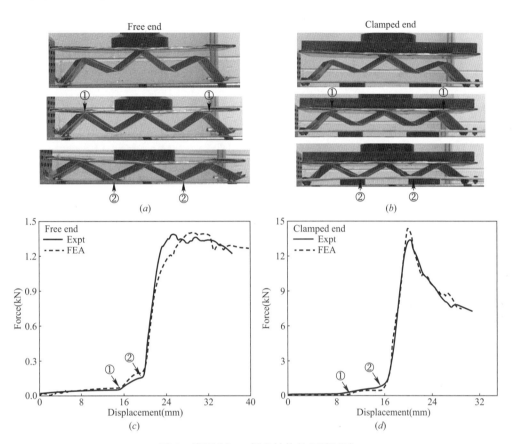

图5　拱形 Miura 折叠结构的压缩试验

（a）自由边界和（b）固支边界的试样变形过程；（c）自由边界和（d）固支边界试样的力－位移曲线

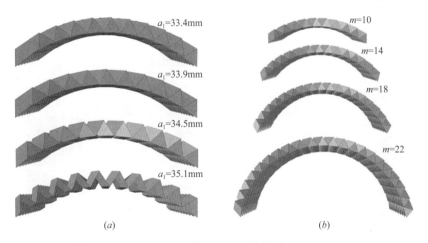

图6　拱形 Miura 结构

（a）不同 a_1；（b）不同 m

图7显示不同试样在不同边界条件下的力-位移曲线。比能量吸收（SEA）定义为能量与质量的比率。结果表明除了 $a_1 = 35.1$mm 的情况外，对于具有不同 a_1 的自由边界模型，SEA 几乎相同。然而，对于固支边界的模型，SEA 随着 a_1 的增加而大大降低。随着单元数量的增加，两种边界条件的试样的 SEA 均增加。当 $m = 22$ 时，SEA 是 $m = 10$ 的 5 倍。对于两种边界条件，拱形 Miura 折纸结构的 SEA 大约是它们相应的简单拱结构的 2～4 倍。

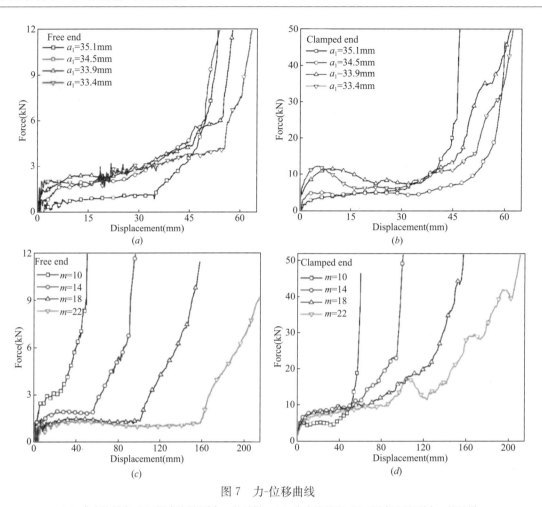

图 7　力-位移曲线

（a）自由边界和（b）固支边界不同 a_1 的试样；（c）自由边界和（d）固支边界不同 m 的试样

俯视图（见图 8b）显示两端固支的拱形 Miura 结构（弧角 70°，$m=10$）的最终变形比较均匀，而其他三种模型（$m=14$，18 和 22）在中跨处产生"颈缩"效应。在前视图中（见图 8a），它们的变形类似"M"形，与其相应的简单拱结构变形相似。

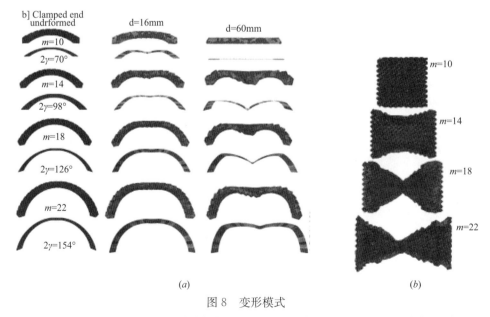

图 8　变形模式

（a）固支的拱形 Miura 结构和相应的简单拱结构正视图；（b）固支的拱形 Miura 结构最终变形的俯视图

5 Miura 折纸结构夹芯的三明治板

5.1 有限元模型

我们在两种加载条件下分析了三明治板：准静态三点弯曲和均布压力载荷。在 SolidWorks 中建 Miura 夹芯结构[10]。使用 ABAQUS/Explicit 进行有限元分析，模型的单元是 S4R 线性四边形，网格尺寸为 2mm。该材料为典型的低温钢，无应变硬化，密度为 $7800 \mathrm{kg/m^3}$，杨氏模量为 210GPa，屈服应力为 200MPa。面板的面积为 430mm×400mm，面板的厚度为 5mm，每个面板的质量为 6.71kg。调整夹芯板两边单元个数，即 m 和 n，使 Miura 夹芯的整体尺寸在 430mm×400mm 范围内。对于夹芯结构，φ、θ_A 和侧边长度（a 和 b）被设置为变量，芯层材料的厚度（t）是不同的，以确保每个夹芯层具有相同的质量（2.09kg）。对于不同的夹芯层，其上下面板的材料和厚度都是相同的。实验研究了具有三组不同参数的试样：第 1 组—不同平行四边形夹角 φ（参见图 9a）；第 2 组—不同二面角 θ_A（参见图 9b）；第 3 组-不同边长 a 和 b（参见图 9c）。

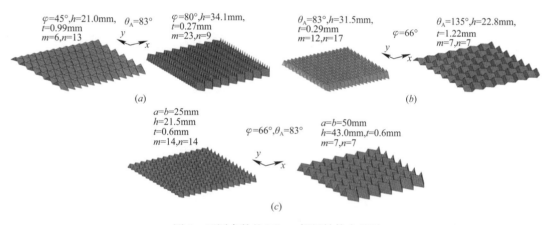

图 9　不同参数的 Miura 折纸结构夹芯层

（a）第 1 组，$\theta_A = 83°$ and $a = b = 35mm$；（b）第 2 组，$\varphi = 66°$ and $a = b = 35mm$；（c）第 3 组，$\varphi = 66°$ and $\theta_A = 83°$

5.2 准静态三点弯载荷

我们研究了 Miura 折纸结构夹芯的三明治板在三点弯曲载荷下的力学响应（参见图 10，其中 d 是压头的位移，曲线彩色云图表示 Mises 应力）。半圆形压头的直径为 50mm，压头和支撑沿 y 方向放置，支撑跨距为 352.6mm。压头的力和位移之间的关系如图 11 所示，初始阶段力几乎呈线性增加，然后达

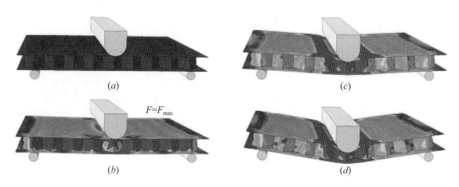

图 10　三点弯载荷下三明治板的变形（$\varphi = 75°$ and $\theta_A = 83°$）

（a）$d = 0mm$；（b）$d = 2.4mm$；（c）$d = 15.6mm$；（d）$d = 36mm$

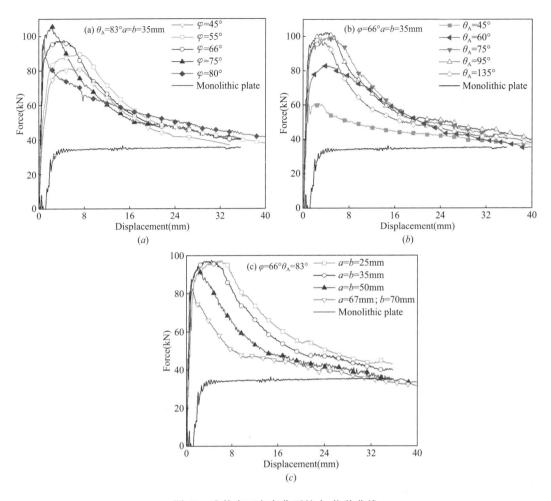

图 11　准静态三点弯曲下的力-位移曲线

（*a*）不同 φ 值；（*b*）不同 θ_A 值；（*c*）不同的边长值

到峰值 F_{max}，图 10（*b*）显示了峰值处三明治板的变形。随后，当位移增加时力大幅度减小。局部变形发生在面板的中心区域周围（参见图 10*c* 和 *d*）。

5.3　均匀分布的压力载荷

我们还研究了 Miura 折纸结构夹芯的三明治板在均匀分布压力载荷下的力学响应（参见图 12）。板四边固支，均布压力作用的面积为 352.6mm×328mm，施加的压力为 3～7MPa。总塑性能量如图 13 所示，当最终位移很小，即<40mm 时，对于具有不同平行四边形夹角和二面角的模型，能量吸收几乎是相同的值。当最终变形大时，塑性能量随平行四边形夹角的增加而增加；然而，随着二面角增加，塑性能量先减小后增加，塑性能量随着边长的增加而增大，特别是在变形较大时。

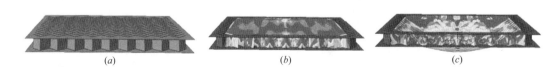

图 12　均布压力载荷下三明治板的变形（$\varphi=75°$ and $\theta_A=83°$）

（*a*）未变形；（*b*）*P*=3MPa；（*c*）*P*=7MPa

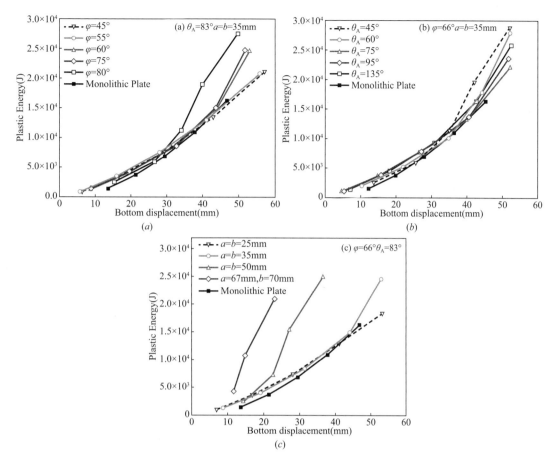

图 13　均布载荷下三明治板的塑性能量

（a）不同 φ；（b）不同 θ_A；（c）不同边长

6　结论

从以上研究中，总结了折纸图案结构的几个特征：（1）折纸图案可有效降低薄壁管轴向压缩的峰值力和波动；（2）具有 Miura-ori 图案的平面结构和拱形结构具有用做能量吸收结构的良好潜力；（3）Miura折纸结构夹芯的三明治板具有良好的通风、通气性以及可以与传统蜂窝夹芯和泡沫夹芯相媲美的力学性能。

参考文献

［1］　Thrall AP，Quaglia CP．Accordion shelters：A historical review of origami-like deployable shelters developed by the US military．Engineering Structures，2014，59：686-92.

［2］　Quaglia CP，Dascanio AJ，Thrall AP．Bascule shelters：A novel erection strategy for origami-inspired deployable structures．Engineering Structures，2014；75：276-87.

［3］　Miura K．Zeta-core sandwich - Its concept and realization．Institution of Space and Aeronautical Science，University of Tokyo，1972．p．137-64.

［4］　Zheng X，Lee H，Weisgraber TH，Shusteff M，DeOtte J，Duoss EB et al．Ultralight，ultrastiff mechanical meta-materials．Science．2014，344：1373-7.

［5］　Schenk M，Allwood J，Guest S．Cold gas-pressure folding of Miura-ori sheets．Proceedings of International Conference on Technology of Plasticity (ICTP)，2011.

[6] Gattas JM，You Z. Design and digital fabrication of folded sandwich structures. Automation in Construction. 2016；63：79-87.

[7] Song，J.，Y. Chen，and G. Lu，Axial crushing of thin-walled structures with origami patterns. Thin-Walled Structures，2012，54：p. 65-71.

[8] Sicong Liu，Guoxing Lu，Yan Chen，Yew Wei Leong. Deformation of the Miura-ori patterned sheet. International Journal of Mechanical Sciences，2015，99：p. 130-142.

[9] X. M. Xiang，G. Lu，D. Ruan，Z. You，M. Zolghadr. Large deformation of an arc-Miura structure under quasi-static load. Composite Structures，2017，182：p. 209-222.

[10] X. M. Xiang，Z. You，G. Lu. Rectangular Sandwich Plates with Miura-ori Folded Core under Quasi-Static Loadings. Composite Structures，2018，195：p. 359-374.

刚性弹体侵彻研究中的几个基本问题

柴传国[1]，李庆明[2,3]

（1. 化工材料研究所，绵阳　621900；2. 北京理工大学，北京　10081；

3. 曼彻斯特大学，曼彻斯特　M13 9PL）

摘　要： 关于侵彻问题的研究已经取得了长足进展，但对包括刚性弹体侵彻过程中摩擦的影响、侵彻阻力中准静态项的物理构成和刚性弹体侵彻问题是否满足相似率等几个基本问题仍然没有阐述清楚，并一定程度上阻碍了对侵彻问题更深层次的理解。本文总结了在以上方面的一些研究成果，通过对现有实验数据和侵彻模型的进一步分析，试图一定程度上阐明弹体摩擦、准静态侵彻阻力物理构成和侵彻相似率等问题。研究结果表明，无论是混凝土侵彻，还是铝靶侵彻，弹身摩擦均对弹体侵彻能力有影响。在靶体确定的情况下，该影响的大小主要由侵彻深度决定。研究结果还表明，无论侵彻速度大小，刚性弹体侵彻中存在明确的相似关系；以及刚性弹体侵彻时的准静态侵彻阻力均与靶体在动态压缩条件下的等效强度密切相关。

关键词： 刚性弹体侵彻；摩擦；相似率；准静态侵彻阻力

1　引言

自 20 世纪 60 年代，美国启动"土动力学"研究计划以来，对侵彻问题的研究取得了长足的进步。特别是以 Forrestal 为代表的 Sandia 国家实验室对混凝土、铝靶和钢靶等展开了一系列的研究，并提出或改进了基于空腔膨胀理论的侵彻阻力公式和侵彻模型等，对于推动和加深对侵彻问题的理解起到了重要作用[1-6]。然而，关于侵彻问题，仍然有几个基本问题没有阐述清楚，并一定程度上阻碍了对侵彻问题的更深层次的理解。这些问题包括刚性弹体侵彻过程中摩擦的影响、侵彻阻力中准静态项的物理构成，及刚性弹体侵彻问题是否满足相似率等。

由于难以直接测量高速高压力作用下的动态摩擦系数，因此使得对侵彻过程中摩擦的影响有多种意见。Forrestal 就曾建议过混凝土靶或铝靶与钢弹界面的摩擦系数的取值量级为 10^{-3} 到 10^{-1}，甚至提议由于钢弹和铝靶表面微薄熔化层的存在，使得二者之间的摩擦可以忽略[5,7]。在缺少直接测量手段的情况下，弹靶之间的摩擦问题显得难以深入讨论。

无论混凝土侵彻还是铝靶侵彻，刚性弹体侵彻阻力中的准静态项均被广泛接受，并采用初始屈服强度的增强项的形式 AY 进行表达。然而这种引入经验常数的方法固然促成了侵彻公式与实验值的良好吻合，却也阻碍了对于侵彻阻力物理构成的深入理解，并进而阻碍了有效减小侵彻阻力（指导弹体设计）或提高侵彻阻力（指导靶体设计）的可能。

随着对侵彻问题研究的深入，无论是弹体侵彻能力还是靶体防护能力，均有了很大提高。为了进

作者简介：李庆明，英国曼彻斯特大学教授，博士生导师；北京理工大学特聘兼职教授，博士生导师。

　　　　　柴传国，化工材料研究所，助理研究员。

电子邮箱：qingming. li@manchester. ac. uk

一步提高弹体侵彻能力，弹体的尺寸有向更大甚至巨大方向发展的趋势。而随着弹体尺寸的增大，弹体实验成本也急剧增长，使得大尺寸弹体的实验成本难以承受。为了能满足大尺寸弹体的设计和实验问题，而又不剧烈增大成本，对于侵彻问题中是否存在相似率的研究便具有了更加重要的意义。

本文总结了近期在以上方面的一些研究成果，通过对现有实验数据和侵彻模型的进一步分析，试图一定程度上阐明弹体摩擦、准静态侵彻阻力的物理构成和侵彻相似率等问题。

2 弹身摩擦对侵彻的影响[8]

2.1 Forrestal 侵深公式

弹体头部的正应力一般表示成

$$\sigma_n = AY + B\rho_t v^2 \tag{1}$$

其中，Y 和 ρ_t 分别是靶体材料的屈服应力和密度，A 和 B 是描述侵彻阻力中准静态分量和动态分量的无量纲材料参数，v 是弹头与靶体界面正交方向上的局部瞬时速度，其与侵彻速度 V 满足 $v = V\cos\theta$。弹头表面的切向应力（摩擦力）$\sigma_t = \mu\sigma_n$，μ 是弹靶界面的摩擦力。当弹身进入靶体时，靶体已经被弹头挤压出弹径尺寸的腔体，此时，靶体不再扩孔，即靶体在弹身处的扩孔速度降低为 0，因此，弹身所受的压力可以表示为 $p_{sh} = AY$[9]。

考虑弹头和弹身摩擦，则弹体所受的轴向侵彻阻力可以表示为

$$F_x = \frac{\pi d^2}{4}(N_1 AY + N_2 B\rho_t V^2) + \mu\pi d(L_0 - h)p_{sh} \tag{2}$$

其中，N_1 和 N_2 是同弹头形状相关的积分常数，V 是弹体侵彻速度，L_0 和 h 分别是弹体总体长度和弹头部分长度，如图 1 所示。

不考虑开坑区，则考虑弹头和弹身摩擦的最终侵彻深度可以由牛顿第二定律积分得到

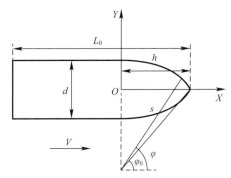

图 1　弹体示意图

$$\frac{P}{d} = \frac{2M}{N_2 B\rho_t \pi d^3}\ln\left(1 + \frac{N_2 B\rho_t V_0^2}{N_1' AY}\right) \tag{3}$$

其中，弹头曲径比（CRH）$\psi = s/d$，

$$N_1' = 1 + 4\mu\psi^2\left[\left(\frac{\pi}{2} - \varphi_0\right) - \frac{\sin 2\varphi_0}{2}\right] + \frac{4\mu(L_0 - h)}{d} \tag{4}$$

$$N_2 = N^* + \mu\psi^2\left[\left(\frac{\pi}{2} - \varphi_0\right) - \frac{1}{3}\left(2\sin 2\varphi_0 + \frac{\sin 4\varphi_0}{4}\right)\right] \tag{5}$$

$$N^* = \frac{1}{3\psi} - \frac{1}{24\psi^2} \tag{6}$$

$$\varphi_0 = \sin^{-1}\left(1 - \frac{1}{2\psi}\right) \tag{7}$$

2.2 混凝土侵彻中弹身摩擦的影响

混凝土侵彻公式中应用最广泛的是由 Forrestal 等人提出的[3,4]。不考虑开坑区的情况下，其可以表示为

$$P = \frac{2M}{\pi d^2} \frac{1}{\rho_t N_2} \ln \left(1 + \frac{N_2 \rho_t V_0^2}{N_1' S f_c'} \right) \tag{8}$$

其中，S 是与混凝土单轴压缩强度 f_c' 相关的经验常数，$S = 82.6 f_c'^{-0.544}$，其中 f_c' 的单位是 MPa。

忽略摩擦，则 $N_1' = 1$，取

$$I_0 = \frac{M V_0^2}{d^3 S f_c'} \tag{9}$$

则公式（8）的泰勒展开形式的一阶近似形式[10]可以表达为

$$\frac{P}{d} = \frac{2}{\pi} I_0 \tag{10}$$

陈小伟和李庆明[10]提出了一个与实验值吻合良好的经验表达形式

$$\frac{P}{d} = \frac{1}{2} I_0 \tag{11}$$

图 2 展示了侵彻实验数据与公式（10）和（11）预测结果的比较。从图中可以看出，经验公式（11）比一阶近似公式（10）同实验数据吻合更好，并且侵彻深度越大，经验公式 $P/d = I_0/2$ 与实验结果吻合得越好。这里需要注意的是，与实验结果吻合更好的是经验公式（11），而不是理论上应该与实验吻合更好的 Forrestal 侵深公式的一阶近似表达公式（10）。这一现象是反常的。为了研究这一现象，本文进一步研究了实验侵深 P^{exp} 和公式（10）和（11）预测结果 P^{pre} 的差值比率

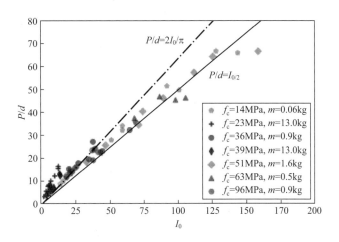

图 2 无量纲侵彻深度与 I_0 关系的比较

$$R = \frac{\mid P^{exp} - P^{pre} \mid}{P^{exp}} \tag{12}$$

图 3 给出了侵深实验值与公式（10）和（11）预测值的差值比率 R 及其与 I_0 之间的关系。图 3 (a) 给出了侵深实验值与公式（10）预测值的差值比率 R 及其与 I_0 之间的关系，图 3 (b) 给出了侵深实验值与公式（11）预测值的差值比率 R 及其与 I_0 之间的关系。从图中可以看出，当 $I_0 > 30$ 时，从公式 $P/d = 2I_0/\pi$ 向公式 $P/d = I_0/2$ 的替换，使得差值比率 R 迅速从高于 0.2 降低到低于 0.1；而当 $15 < I_0 \leqslant 30$ 时，该替换则使得差值比率 R 从大部分接近于 0 升高到接近 0.2。但差值比率 R 接近于 0 的结果是可疑的。根据下文来自图 6 的支持表明，对于 $15 < I_0 \leqslant 30$ 时，$P/d = I_0/2$ 更适合描述此时的实验数据。对于 $I_0 \leqslant 15$，由于侵深较小，使得开坑区的影响不可忽略，而公式（8）是忽略开坑区的，导致差值比率 R 较高。但开坑区的影响在本文不做研究。图 3 表明 $P/d = I_0/2$ 更适于描述 $I_0 > 15$ 时的深侵彻，而 $P/d = 2I_0/\pi$ 则更适于描述 $I_0 \leqslant 15$ 时的浅侵彻。

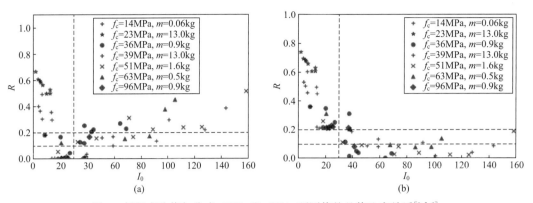

图 3　侵深实验值与公式（10）和（11）预测值的差值比率关系[3,5,6]

（a）实验值与 $P/d=2I_0/\pi$ 的差值比率；（b）实验值与 $P/d=I_0/2$ 的差值比率

考虑弹体侵彻时的摩擦，则 N_1' 将不再等于 1，此时侵深公式（8）可以表达为

$$\frac{P}{d}=\frac{1}{N_1'}\frac{2}{\pi}I_0=\frac{1}{N_1'}\frac{2}{\pi}\frac{MV_0^2}{d^3Sf_c'} \tag{13}$$

其中，

$$N_1'=1+4\mu\psi\left[\left(\frac{\pi}{2}-\varphi_0\right)-\frac{\sin2\varphi_0}{2}\right]+\frac{4\mu(L_0-h)}{d} \tag{14}$$

取摩擦系数 $\mu=0.01$，假设弹体曲径比介于 $\psi=1/2$ 和 $\psi=6$ 之间，弹体长度介于 $L_0=6d$ 和 $L_0=10d$ 之间，则计算可得 $2/(\pi N_1')$ 介于 $0.46\sim0.53$ 之间，或者说，$2/(\pi N_1')$ 的平均值大约等于 0.5。因此，与实验侵深吻合更好的经验公式 $P/d=I_0/2$ 实际上是公式（10）在考虑弹头和弹身摩擦后的近似结果。

李斌和李云凯[12]采用卵形弹头和等径圆柱弹身与相同卵形弹头但弹身缩小的弹体研究了弹身上的摩擦对侵彻能力的影响。所有实验弹体具有相同的弹体质量和 $CRH=3$ 的弹头形状。研究弹身摩擦的弹体结构图如图 4 所示。混凝土靶体是 C45 混凝土，其边长 150mm 的立方体试件的单轴压缩强度是 45MPa，弹体直径是 550mm。发射设定的弹体初始速度均为 1200m/s。

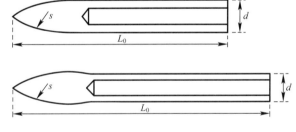

图 4　弹体结构图

表 1 给出了研究弹身摩擦影响的实验结果。实验结果表明，弹身尺寸缩小的弹体侵彻深度明显高于常规柱形弹体。考虑到两种弹体的弹头尺寸是相同的，因此，侵彻深度的增加只可能来自弹身上摩擦的减少。同常规柱形弹体的侵彻深度相比，弹身缩小的弹体的侵彻深度分别提高了 7.1% 和 14.3%。考虑到弹身缩小弹体的 J 形偏转导致的轴向侵彻阻力的增加，因此，弹身缩小弹体的实际侵彻能力还可增加，或说，弹身上的摩擦阻力占比应不低于试验中侵彻深度提高的比率。

弹身摩擦实验结果　　　　　　　　　　　　　　　　　　　　　　　表 1

（带 * 号的数据，弹道发生了 J 形偏转，其侵深是沿弯曲弹道的测量结果）

Type	Projectile			Results	
	d（mm）	L_0（mm）	M（g）	V_0（m/s）	P（mm）
Cylinder shank	15	105	104.8	1222	630
	15	105	104.6	1210	640
	15	105	105.1	1263	630
	15	105	105.7	1236	630
	15	105	104.9	1237	630
	15	105	105.5	1253	630
Cut-back shank	13	129.1	105.0	1214	675 *
	13	129.1	103.1	1219	720 *

2.3 铝靶侵彻中弹身摩擦的影响

Forretal 和 Luk 等[4]提出的预测侵彻铝靶深度的公式可以表示为

$$\frac{P}{L_{\mathrm{sh}}+ka}=\frac{1}{2\beta}\frac{\rho_{\mathrm{p}}}{\rho_{\mathrm{t}}}\ln\left(1+\frac{\beta}{\alpha}\frac{\rho_{\mathrm{t}}}{Y}V_0^2\right) \tag{15}$$

其中，

$$L_{\mathrm{sh}}+ka=4M/(\pi d^2\rho_{\mathrm{p}}) \tag{16}$$

$$\alpha=A[1+4\mu\psi^2(\pi/2-\varphi_0)-\mu(2\psi-1)(4\psi-1)^{0.5}] \tag{17}$$

$$\beta=\frac{B(8\psi-1)}{24\psi^2}+B\mu\psi^2\left[\left(\frac{\pi}{2}-\varphi_0\right)-\frac{1}{3}\left(2\sin2\varphi_0+\frac{\sin4\varphi_0}{4}\right)\right] \tag{18}$$

$$\varphi_0=\sin^{-1}\left(\frac{2\psi-1}{2\psi}\right) \tag{19}$$

从定义中可以看出，$L_{\mathrm{sh}}+ka$ 事实上就是弹体有效长度 L_{eff}，方程（14）与方程（3）在忽略弹身摩擦时是相同的。Forrestal 等人在侵彻铝靶的弹体表面发现了 $5\sim15\mu\mathrm{m}$ 的熔化层，并认为熔化层的存在使得弹靶界面摩擦很小，因此忽略弹身摩擦[10,11]。因此，根据 2.2 节中的讨论过程可知，对于铝靶的侵彻也应存在相似率，即在靶体、弹头形状和弹体初始速度相同的情况下，具有相同 I_0 的侵彻也将具有相同的无量纲侵彻深度 P/d。当靶体一致时，由于靶体的压缩性是相同的，因此 B 的取值将对侵彻相似性没有影响。因此，铝靶的侵彻可以表示为

$$\frac{P}{d}=\frac{2}{\pi N_1'}I_0=\frac{1}{2N_1'}\frac{\rho_{\mathrm{p}}\rho_{\mathrm{t}}V_0^2}{\rho_{\mathrm{t}}}\frac{L_{\mathrm{eff}}}{AY}\frac{L_{\mathrm{eff}}}{d} \tag{20}$$

其中 $A=2/3+\ln(2E/3Y)$[14]，E 和 Y 分别是靶体的弹性模量和屈服强度。

Forrestal 等采用不同弹体材料（C300，T200，var4340 和 AerMet100）制作的曲径比 CRH 为 0.5 和 3 的弹体开展了侵彻 6061-T651 和 7075-T651 铝合金靶的侵彻实验[9-11,13,14]。图 5 给出了实验数据与预测公式 $P/d=2I_0/\pi$ 和 $P/d=I_0/2$ 之间的关系。弹头侵蚀严重的数据已经从图中剔除。从图中可以看出，虽然弹头形状不同，弹体和靶体材料也不同，但实验的无量纲侵深 P/d 仍然与 I_0 有着很好的相关性，特别是无量纲侵深越大，实验数据与 $P/d=I_0/2$ 的吻合越好。实验数据同考虑弹身摩擦的近似公式 $P/d=I_0/2$ 的良好吻合结果表明，对于铝靶侵彻，弹体上的摩擦也是不可忽略的。经验公式 $P/d=I_0/2$ 对应的摩擦系数 $\mu=0.01$。从图中经验公式 $P/d=I_0/2$ 预测值高于实验值的结果表明，铝靶

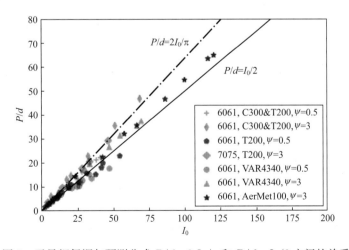

图 5 无量纲侵深与预测公式 $P/d=2I_0/\pi$ 和 $P/d=I_0/2$ 之间的关系

侵彻中的摩擦系数应该低于 0.01。由于实验数据点介于两个预测公式中间，而预测公式 $P/d = 2I_0/\pi$ 对应的摩擦系数为 0，因此单纯从实验数据与两个预测公式的拟合结果及其比例推断，铝靶侵彻中的摩擦系数约为 0.006。

3 刚性弹体侵彻中的相似率

3.1 刚性弹体侵彻中的相似率

令

$$I^* = \frac{N_2 B \rho_t V_0^2}{N_1' d^3 A Y} \tag{21}$$

当 $I^* < 1$ 时，侵彻深度式（3）的泰勒展开形式是

$$\frac{P}{d} = \frac{2}{\pi} \frac{M}{N_2 B \rho_t d^3} \left[I^* - \frac{I^{*2}}{2} + \cdots + (-1)^{n+1} \frac{I^{*n}}{n} \right] \tag{22}$$

令

$$I = \frac{M V_0^2}{N_1' d^3 A Y} \tag{23}$$

并定义弹体有效长度 L_{eff} 满足 $M = \rho_p \pi d^2 L_{eff}/4$，则公式（22）可以表达为

$$\frac{P}{d} = \frac{2}{\pi} I \left[1 - \frac{I^*}{2} + \cdots + (-1)^{n+1} \frac{I^{*n-1}}{n} \right] \tag{24}$$

由公式（21）和公式（24）可以看出，当靶体材料、弹头形状和弹体初始速度确定后，无量纲数 I^* 就成为常数，进而右侧的泰勒展开式，即 $\ln(1+I^*)/I^*$ 也成为常数。此时，无量纲侵彻深度 P/d 将只与无量纲数 I 相关，即全尺寸弹体的侵彻能力将可以从具有相同靶体材料、弹头形状和弹体初始速度的实验室缩比弹体的侵彻实验中获得。事实上，无量纲数 I 是一个控制弹体侵彻能力的包含多个变量交互作用关系的综合表达形式。这些控制变量及其关系可以表达为

$$\frac{P}{d} = \frac{2}{\pi} I = \frac{1}{2} \frac{1}{N_1'} \frac{\rho_p}{\rho_t} \frac{\rho_t V_0^2}{A Y} \frac{L_{eff}}{d} \tag{25}$$

即当靶体材料、弹头形状和弹体初始速度确定后，无量纲侵彻深度 P/d 是弹体摩擦几何系数 $1/(2N_1')$、弹靶密度比 ρ_p/ρ_t、侵彻动静压比 $\rho_t V_0^2/(A Y)$ 和无量纲弹体有效长度 L_{eff}/d 的乘积。虽然弹体摩擦几何系数 $1/(2N_1')$ 和无量纲弹体有效长度 L_{eff}/d 均包含了弹体长度的影响，但由于弹体长度变化引起的摩擦阻力对侵深影响相对较小，因此，此处主要关注无量纲弹体有效长度 L_{eff}/d 的影响。即当 I^* 确定后，无量纲侵彻深度 P/d 主要受弹靶密度比 ρ_p/ρ_t、侵彻动压静压比 $\rho_t V_0^2/(A Y)$ 和无量纲弹体有效长度 L_{eff}/d 的控制。从公式（25）的形式可知，在弹头形状固定的情况下，弹体的无量纲侵深 P/d 实际上是弹体头部截面的动能密度相对于靶体准静态侵彻阻力 $A Y$ 的比率的线性关系。因此，在弹头形状和靶体材料固定的情况下，弹体的侵彻能力将只同该弹的头部截面的动能密度相关。此时，从公式（25）的形式可知，提高弹体侵彻能力主要通过选用高密度弹体材料（如选用钨合金）、提高初始侵彻速度和增加弹体有效长度（增大 L_{eff}，或保持 L_{eff}/d 不变的情况下，增大弹体直径）等来实现。

需要注意的是，公式（25）是以无量纲数 I^* 是常数作为前提的。但从 I^* 表达式（21）可以看出，I^* 除了包含靶体属性和初始侵彻速度外，还同时包含了弹头形状 N_2 的影响。即 I^* 越小的弹头形状，使得泰勒展开式 $\ln(1+I^*)/I^*$ 越大，则具有越强的侵彻能力。因此，为了获得最优的侵彻能力，需要根据实际条件，综合选用高密度弹体材料、提高初始侵彻速度、增加弹体有效长度和优化弹头形状系

数等方法。

公式（24）的使用条件要求弹体始终保持为刚体，并且无量纲数 I^* 小于 1。事实上，$I^*=1$ 对应的速度 $V_c=\sqrt{AY/(B\rho_t N_2)}$ 几乎高于现有的所有已实验过的数据[17]。值得注意的是，即便当弹体初始撞击速度非常高，靶体惯性不可忽略时，公式（24）展示的侵深相似关系在弹体保持为刚体时仍然适用。需要注意的是，在真实的侵彻实验中，随着初始侵彻速度的提高，弹体将发生侵蚀并造成弹头变钝，而这将造成侵彻阻力增加，进而降低弹体的侵彻能力。

通过 2.2 节的分析可知，无量纲侵深公式 $P/d=2I_0/\pi$ 和 $P/d=I_0/2$ 分别是不考虑和考虑弹身摩擦时的无量纲侵深公式，其中 $I_0=MV_0^2/(d^3Sf_c')$。同时，对大量实验数据的拟合分析表明，不管弹头形状或长径比等有何不同，凡是具有相同 I_0 的侵彻试验，也大体具有相同的无量纲侵深。同时，无量纲侵深公式 $P/d=2I_0/\pi$ 与浅侵彻深度时的数据吻合更好，而考虑摩擦的无量纲侵深 $P/d=I_0/2$ 与深侵彻深度时的数据吻合更好。

3.2 混凝土侵彻中考虑摩擦的相似率的应用

Canfield 和 Clator[18] 开展了全尺寸和 1/10 缩比模型的弹体的侵彻实验。弹头的曲径比 CRH 均是 1.5，弹径分别是 7.62mm 和 76.2mm，其对应的弹体质量分别是 5.9g 和 5900g，其对应的靶体密度和单轴压缩强度分别是 2240kg/m³、34.6MPa 和 2310kg/m³、35.1MPa。实验结果如表 2 所示。这些数据是从文献［2］中重新读取的，因此可能与真实数据存在微小差别。

图 6 给出了缩比实验数据与预测公式（10）和（11）之间的关系。从图中可以看出，虽然两组实验数据的弹径和尺寸相差 10 倍，质量相差 1000 倍，但经过无量纲处理后，两组数据表现出了良好的相似性和一致性。当 $I_0 \leqslant 15$ 或 $P \leqslant 7.5d$ 时，公式 $P/d=2I_0/\pi$ 与实验值吻合更好；而当 $I_0 > 15$ 或 $P > 7.5d$ 时，公式 $P/d=I_0/2$ 与实验值吻合更好。

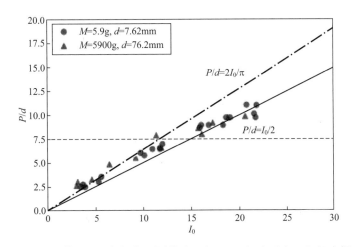

图 6　等长径比弹体无量纲侵深与预测公式 $P/d=2I_0/\pi$ 和 $P/d=I_0/2$ 之间的关系

根据 I_0 的展开表达式

$$I_0=\frac{\pi}{4}\frac{\rho_p}{\rho_t}\frac{\rho_t V_0^2}{AY}\frac{L_{\text{eff}}}{d} \tag{26}$$

可知，对于弹头形状和靶体材料相同的侵彻，不论长径比或弹径如何变化（缩小或放大），其无量纲侵深 P/d 均可通过预测公式（10）和（11）求得。图 6 给出的就是长径比不变，而弹径放大的侵彻试验。试验结果表明，无论是深侵彻还是浅侵彻，具有相同 I_0 的侵彻试验，也具有相同的无量纲侵深，即刚性弹体侵彻满足相似关系。对于浅侵彻，考虑摩擦的公式（10）描述较为准确。而对于深侵彻，则考虑摩擦的公式（11）更为准确。

缩比弹体侵彻实验[2]

表 2

7.62	V_0(m/s)	327	338	348	408	419	554
	P(mm)	19	21	19	23	27	46
	P/d	2.5	2.8	2.5	3.0	3.5	6.0
	V_0(m/s)	565	589	610	610	617	710
	P(mm)	44	49	49	50	53	66
	P/d	5.8	6.4	6.4	6.6	7.0	8.7
	V_0(m/s)	713	730	762	769	777	811
	P(mm)	68	68	68	74	74	84
	P/d	8.9	8.9	8.9	9.7	9.7	11.0
	V_0(m/s)	826	829	831			
	P(mm)	77	74	84			
	P/d	10.1	9.7	11.0			
76.2	V_0(m/s)	306	312	381	452	541	602
	P(mm)	200	230	249	370	421	600
	P/d	2.6	3.0	3.3	4.9	5.5	7.9
	V_0(m/s)	616	709	717	742	775	811
	P(mm)	500	656	608	698	738	750
	P/d	6.6	8.6	8.0	9.2	9.7	9.8

3.3 铝靶侵彻中考虑摩擦的相似率的应用

Forrestal 和 Brar 等人[7]开展了一系列弹头形状相同，但长径比和直径不同的侵彻实验。试验弹体采用 T-200 钢制作，弹体密度是 8000kg/m³，弹头曲径比 $CRH=0.5$，弹体直径及其对应的长径比分别是 7.11mm、7.11mm 和 5.08mm 与 5.5、10.5 和 14.5。靶体采用 6061-T651 铝合金靶，靶体密度是 2710kg/m³，靶体强度是 276MPa。

图 7 给出了弹头形状和靶体不变，变化弹体直径和长径比的侵彻实验数据与预测公式 $P/d=2I_0/\pi$ 和 $P/d=I_0/2$ 之间的关系。从图中可以看出，虽然弹体直径和弹体长径比均不同，但所有侵彻实验仍然与预测公式之间表现出了很好的一致性。该结果再次表明，无论是深侵彻还是浅侵彻，具有相同 I_0 的侵彻试验，也具有相同的无量纲侵深，即刚性弹体侵彻铝靶也满足相似关系。

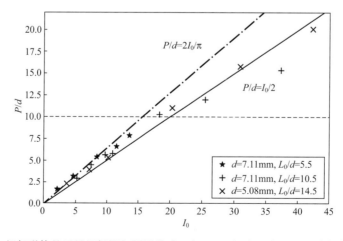

图 7　相似弹体的无量纲侵深与预测公式 $P/d=2I_0/\pi$ 和 $P/d=I_0/2$ 之间的关系

4 准静态侵彻阻力的物理意义[19]

4.1 混凝土侵彻中准静态侵彻阻力的物理意义

混凝土侵彻中的准静态侵彻阻力通常表达为单轴压缩强度 f'_c 的增强项。这种增强通过系数 S 实现，S 可以通过线性回归得到的经验公式计算得到。引入经验常数 S 简化了准静态侵彻阻力的计算，方便了工程师的使用，但同时阻碍了对其物理意义及更深的理解。事实上，Forrestal 等在提出经验常数 S 的时候就已经意识到了相关问题，"不幸的是，大多数侵彻研究缺乏输入解析和计算模型的必要的三轴实验数据。然而，很多实验研究报道了混凝土的单轴压缩强度 f'_c。为了利用这一数据基础，我们提出了一个基于单轴压缩强度 f'_c 的描述混凝土靶体的无量纲经验数 S 的描述侵彻的经验公式。"他们同时提到 Sf'_c 与靶体材料的剪切强度关系密切。事实上，混凝土侵彻中的准静态侵彻阻力不仅同靶体材料强度相关，同时应该与侵彻速度、靶体材料压缩程度和靶体中的围压均有关系。

混凝土的准静态侵彻阻力通常被认为是三轴压缩下强度的参量。混凝土作为典型的地质材料，其强度与围压高度相关，因此，其在侵彻等冲击条件下的强度也可以引入包含动态围压的本构模型进行描述。因此，本文引入了被广泛应用的描述大变形高应变率和高压的 HJC（Holmquist-Johnson-Cook）模型[20] 描述混凝土在动态压缩下的力学行为。

在 HJC 模型中，混凝土的等效强度 σ_{hjc} 被描述成压力、应变率和损伤的函数，满足

$$\sigma^* = \frac{\sigma_{hjc}}{f'_c} = [A_{hjc}(1-D) + BP^{*N}](1 + C\ln\dot{\varepsilon}^*) \tag{27}$$

其中，σ^* 是规范后的无量纲等效强度，$\sigma^* = \sigma_{hjc}/f'_c$，$f'_c$ 是混凝土的单轴压缩强度，A_{hjc} 是规范后的粘聚强度系数，D 是开裂损伤系数（完整时为 0，完全开裂后为 1），B 是规范后的压力硬化系数，N 是压力硬化指数系数，C 是应变率系数，P^* 是规范后的压力，$P^* = P/f'_c$，P 是实际压力，$\dot{\varepsilon}^* = \dot{\varepsilon}/\dot{\varepsilon}_0$ 是无量纲应变率，$\dot{\varepsilon}$ 是实际应变率，$\dot{\varepsilon}_0 = 1.0\mathrm{s}^{-1}$ 是参考应变率。

在 HJC 模型中，混凝土中压力-体积响应关系被分成了 3 个部分：弹性区、过渡区和压实区，如图 8 所示。弹性区发生在 $P < P_{crush}$，P_{crush} 和 μ_{crush} 分别是单轴压缩屈服时的压力和体积应变。弹性体积模量 $K = P_{crush}/\mu_{crush}$。过渡区发生在 $P_{crush} \leqslant P < P_{lock}$。此时，靶体中的空气被逐渐挤压出混凝土，$P_{lock}$ 定义了气体完全被挤压出混凝土时的压力。密实区定义了混凝土中的气体完全被挤压出后，靶体继续承压时的体积和体应变关系。这些压力-体应变描述为

$$P = \begin{cases} K_{elastic}\mu & P < P_{crush} \\ P_{crush} + K_{transition}(\mu - \mu_{crush}) & P_{crush} \leqslant P < P_{lock} \\ P_{lock} + K_1\bar{\mu} + K_2\bar{\mu} + K_3\bar{\mu} & P \geqslant P_{lock} \end{cases} \tag{28}$$

其中，修正体积应变 $\bar{\mu} = (\mu - \mu_{lock})/(1 + \mu_{lock})$，当下体积应变 $\mu = \rho_t/\rho_0 - 1$，锁定体积应变 $\mu_{lock} = \rho_{grain}/\rho_0 - 1$，$\rho_{grain}$ 是空气完全挤压出去时对应的靶体密度。模型中的参数均可以通过适度假设和规范的试验数据得到。本文计算时使用的数据全部来自文献 [20]，如表 3 所示。

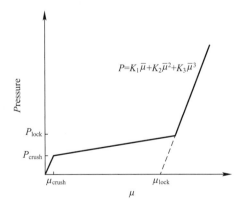

图 8 混凝土中压力和体积应变的关系

HJC 模型参数 表 3

Strength		Damage		Pressure	
A_{hjc}	0.79	D_1	0.04	$P_{crush}(GPa)$	0.016
B	1.60	D_2	1.0	μ_{crush}	0.001
N	0.61	EF_{min}	0.01	$K_1(GPa)$	85
C	0.007			$K_2(GPa)$	−171
f'_c	0.048			$K_3(GPa)$	208
S_{max}	7.0			$P_{lock}(GPa)$	0.80
$G(GPa)$	14.86			μ_{lock}	0.10
				$T(GPa)$	0.004

P_{lock} 定义为空气全部从混凝土中排出时的状态，此后，混凝土将处于完全压实状态。而根据空腔膨胀理论[17,18]，弹体头部应力也是由塑性区或压实区的应力计算得到。二者均表征了压实区的应力状态。由于 HJC 模型中的等效强度 σ_{hjc} 和混凝土的准静态侵彻阻力 $R_t = Sf'_c$ 均表征混凝土在三轴动态压缩下的应力状态，因此，二者应该具有一定相关性。表 4 给出了多组实验中二者的数值比较。其中，$S_{emp}=82.6 f_c'^{-0.544}$，

$$S_{exp}=\frac{N\rho_t V_s^2}{f'_c}\left\{\left(1+\frac{4\pi a^3 N\rho_t}{m}\right)\exp\left[\frac{2\pi a^2(P-4a)N\rho_t}{m}\right]-1\right\}^{-1} \qquad (29)$$

二者的计算参考文献 [2] 和 [5]。HJC 模型中的等效强度 σ_{hjc} 则通过代入 HJC 模型的相关参数计算得到。其中 P_{lock} 的取值是 0.8GPa（计算时只取压实区的起始点处），实验用的混凝土的压实密度 ρ_{grain} 均取值 2680kg/m³，初始压实对应的体应变 $\mu_{lock}=\rho_{grain}/\rho_0-1$，特征应变率 $\dot{\varepsilon}=2V_0/d$[23]，弹体直径 $d=2a$。从公式（27）可知，虽然特征应变率 $\dot{\varepsilon}$ 的变化范围很大，但由于其系数 C 很小，因此，混凝土的动态等效强度主要受围压影响。

如表 4 所示，规范后的等效强度 σ^* 与通过实验直接求解和经验公式求解得到的常数 S_{exp} 和 S_{emp} 吻合很好。该结果表明，混凝土侵彻中的准静态侵彻阻力与混凝土在三轴动态围压作用下的材料等效强度一致。因此，原本需要高成本试验才能得到的混凝土准静态侵彻阻力，可以通过实验室量级的实验就可以提前计算出来。

HJC 模型中的规范等效强度 σ^* 和经验常数 S 的比较[3,5] 表 4

f'_c (MPa)	d (mm)	V_s (m/s)	σ^*	S_{exp}	S_{emp}
13.5	12.7	345~945	21.6~21.8	21	20.0
34.6	7.62	350~850	12.6~12.7	14	12.0
35.1	76.2	300~850	12.3~12.4	13	11.9
36.2	26.9	277~800	12.2~12.2	12	11.7
51.0	30.5	405~1201	10.0~10.1	10.5	9.73
62.8	20.3	450~1024	9.0~9.0	8.6	8.69
96.7	26.9	561~793	7.1~7.1	7	6.87

4.2 铝靶侵彻中准静态侵彻阻力的物理意义

在考虑弹体和靶体强度的长杆弹侵彻中，伯努利方程形式的力学方程被用于描述侵彻过程中的阻力平衡

$$\frac{1}{2}\rho_t u^2 + R_t^{tate} = \frac{1}{2}\rho_p (v-u)^2 + Y_p \tag{30}$$

其中，$R_t^{tate} \approx 3.5\sigma_{HEL}$，$Y_p = (1+\lambda)\sigma_{yp}$，Tate 提出对于高强度合金 $\lambda = 0.7$。σ_{yp}，u 和 v 分别是弹体静态屈服强度、局部侵彻速度和弹体速度。

Rosenberg 基于理想塑性模型的仿真结果指出，对于屈服强度 $Y = 1.0$GPa 的钢靶，其在刚性弹体侵彻时的准静态侵彻阻力 $R_t^{rig} = 3.6$GPa，而屈服强度相近的装甲钢（$Y = 0.8\sim1.0$GPa）在长杆弹侵彻时的准静态侵彻阻力 $R_t^{tate} = 4.5\sim5.0$GPa[24]。根据 Tate 提出的长杆弹侵彻中准静态侵彻阻力 $R_t^{tate} \approx 3.5\sigma_{HEL}$，可以计算得到装甲钢的 Hugoniot 弹性极限[25]。由此可以计算出，Rosenberg 通过仿真得到的刚性弹体侵彻时的准静态侵彻阻力 R_t^{rig} 约为 2.5 倍的 Hugoniot 弹性极限。Rosenberg 还提出，在其仿真计算得到的长杆弹准静态侵彻阻力 R_t^{tate} 和刚体准静态侵彻阻力 R_t^{rig} 之间存在一个约为 1.30 倍的比率关系。该比率关系与 $R_t^{tate} \approx 3.5\sigma_{HEL}$ 和 $R_t^{rig} \approx 2.5\sigma_{HEL}$ 的比率 1.40 非常接近。这些现象表明，长杆弹侵彻和刚性弹体侵彻中的准静态侵彻阻力 R_t^{tate} 和 R_t^{rig} 均与 Hugoniot 弹性极限 σ_{HEL} 有密切关系。

严格来说，伯努利方程（30）是一维的，其只作用在一个点或一条线上，而即便假设轴对称，长杆弹侵彻也是一个二维问题。因此，方程中的 R_t^{tate} 和 Y_p 实际上是同时表征弹靶强度和变形及流动场分布的综合效应量。因此，R_t^{tate} 和 Y_p 最好视为描述"弹靶侵彻时的综合阻力"的物理量[26]。

Hugoniot 弹性极限是材料在动态条件下表现出强度属性的最大应力。因此，其应与准静态侵彻阻力 R_t^{rig} 有密切联系。作者没有找到 Forrestal 实验使用的 6061-T6511 和 7075-T651 的 Hugoniot 弹性极限数据。但 Maiden 和 Green 对 6061-T6 和 7075-T6 进行了应变率范围 10^{-2}s^{-1} 到 10^3s^{-1} 的动态压缩试验。实验表明两种合金是应变率无关的[27]。忽略 6061-T6511 和 7075-T651 与 6061-T6 和 7075-T6 合金之间的微小的力学属性的区别，将其也视为应变率无关的材料。那么，6061-T6511 和 7075-T651 合金的动态屈服强度 Y^d 就可以用其静态屈服强度 Y 代替。这样，两种合金的 Hugoniot 弹性极限就可以求得

$$\sigma_{HEL} = \frac{1-v}{1-2v}Y^d \tag{31}$$

基于应变硬化模型和不可压缩材料假设，刚性弹体头部的应力可以表示为[28]

$$\sigma = R_t^{rig} + \frac{3}{2}\rho_t V^2 \tag{32}$$

$$R_t^{rig} = \frac{2}{3}\left(1 + \frac{2E^n}{3Y}I\right)Y \tag{33}$$

$$I = \int_0^{1-3Y/(2E)} \frac{(-\ln x)n}{1-x}dx \tag{34}$$

其中，对于 6061-T6511 和 7075-T651，n 分别取 0.072 和 0.089。Forrestal 等得到了刚性弹体侵彻铝靶研究中，预测值与实验值的吻合良好的结果[6]。而通过上述公式计算的侵彻两种合金时的准静态侵彻阻力 R_t^{rig} 及其相应的 Hugoniot 弹性极限如表 5 所示。

刚性弹体准静态侵彻阻力 R_t^{rig} 与 σ_{HEL}[17]　　　　表 5

Al	E (GPa)	v	Y^d (MPa)	R_t^{rig} (GPa)	σ_{HEL} (MPa)	R_t^{rig}/σ_{HEL}
6061-T6511	68.9	0.33	276	1.34	552	2.43
7075-T651	73.1	0.33	448	2.06	896	2.30
	(71.0)	(0.32)	448	2.06	(846)	(2.44)

从表中可以看出，两种铝合金的刚性弹体侵彻中的准静态侵彻阻力 R_t^{rig} 和 Hugoniot 弹性极限 σ_{HEL} 的比率分别是 2.43 和 2.30（2.44）（括号中的数据来自文献［29］。作者认为括号中的数据更可信，因为随着强度增加，泊松比应该有所降低），均接近 2.5。值得指出的是，通过方程（33）求解 R_t^{rig} 的过程不仅需要多个力学参量，还需要随靶体材料变化的经验常数。而 $R_t^{rig}=AY\approx2.5\,\sigma_{HEL}$ 虽然是近似结果，却只依赖于一个力学参量和一个不随靶体材料变化而变化的固定的经验常数。这一简化说明，引入 Hugoniot 弹性极限描述材料的准静态侵彻阻力可以加深对准静态侵彻阻力的理解。更有趣的是，长杆弹侵彻金属靶时的准静态侵彻阻力 R_t^{tate} 大概等于 $3.5\sigma_{HEL}$ 的结果不仅适用于钢铁，也适用于铝合金等。其中，对不同强度的钢，R_t^{tate}/σ_{HEL} 介于 3.7 和 3.9 之间，而对铝合金则大概等于 3.3[25]。从数据看，长杆弹侵彻金属靶时的准静态侵彻阻力 R_t^{tate} 与刚性弹体侵彻时的准静态侵彻阻力 R_t^{rig} 相差约 1 倍的 Hugoniot 弹性极限 σ_{HEL}。下文从能量的角度对这一关系进行了定性的解释。

在考虑弹靶强度的长杆弹的侵彻中，弹体的初始动能最终将转化成靶体内开坑扩孔的能量和将长杆弹从固体变成塑性流动的能量。靶体内的扩孔压力可以表示为球形空腔膨胀的压力 $R_t^{rig}=AY$，而长杆弹在动态载荷下的塑性流动则应该是其 Hugoniot 弹性极限[30]。因此，长杆弹的侵彻过程可以描述为

$$\frac{1}{2}MV_0^2=R_t^{rig}\pi r_c^2 P+\sigma_{HEL}\pi r_p^2 L_0=K\pi r_p^2 P \tag{35}$$

当长杆弹和靶体材料相同时，$L_0\approx P$[25]。

根据空腔膨胀理论，靶体中的最小扩孔压力等于 $R_t^{rig}=AY$，靶体在该最小扩孔压力中的最小扩孔半径 r_c 应该是 r_p（即扩孔直径等于长杆弹的直径），而不是 $\sqrt{2}r_p$（见文献［30］）。因此，长杆弹的初始动能将分成将靶体扩孔到半径 $r=r_p$ 时的扩孔能量和将长杆弹从固体变成动态塑性流动的能量。请注意，靶体或弹体内传播的弹性和塑性波也均起源自靶体空腔压力或长杆弹动态塑性流动压力。因此，在考虑弹靶强度的长杆弹侵彻阶段中，长杆弹的能量分配可以表示为

$$\frac{1}{2}MV_0^2=R_t^{rig}\pi r_p^2 P+\sigma_{HEL}\pi r_p^2 P=K\pi r_p^2 P \tag{36}$$

其中，$R_t^{rig}\approx2.5\sigma_{HEL}$。则，在考虑弹靶强度的长杆弹侵彻中，靶体的最小平均侵彻阻力 $K=R_t^{rig}+\sigma_{HEL}\approx3.5\sigma_{HEL}$。当方程（30）中的侵彻速度 V 降低到 0 时，长杆弹侵彻靶体的阻力 $\frac{1}{2}\rho_t V^2+R_t^{tate}$ 将达到最小值 R_t^{tate}。而 $R_t^{tate}\approx3.5\sigma_{HEL}$，该值与长杆弹侵彻靶体的最小平均侵彻阻力 K 基本相等。因此，在考虑弹靶强度的长杆弹侵彻阶段中，靶体能够提供的最小平均侵彻阻力 $K=R_t^{tate}\approx3.5\sigma_{HEL}$。

同长杆弹侵彻不同，在刚性弹体侵彻中，弹体不发生塑性流动，因此弹体的塑性变形能为 0。此时，弹体的初始动能完全转换成靶体内的开坑能量，即

$$\frac{1}{2}MV_0^2=R_t^{rig}\pi r_p^2 P=K\pi r_p^2 P \tag{37}$$

其中，$R_t^{rig}\approx2.5\sigma_{HEL}$。因此，刚性弹体侵彻中，靶体的最小平均阻力 $K=R_t^{rig}\approx2.5\sigma_{HEL}$。

请注意，长杆弹侵彻和刚性弹体侵彻中靶体的最小平均阻力 K 是粗略估计的，仅用于分析和理解其物理意义。两种侵彻过程中的侵彻阻力仍然需要详细的理论分析。

5　结论

本文通过对现有实验数据和侵彻模型的进一步分析，一定程度上阐明了弹体摩擦、准静态侵彻阻力的物理构成和侵彻相似率问题。研究结果表明：

（1）通过对实验数据和无量纲侵深公式 $P/d=2I_0/\pi$ 和 $P/d=I_0/2$ 的对比分析发现，弹身摩擦均对

弹体侵彻能力有影响，但在靶体确定的情况下，该影响主要由侵彻深度决定。无论是混凝土侵彻，还是铝靶侵彻，基本规律是，当侵彻深度小于弹体长度时，弹身摩擦对侵彻阻力的影响比例较小，可以忽略。此时，不考虑摩擦的无量纲侵深公式 $P/d = 2I_0/\pi$ 能更好地描述弹体的侵彻行为；当侵彻深度大于弹体长度时，弹身摩擦对侵彻阻力的影响明显，不再可以忽略。此时，考虑摩擦的无量纲侵深公式 $P/d = I_0/2$ 能更好地描述弹体的侵彻行为。

（2）刚性弹体侵彻中存在相似率。当靶体材料、弹头形状和弹体初始速度确定后，无量纲侵彻深度 P/d 是弹体摩擦几何系数 $1/(2N_1^t)$、弹靶密度比 ρ_p/ρ_t、侵彻动静压比 $\rho_t V_0^2/(AY)$ 和无量纲弹体有效长度 L_{eff}/d 的乘积。分析各参量的作用大小后可知，提高弹体侵彻能力的方法主要包括选用高密度弹体材料（如选用钨合金）、提高初始侵彻速度和增加弹体有效长度（增大 L_{eff}，或保持 L_{eff}/d 不变的情况下，增大弹体直径）等来实现。

（3）刚性弹体侵彻时的准静态侵彻阻力均与靶体在动态压缩条件下的等效强度密切相关。侵彻混凝土时的准静态侵彻阻力与相应侵彻应力条件下的 HJC 模型中的动态等效压缩强度一致；侵彻金属靶时的准静态阻力 R_t^{rig} 与金属靶的 Hugoniot 弹性极限 σ_{HEL} 密切相关，无论是钢靶还是铝靶，均大体满足 $R_t^{\text{rig}} \approx 2.5\sigma_{\text{HEL}}$。

参考文献

[1] M. J. Forrestal and V. K. Luk. Dynamic spherical cavity-expansion in a compressible elastic-plastic solid, *J. Appl. Mech.*, vol. 55, no. 2, pp. 275-279, 1988.

[2] M. J. Forrestal, B. S. Altman, J. D. Cargile, and S. J. Hanchak. An empirical equation for penetration depth of ogive-nose projectiles into concrete targets, *Int. J. Impact Eng.*, vol. 15, no. 4, pp. 395-405, Aug. 1994.

[3] M. J. Forrestal, D. J. Frew, S. J. Hanchak, and N. S. Brar. Penetration of grout and concrete targets with ogive-nose steel projectiles, *Int. J. Impact Eng.*, vol. 18, no. 5, pp. 465-476, Jul. 1996.

[4] M. J. Forrestal, V. K. Luk, Z. Rosenberg, and N. S. Brar. Penetration of 7075-T651 aluminum targets with ogival-nose rods, *Int. J. Solids Struct.*, vol. 29, no. 14, pp. 1729-1736, Jan. 1992.

[5] D. J. Frew, S. J. Hanchak, M. L. Green, and M. J. Forrestal. Penetration of concrete targets with ogive-nose steel rods, *Int. J. Impact Eng.*, vol. 21, no. 6, pp. 489-497, Jun. 1998.

[6] M. J. Forrestal and T. L. Warren. Penetration equations for ogive-nose rods into aluminum targets, *Int. J. Impact Eng.*, vol. 35, no. 8, pp. 727-730, Aug. 2008.

[7] M. J. Forrestal, N. S. Brar, and V. K. Luk. Penetration of strain-hardening targets with rigid spherical-nose rods, *J. Appl. Mech.*, vol. 58, no. 1, pp. 7-10, 1991.

[8] C. G. Chai, A. G. Pi, Q. M. Li, and F. L. Huang. A note on the friction effects in rigid-body penetration, *Int. J. Impact Eng.*, Prepared for publication

[9] D. J. Frew, M. J. Forrestal, and J. D. Cargile. The effect of concrete target diameter on projectile deceleration and penetration depth, *Int. J. Impact Eng.*, vol. 32, no. 10, pp. 1584-1594, Oct. 2006.

[10] X. W. Chen and Q. M. Li. Deep penetration of a non-deformable projectile with different geometrical characteristics, *Int. J. Impact Eng.*, vol. 27, no. 6, pp. 619-637, Jul. 2002.

[11] M. J. Forrestal, D. J. Frew, J. P. Hickerson, and T. A. Rohwer. Penetration of concrete targets with deceleration-time measurements, *Int. J. Impact Eng.*, vol. 28, no. 5, pp. 479-497, May 2003.

[12] B. Li and Y. Li. Effects of friction on penetration (In Chinese), Thesis, Beijing Institute of Technology, Beijing, China, 2010.

[13] M. J. Forrestal, K. Okajima, and V. K. Luk. Penetration of 6061-T651 aluminum targets with rigid long rods, *J. Appl. Mech.*, vol. 55, no. 4, pp. 755-760, 1988.

［14］ Z. Rosenberg and E. Dekel. The Deep Penetration of Concrete Targets by Rigid Rods - Revisited, *Int. J. Prot. Struct.*, vol. 1, no. 1, pp. 125-144, Mar. 2010.

［15］ M. J. Forrestal and A. J. Piekutowski. Penetration experiments with 6061-T6511 aluminum targets and spherical-nose steel projectiles at striking velocities between 0. 5 and 3. 0km/s, *Int. J. Impact Eng.*, vol. 24, no. 1, pp. 57-67, Jan. 2000.

［16］ A. J. Piekutowski, M. J. Forrestal, K. L. Poormon, and T. L. Warren. Penetration of 6061-T6511 aluminum targets by ogive-nose steel projectiles with striking velocities between 0. 5 and 3. 0km/s, *Int. J. Impact Eng.*, vol. 23, no. 1, pp. 723-734, 1999.

［17］ Z. Rosenberg and E. Dekel. The penetration of rigid long rods - revisited, *Int. J. Impact Eng.*, vol. 36, no. 4, pp. 551-564, Apr. 2009.

［18］ J. A. Canfield and I. G. Clator. Development of a scaling law and techniques to investigate penetration in concrete, U. S. Naval Weapons Laboatory, dahlgren, VA, NWL Report No. 2057, 1966.

［19］ C. G. Chai, A. G. Pi, Q. M. Li, and F. L. Huang. About the physical meaning of quasi-static term in penetration resistance for concrete and aluminum alloy targets, *Int. J. Impact Eng.*, Prepared for publication.

［20］ T. J. Holmquist. A computational consititutive model for concrete subjected to large strains, high strain rates, and high pressures, presented at the 14th International symposium, Quebec, Canada, 1993.

［21］ M. J. Forrestal and D. Y. Tzou. A spherical cavity-expansion penetration model for concrete targets, *Int. J. Solids Struct.*, vol. 34, no. 31, pp. 4127-4146, Nov. 1997.

［22］ S. Satapathy. Dynamic spherical cavity expansion in brittle ceramics, *Int. J. Solids Struct.*, vol. 38, no. 32, pp. 5833-5845, Aug. 2001.

［23］ S. B. Segletes. Modeling the Penetration Behavior of Rigid Into Ballistic Gelatin, Army Research Lab Aberdeen Proving Ground, MD, ARL-TR-4393, Mar. 2008.

［24］ Z. Rosenberg and E. Dekel. A numerical study of the cavity expansion process and its application to long-rod penetration mechanics, *Int. J. Impact Eng.*, vol. 35, no. 3, pp. 147-154, Mar. 2008.

［25］ A. Tate. A Theory for the Deceleration of Long Rods After Impact, *J. Mech. Phys. Solids*, vol. 15, pp. 387-399, 1967.

［26］ D. L. Orphal, R. R. Franzen, A. J. Piekutowski, and M. J. Forrestal. Penetration of confined aluminum nitride targets by tungsten long rods at 1. 5～4. 5km/s, *Int. J. Impact Eng.*, vol. 18, no. 4, pp. 355-368, Jun. 1996.

［27］ C. J. Maiden and S. J. Green. Compressive Strain-Rate Tests on Six Selected Materials at Strain Rates From 10-3 to 104 In/In/Sec, *J. Appl. Mech.*, vol. 33, no. 3, pp. 496-504, Sep. 1966.

［28］ V. K. Luk, M. J. Forrestal, and D. E. Amos. Dynamic spherical cavity expansion of strain-hardening materials, *J. Appl. Mech.*, vol. 58, no. 1, pp. 1-6, 1991.

［29］ ASM Handbook Committee, *Properties and Selection: Nonferrous Alloys and Special-Purpose Materials*, 10st ed., vol. 2. 1990.

［30］ A. Tate. Further results in the theory of long rod penetration *, *J. Mech. Phys. Solids*, vol. 17, no. 3, pp. 141-150, Jun. 1969.

超高速侵彻/撞击的若干研究

陈小伟[1,2]，焦文俊[3,4]，宋文杰[5]，邸德宁[4]，文肯[1,4]，张春波[4]

(1. 北京理工大学 爆炸科学与技术国家重点实验室，北京　100081；

2. 北京理工大学 前沿交叉科学研究院，北京　100081；3. 中国科学技术大学 近代力学系，合肥；

4. 中国工程物理研究院 总体工程研究所，绵阳　621000；5. 北京大学 力学与工程科学系，北京　100871)

摘　要： 本文较系统地介绍了作者所在课题组近年在超高速侵彻/撞击领域的相关研究工作，包括长杆侵彻的 Alekseevskii-Tate 模型近似解，长杆高速侵彻的速度关系与减速分析，弹/靶材料的可压缩性对超高速侵彻的影响，考虑弹/靶材料可压缩性的超高速侵彻近似模型，弹丸超高速撞击薄板产生碎片云计算的失效模型，碎片云产生前弹材中冲击波传播，碎片云特征点的识别及其侵彻极限分析等。

关键词： 超高速；长杆侵彻；材料可压缩性；碎片云

1　长杆高速侵彻的理论分析

1.1　长杆高速侵彻的 Alekseevskii-Tate 模型近似解

长杆弹是一类由钨合金和贫铀合金等高密度金属制成的大长径比动能武器。在 1.5～3.0km/s 的飞行速度下，长杆弹因其超高的单位截面动能而具有很强的侵彻能力。长杆弹高速作用于靶体时，作用面上的压力远高于材料动态强度，弹和靶均以半流体的模式变形。自20世纪60年代起，人们对长杆弹侵彻半无限厚靶问题展开了大量研究[1]。其中，Alekseevskii-Tate 模型[2-4]是最经典且仍是目前使用最多的理论分析模型。

Alekseevskii-Tate 模型假设弹体在侵彻过程中呈刚性，仅在靠近弹靶界面的薄层发生侵蚀，呈半流体状；弹靶接触面上应力平衡且速度连续，弹头速度即为侵彻速度；弹体减速由弹体的流动应力控制。控制方程组如下：

$$\frac{1}{2}\rho_{\mathrm{p}}(v-u)^2+Y_{\mathrm{p}}=\frac{1}{2}\rho_{\mathrm{t}}u^2+R_{\mathrm{t}} \tag{1}$$

$$\rho_{\mathrm{p}}l'\frac{\mathrm{d}v}{\mathrm{d}t}=-Y_{\mathrm{p}} \tag{2}$$

$$\frac{\mathrm{d}l'}{\mathrm{d}t}=-(v-u) \tag{3}$$

作者简介：陈小伟，北京理工大学前沿交叉科学研究院教授，博士生导师。

　　　　　焦文俊，中国科学技术大学近代力学系博士研究生。

　　　　　宋文杰，北京大学力学与工程科学系博士研究生，2018已毕业。

　　　　　文　肯，北京理工大学机电学院博士研究生。

　　　　　张春波，中国工程物理研究院总体工程研究所硕士研究生。

　　　　　邸德宁，中国工程物理研究院总体工程研究所硕士研究生，2018已毕业。

电子邮箱：chenxiaoweintu@bit.edu.cn

$$\frac{\mathrm{d}p}{\mathrm{d}t}=u \tag{4}$$

式（1）中 ρ_p 和 ρ_t 分别为弹材和靶材密度；Y_p 和 R_t 分别为弹体强度和靶体阻力。

联立方程组（1）—（4）即可求得瞬时弹头（侵彻）速度 u、弹尾（撞击）速度 v，侵彻深度 p 和弹体剩余长度 l' 随时间的变化情况。然而，由于方程组的非线性，这些物理量的时间函数都是隐式的，需借助常用数值计算软件分析其变化规律。

为解决上述问题，Jiao 和 Chen[5] 在对模型中剩余弹体相对长度的对数表达式 $\ln(l'/L)$ 进行线性近似的基础上，获得了如下两组显式的理论解析解，见图 1。

Variables	Approximate solution 1	Approximate solution 2
Tail velocity	$\dfrac{v}{v_0}=1+\dfrac{2\bar{\mu}}{\Phi_{\mathrm{Jp}}K}\ln\left(1-\dfrac{K}{2\bar{\mu}}\dfrac{t}{\tau}\right)$	$\dfrac{v}{v_0}=\dfrac{(\mu K-\bar{\mu}\,v_c^{2*})}{2\mu\,(1-\mu)}$
Penetration velocity	$\dfrac{u}{v_0}=\dfrac{1}{1+\mu}\cdot\left(1+\dfrac{2\bar{\mu}}{\Phi_{\mathrm{Jp}}K}\ln\left(1-\dfrac{K}{2\bar{\mu}}\cdot\dfrac{t}{\tau}\right)\right)-\dfrac{1}{2\mu}\cdot v_c^{2*}$	$\dfrac{u}{v_0}=\dfrac{(\mu K-\bar{\mu}(1+\mu)v_c^{2*})}{2\mu^2\bar{\mu}}$
Eroded rod length	$l=\dfrac{\mu v_0}{1+\mu}\left[\left(1+\dfrac{1+\mu}{2\mu^2}v_c^{2*}-\dfrac{2\bar{\mu}}{\Phi_{\mathrm{Jp}}K}\right)t+\dfrac{2\bar{\mu}}{\Phi_{\mathrm{Jp}}K}\ln\left(1-\dfrac{K}{2\bar{\mu}}\cdot\dfrac{t}{\tau}\right)\left(t-\dfrac{2\bar{\mu}}{K}\tau\right)\right]$	$l=\dfrac{Kv_0}{2\bar{\mu}}t$
Residual rod mass	$m=M-\dfrac{\mu v_0\rho_t\pi R^2}{1+\mu}\left[\left(1+\dfrac{1+\mu}{2\mu^2}v_c^{2*}-\dfrac{2\bar{\mu}}{\Phi_{\mathrm{Jp}}K}\right)t+\dfrac{2\bar{\mu}}{\Phi_{\mathrm{Jp}}K}\ln\left(1-\dfrac{K}{2\bar{\mu}}\cdot\dfrac{t}{\tau}\right)\left(t-\dfrac{2\bar{\mu}}{K}\tau\right)\right]$	$m=M-\dfrac{K\pi R^2\rho_p v_0}{2\bar{\mu}}t$
Penetration depth	$p=\dfrac{v_0}{1+\mu}\left[\left(1+\dfrac{1+\mu}{2\mu^2}v_c^{2*}-\dfrac{2\bar{\mu}}{\Phi_{\mathrm{Jp}}K}\right)t+\dfrac{2\bar{\mu}}{\Phi_{\mathrm{Jp}}K}\ln\left(1-\dfrac{K}{2\bar{\mu}}\cdot\dfrac{t}{\tau}\right)\left(t-\dfrac{2\bar{\mu}}{K}\tau\right)\right]$	$p=\dfrac{(\mu K-\bar{\mu}(1+\mu)\,v_c^{2*})v_0}{2\mu^2\bar{\mu}}t$

图 1   长杆高速侵彻的 Alekseevskii-Tate 模型近似解

其中，$\mu=\sqrt{\rho_t/\rho_p}$ 和 $\bar{\mu}=(1-\mu^2)/\mu$ 为与弹靶密度比相关的无量纲参数，$\tau=L/V_0$ 为特征时间，$\Phi_{\mathrm{Jp}}=\rho_p V_0^2/Y_p$ 为Johnson破坏数。K 为定义的无量纲线性系数，其取值的依据是侵蚀长度在初始时刻（自动满足）和终态时刻均分别相等。

值得说明的是，在较高的撞击速度下，由近似解 1 可以完全地推导出 Walters 等[5] 提出的一阶摄动解。因此一阶摄动解是近似解 1 在高速下的特殊形式。

在如图 2 所示的两组从撞击速度到弹靶参数均不同的算例中，近似解 1 均比一阶摄动解更接近 Alekseevskii-Tate 模型理论解（数值解），是我们在工程应用中更推荐的一组解；而近似解 2 给出了准定常长杆半流体侵彻更加直观的认识，方便进行定性分析，且在合适的条件下能提供更快速的工程指导。

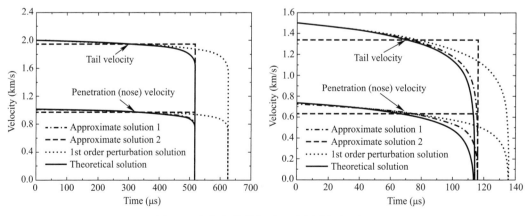

图 2   近似解与数值解及一阶摄动解与对比

此外，由于近似解给出了各主要物理量随时间的显式变化关系，在近似解进一步分析得出了一系列物理意义明确的推论，加深了对长杆高速侵彻机理认识。

1.2 长杆高速侵彻的速度关系与减速分析

近年来，不少研究者通过实验和模拟发现[6-9]，在较宽的撞击速度范围内，不同弹靶组合长杆高速侵彻的平均侵彻速度 $\overline{U}$ 与初始撞击速度 V_0 之间的关系均表现出线性关系。然而，对于上述关系尚缺乏合理的理论解释。Jiao 和 Chen[10]综合采用流体动力学模型和 Alekseevskii-Tate 模型对上述问题进行了深入的理论分析。

由于没有考虑强度，流体动力学模型预测结果与实验结果之间存在不小差距（如图 3 所示）。运用考虑强度的 Alekseevskii-Tate 模型，得到了更接近实验结果的预测结果。由于侵彻过程中存在侵彻速度衰减，初始侵彻速度 U_0 和平均侵彻速度 $\overline{U}$ 存在差异。

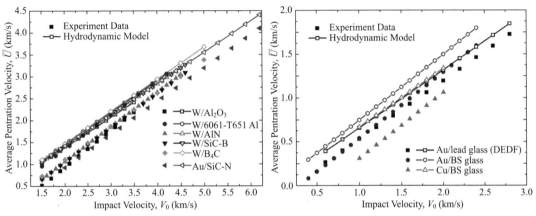

图 3 实验数据与流体动力学模型预测与对比

Alekseevskii-Tate 模型控制方程的非线性，导致无法获得 $\overline{U}\text{-}V_0$ 关系的解析表达式，为此我们引入 Alekseevskii-Tate 模型近似解，推导出了 $\overline{U}\text{-}V_0$ 关系的解析表达式：

$$\overline{U}=\left(\frac{1}{1+\mu}-\frac{2(1-\mu)}{\mu\Phi_{\mathrm{Jp}}K}\right)V_0-\frac{V_{\mathrm{c}}^2}{2\mu}V_0^{-1} \quad \text{或} \quad \overline{U}=\frac{K}{2}\frac{1}{(1-\mu^2)}V_0-\frac{(1+\mu)V_{\mathrm{c}}^2}{2\mu^2}V_0^{-1} \tag{5}$$

由上式给出的显式 $\overline{U}\text{-}V_0$ 关系与数值求解所得的隐式 $\overline{U}\text{-}V_0$ 关系非常吻合（如图 4 所示），故采用上式对实验报道的 $\overline{U}\text{-}V_0$ 进行理论分析是合理的。

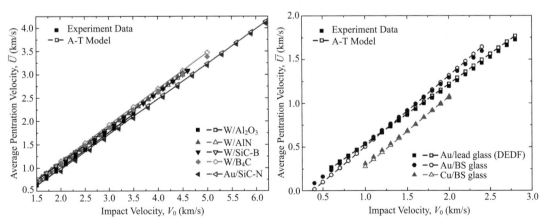

图 4 实验数据与 Alekseevskii-Tate 模型预测对比

对上式进行简化，得到了更简单的 $\overline{U}\text{-}V_0$ 关系：

$$\overline{U}=\frac{1}{1+\mu}V_0-\frac{R_{\mathrm{t}}}{\mu\rho_{\mathrm{p}}}V_0^{-1} \tag{6}$$

上式说明，平均侵彻速度 $\overline{U}$ 可表示为流体动力学项与强度项之和，由于后者占比较小，$\overline{U}\text{-}V_0$ 关系表现出近似线性。在简化后 $\overline{U}$-V_0 关系的基础上，可进一步推导出线性的 $\overline{U}$-V_0 关系，该关系与实验数据能较好吻合，因而兼具定性分析和工程预测能力。

此外，Jiao 和 Chen[10] 应用近似解，对长杆高速侵彻中的速度衰减程度进行细致深入地分析。

首先，在近似解的基础上，讨论了长杆高速侵彻过程中的速度衰减率和衰减程度。在如图 5 所示的示意图中，AB 和 AC 的夹角反映初始速度衰减率。初始速度衰减率与初始撞击速度无关，不能作为衡量减速对侵彻过程影响程度的指标。

为衡量速度减速程度，我们定义了一个无量纲的速度衰减系数 α 作为长杆高速侵彻的减速程度指标：

$$\alpha = \frac{BC}{BD} = \frac{\overline{T} \cdot \mid \mathrm{d}v/\mathrm{d}t \mid_{t=0}}{V_0} = \frac{2\bar{\mu}}{K\Phi_{\mathrm{Jp}}} \tag{7}$$

减速程度指标 α 实际上刻画了侵彻过程偏离定常侵彻的程度，故可作为近似解 2 的适用性判据。

进一步分析可知，长杆高速侵彻的速度衰减程度与初始撞击速度、弹靶强度和密度相关，而与初始弹体长度无关。减速程度指标 α 可近似表示为：

$$\alpha \approx \tilde{\alpha} = \frac{1+\mu}{\mu\Phi_{\mathrm{Jp}}} = Y_{\mathrm{p}}\rho_{\mathrm{p}}^{-1/2} \ (\rho_{\mathrm{p}}^{-1/2} + \rho_{\mathrm{t}}^{-1/2}) \ V_0^{-2} \tag{8}$$

由上式可以非常方便地分析出：减速程度指标 $\alpha(\tilde{\alpha})$ 正比于 Y_{p}，同时 V_0、ρ_{p} 和 ρ_{t} 等参数与 α 负相关，弹材密度 ρ_{p} 比靶材密度 ρ_{t} 的影响更大。此外还可以看出，高速下靶体阻力 R_{t} 几乎对 $\alpha(\tilde{\alpha})$ 无影响。

由于减速程度指标 α 给出了判定长杆高速侵彻不同状态的依据，在后续实验中可通过改变相关参数，设计出满足不同速度衰减程度需要的工况（图 6 中即为速度衰减程度不同的 9 组设计工况，相关参数如表 1 所列）。因此，减速程度指标 α 对于实验设计具有非常重要的指导意义。

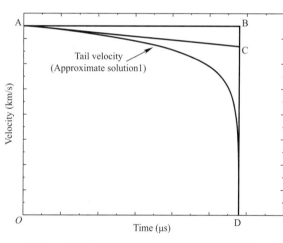

图 5　长杆高速侵彻过程中的速度衰减示意图

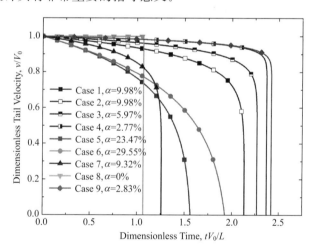

图 6　速度衰减程度不同的工况

设计工况的相关参数　　　　　　　　　　　　　　　表 1

	V_0 (km/s)	L (mm)	ρ_{p} (g/cm³)	ρ_{t} (g/cm³)	Y_{p} (GPa)	R_{t} (GPa)	α
Case 1	1.5	100	19.0	9.0	2.0	5.0	9.98%
Case 2	1.5	50	19.0	9.0	2.0	5.0	9.98%
Case 3	2.0	100	19.0	9.0	2.0	5.0	5.97%
Case 4	3.0	100	19.0	9.0	2.0	5.0	2.77%
Case 5	1.5	100	6.0	3.0	2.0	5.0	23.47%
Case 6	1.5	100	6.0	3.0	2.0	4.0	29.55%
Case 7	1.5	100	6.0	3.0	1.0	5.0	9.32%
Case 8	1.5	100	6.0	3.0	0	5.0	0%
Case 9	3.0	100	19.0	9.0	2.0	4.0	2.83%

2　弹/靶材料可压缩性对超高速侵彻影响的研究

在兵器速度范围（1～3km/s）内，长杆穿甲弹具有高强度高密度高体积模量的特点，体积应变很小，因此被当作不可压材料。随着科学技术的发展，长杆弹将拥有更高的撞击速度和更大的动能。例如电磁轨道炮、超高含能材料和天基动能武器系统等的研发，又如破甲弹利用聚能效应形成长径比很大的金属射流，也是一种特殊的"长杆弹"，其前端速度可超过 10km/s。在超高的撞击速度下，弹/靶界面压力极大（可达 100GPa 量级），材料将产生不可忽略的体积应变，因此必须考虑材料可压缩性对侵彻的影响[11-13]。

2.1　基本理论

以经典的不可压缩模型为基础，其中最常用的 Alekseevskii-Tate 模型[2-4] 为：

$$\frac{1}{2}\rho_p(v-u)^2+Y_p=\frac{1}{2}\rho_t u^2+R_t \qquad (9)$$

在考虑材料的可压缩性时，需采用某种状态方程来描述材料内能、压力和密度间的关系，例如 Mie-Grüneisen 状态方程。

在以侵彻速度 U 运动的参考系中，弹/靶界面附近的流场及其状态分布如图 7 所示，下标 p、t 分别表示在弹体、靶中；状态 0 为冲击波前，即初始状态，状态 1 为冲击波后，

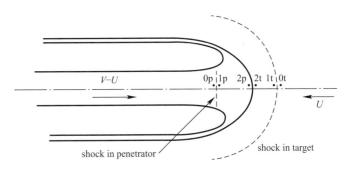

图 7　运动坐标系中的流场及其状态分布[14]

状态 2 为驻点，即弹/靶界面。若弹体或靶中材料以超声速（$W_0>C_0$）流向驻点，则在离驻点一定距离处会产生冲击波，波阵面前后的 Rankine-Hugoniot 条件为：

$$\begin{cases} \rho_0 W_0=\rho_1 W_1 \\ p_0+\rho_0 W_0^2=p_1+\rho_1 W_1^2 \\ p_0 v_0+\frac{1}{2}W_0^2+E_0=p_1 v_1+\frac{1}{2}W_1^2+E_1 \end{cases} \qquad (10)$$

从冲击波到驻点间的等熵过程满足可压缩 Bernoulli 方程：

$$p_1 v_1+\frac{1}{2}W_1^2+E_1=p_i v_i+\frac{1}{2}W_i^2+E_i \qquad (11)$$

在此基础上，我们以初始压力的形式加入弹体的强度，研究 3km/s<V<12km/s 范围内可压缩性对长杆侵彻的影响。

2.2　可压缩性对超高速侵彻的影响

为了系统研究可压缩性在各种弹/靶组合中的作用，Song et al.[11] 计算了强可压缩弹侵彻弱可压缩靶、弹侵彻可压缩性相当的靶和弱可压缩弹侵彻强可压缩靶三种工况。

以 6061-T6 铝弹[15] 侵彻 WHA 靶[16] 为例（图 8），研究强可压缩弹侵彻弱可压缩靶的工况。6061-T6 铝弹的体积应变比 WHA 靶大，弹体较大的体积应变增强了弹体的侵彻能力。但铝弹的内能也更大，较大的内能会减弱弹体的侵彻能力。但体积应变的影响更大，最终侵彻效率往体积应变决定的方向发展。随着撞击速度的提高，强度的影响减弱。

以铜弹[14] 侵彻 4340 钢靶[16] 为例（图 9），研究弹侵彻可压缩性相当靶的工况。铜弹的体积应变和内能均与钢靶相当，故可压缩性对侵彻效率影响很小。靶的强度大于弹体，增强了靶的抗侵彻能力。

最终侵彻效率趋近于流体动力学极限。

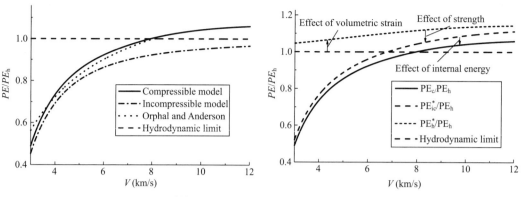

图 8   6061-T6 铝弹侵彻 WHA 靶时侵彻效率（左）与因素分析（右）

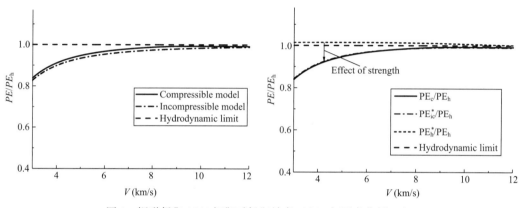

图 9   铜弹侵彻 4340 钢靶时侵彻效率（左）与因素分析（右）

以 WHA 弹侵彻 6061-T6 铝靶为例（图 10），研究弱可压缩弹侵彻强可压缩靶的工况。6061-T6 铝靶的体积应变比 WHA 弹大，靶体较大的体积应变可增强其抗侵彻能力。但铝靶的内能也更大，较大的内能会减弱弹体的侵彻能力。但体积应变的影响更大，最终侵彻效率往体积应变决定的方向发展。

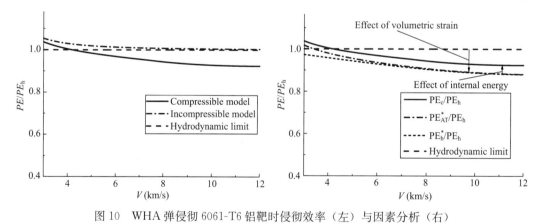

图 10   WHA 弹侵彻 6061-T6 铝靶时侵彻效率（左）与因素分析（右）

2.3   超高速侵彻的近似模型

当 $2\text{km/s}<V<12\text{km/s}$ 时，数值计算的结果[12]说明，冲击波对侵彻效率和驻点压力的影响很小。故在完整可压缩模型中忽略冲击波，并用 Murnaghan 状态方程代替 Mie-Grüneisen 状态方程，推导可得驻点压力平衡方程：

$$p_s = Y_p + A_p \left\{ \left[1 + \frac{(n_p-1)\ (V-U)^2}{2n_p A_p v_{0p}} \right]^{\frac{n_p}{n_p-1}} - 1 \right\} = R_t + A_t \left\{ \left[1 + \frac{(n_t-1)\ U^2}{2n_t A_t v_{0t}} \right]^{\frac{n_t}{n_t-1}} - 1 \right\} \tag{12}$$

当弹和靶材料不可压时，即 $n_p A_p$，$n_t A_t \to \infty$，上式可退化到不可压模型。假设上式的解为 $U = U_0 + \Delta U$，其中 U_0 为不可压模型的解。

$$U_0 = \frac{1}{1 - \rho_{0t}/\rho_p}(V - \sqrt{\rho_{0t}V^2/\rho_p - 2(R_t - Y_p)(\rho_{0p} - \rho_{0t})/\rho_{0p}^2}) \tag{13}$$

对压力平衡方程在 U_0 处作关于 U 的一阶 Taylor 展开，即可得到 ΔU 的表达式。

对于 6061-T6 铝弹侵彻 WHA 靶、铜弹侵彻 4340 钢靶和 WHA 弹侵彻 6061-T6 铝靶三种工况，如图 11 所示，近似模型所得侵彻效率与完整可压缩模型所得结果吻合很好。

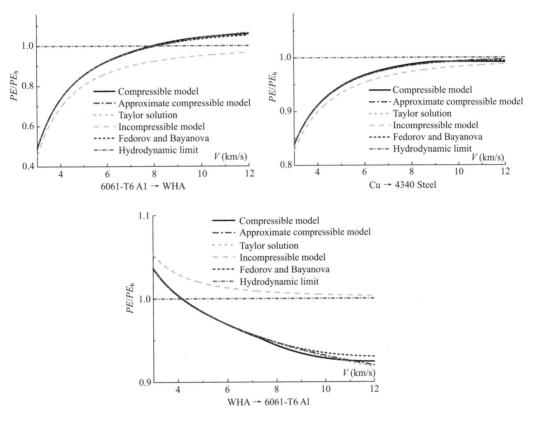

图 11　各模型所得侵彻效率

如图 12 所示，当弹或靶的速度改变量为 1.6 倍材料初始波速时，近似模型的驻点压力误差约为 1%，近似模型的侵彻效率的误差小于 0.5%。

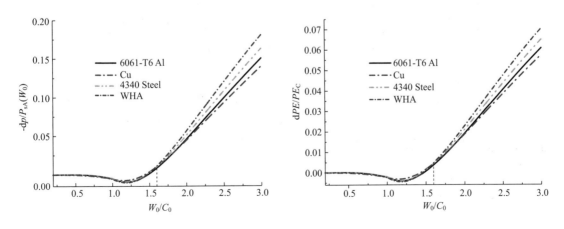

图 12　近似模型的驻点压力和侵彻效率相对于完整可压缩模型的误差

2.4　铜射流

在虚拟原点方法[17]中，假设射流起源于距离靶表面一定距离的一个点，之后射流的每个部分按其固有速度运动。图 13 为虚拟原点方法的示意图，Z_0 为虚拟原点到半无限靶表面的距离，t 为侵彻时间，$P(t)$ 为 t 时刻的侵彻深度，$V(t)$ 为 t 时刻的撞击速度。

由几何关系可知

$$P + Z_0 = Vt \tag{14}$$

由侵彻效率的定义可知

$$\mathrm{d}P = \frac{U}{V-U}\mathrm{d}l \tag{15}$$

而 $\mathrm{d}l$ 长度射流的速度改变量为 $\mathrm{d}V$，则

$$\mathrm{d}l = t\mathrm{d}V \tag{16}$$

实验和数值模拟均表明侵彻速度 U 和撞击速度 V 呈线性关系，

$$U = a + bV \tag{17}$$

其中 a 和 b 为常数，此线性关系是考虑了材料强度和可压缩性后所得结果。前人在运用虚拟原点法时，并未同时考虑材料强度和可压缩性，我们代入该线性关系，即间接地考虑了材料强度和可压缩性的影响，积分可得

$$P_c = Z_0 \left\{ \frac{V_{\mathrm{tail}}}{V_{\mathrm{tip}}} \left[\frac{(1-b)V_{\mathrm{tip}}-a}{(1-b)V_{\mathrm{tail}}-a} \right]^{\frac{1}{1-b}} - 1 \right\} \tag{18}$$

其中 V_{tip} 和 V_{tail} 分别为射流头部和尾部的速度，常数 a 和 b 将由考虑可压缩性和强度的可压缩模型求得。

将铜射流尾部速度固定为 $V_{\mathrm{tail}} = 2\mathrm{km/s}$，而射流头部速度取值范围为 $3\mathrm{km/s} < V_{\mathrm{tip}} < 8\mathrm{km/s}$。如图 14，结果表明靶的强度效应对侵彻效率影响较大；对于铜射流侵彻 4030 钢和 6061-T6 铝，可压缩性的影响较小；而有机玻璃的可压缩性远大于铜，可压缩性对超高速铜射流侵彻有机玻璃的影响较大。

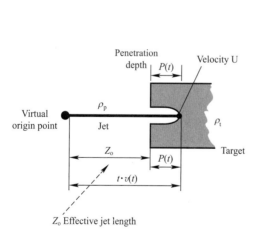

图 13　虚拟原点方法示意图[17]

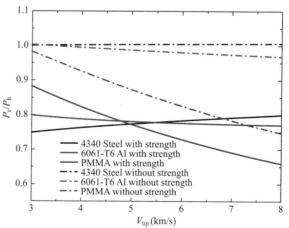

图 14　铜射流侵彻不同靶体的侵彻深度

3　弹丸超高速撞击薄板产生碎片云

3.1　SPH 模拟失效模型研究

弹丸与薄板超高速撞击后形成冲击波，分别向弹丸和薄板内部传播，在到达自由面后转变为稀疏

波，材料在稀疏波拉伸作用下失效断裂为碎片，形成碎片云。材料失效破碎是碎片云碎片形成和特征变化机理分析的基础[18]。

以材料失效模型模拟材料失效行为，无失效模型和适用 Grady 失效模型[19]下的碎片云模拟结果如图 15，材料压力变化历程如图 16[20]。无失效模型时粒子点负压超过 6GPa 后圆滑回落。Grady 失效模型下 A 点粒子负压到达 2.86GPa 后突然跳到 0，表征材料失效；B 点负压到达峰值 2.12GPa 后圆滑回落，表示材料未失效。

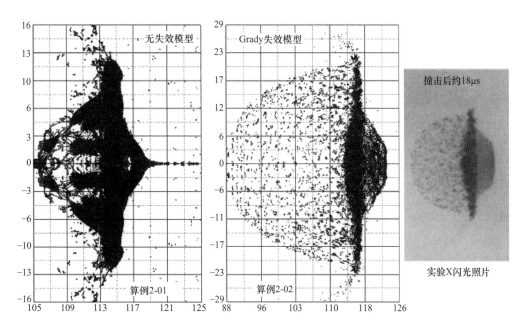

图 15　无失效模型和 Grady 失效模型时材料压力状态历程对比

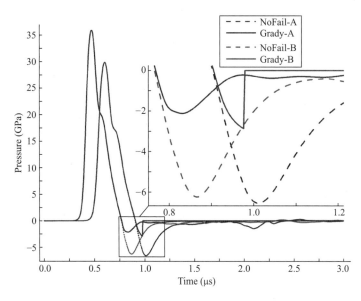

图 16　无失效模型和 Grady 失效模型时材料压力状态历程对比[20]

压力状态差异最终会引起碎片云宏观表现差异。对比 Grady 失效模型和最大拉应力失效模型，最大拉应力模型下材料更难失效，材料负压更大，粒子更晚失效甚至不会失效，碎片云扩散程度偏低。Grady 模型下碎片孤立并高度分散，且最前端平整，更接近实验图像。

不同失效模型在碎片云质量分布和具体碎片尺度方面也有差异。Grady 模型能够很好地与撞击工况自适应，对应的调整失效阈值而使得质量分布曲线在对数坐标下呈现出更好的线性，表现更佳。同时，对于最大碎片尺寸值，Grady 模型更准确，如表 2 所示。此外，材料破碎越充分，失效模型方案对计算结果影响越弱，即两模型下碎片云表现差异越小。

最大碎片球等效直径计算值与实验值对比（单位：mm）　　　　　　　　　　　表 2

Grady 模型	最大拉应力模型	实验值
2.82	2.51	2.95
6.23	5.92	6.36
1.32	1.28	1.45

　　总结而言，材料更难失效，将导致碎片云扩散程度小幅减弱，小碎片聚集为大碎片，大碎片质量变大，碎片云侵彻极限提高，事实上这些现象机理相同。增大 Grady 模型临界失效应变值，也会导致材料更难失效，表现同上。

3.2　碎片云特征点的识别

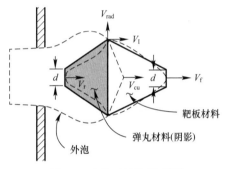

图 17　碎片云结构模型[23]

　　数值模拟相比于实验能获得更详细、更具体的信息，但由于 SPH 模拟中孤立粒子飞散、粒子叠加显示等，难以与实验结果准确对照，国内发展了一些碎片识别方法[21、22]，得到了粒子碎片的质量分布。本节采用 SPH 方法模拟圆盘形弹丸超高速正撞击薄板所产生的碎片云，并和文献[23]相同实验工况进行比较。为获得碎片云特征位置处碎片分布的细节信息，在对应弹丸和薄板模型特征位置附近粒子上布置示踪点，获得并分析粒子点的空间坐标和速度分布特征[24]。依据图 17 中碎片云的特征速度所处位置对模型 yoz 面单层粒子设置示踪点，并对示踪点编号，如图 18 所示。

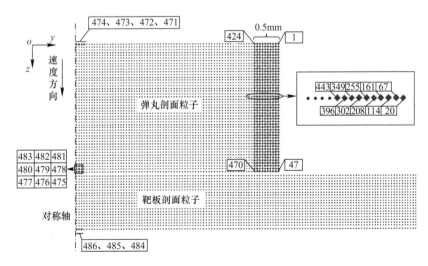

图 18　模型 yoz 面示踪点分布示意图

　　对碎片云单层剖面结构中相应特征位置的粒子示踪点分析能够得到相应的特征速度，图 19 中 a 是弹丸尾部，b 是弹丸头部，c 是薄板头部，d 是碎片云的分界面局部区域。三个特征区域 a、b、c 可对应分析 V_r（弹丸的尾部速度）、V_{cu}（弹丸的头部速度）、V_f（薄板的头部速度）三个特征速度，d 区域可对应分析 V_1 和 V_{rad}（分界面轴向速度和径向膨胀速度）两个特征速度。

　　对弹丸侧向外围十层粒子示踪点在空间坐标下沿 x 向、y 向（径向）和 z 向（轴向）速度分析，可

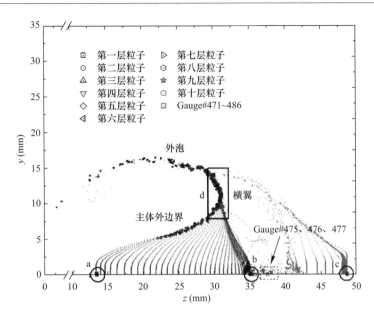

图 19 弹丸和薄板头部速度及弹丸尾部示踪点分布

以得到粒子在图 19 中 d 区域的聚集状态，如图 20 所示。图 21 是图 20（c）中第一、二、三层粒子轴向速度平台分布，图中的速度平台编号与图 20（b）中粒子径向速度平台编号对应。①②③④平台中的粒子示踪点对应碎片云中的粒子碎片。

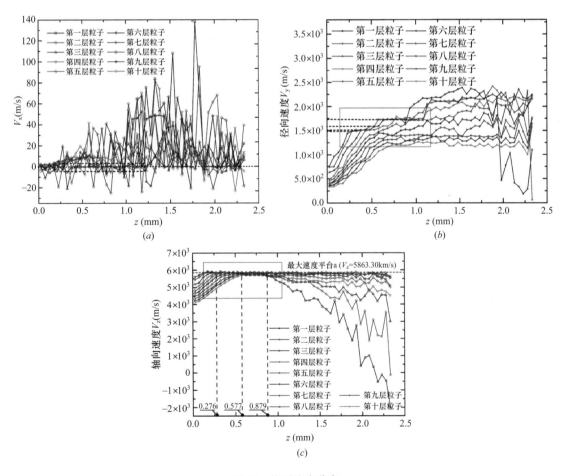

图 20　粒子速度分布

（a）粒子 x 向速度分布；（b）粒子径向速度分布；（c）粒子轴向速度分布

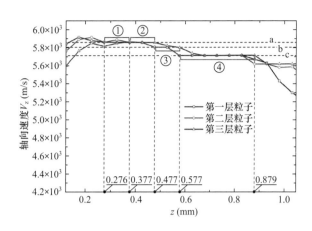

图 21　粒子轴向速度平台

粒子的聚集状态表现在粒子的空间分布中，对示踪点的空间速度分析可以得到图 22（a）中"横翼"处更精细的结构分布，如图 22（b）所示。平台粒子③所在的位置是"横翼"结构的顶端，由此可求得碎片云的分界面速度。

通过对弹丸和薄板模型特征位置附近粒子上布置示踪点，获得并分析粒子点的空间坐标和速度分布特征，确定了实验中碎片云结构特征点在模拟结果中的位置和特征速度，降低 SPH 模拟结果的后处理误差。同时，提供一系列避免分散粒子影响的后处理方案，确定了模拟结果中碎片云真实边界结构、碎片分布等信息。

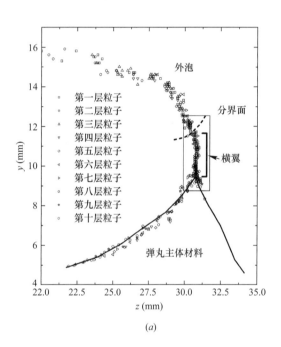

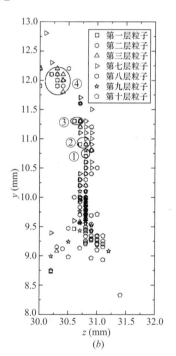

(a)　　　　　　　　　　　　　　(b)

图 22　粒子示踪点空间分布

（a）碎片云结构；（b）"横翼"结构

3.3　单个碎片尺寸测量方案

碎片特征提取自动化算法需专门的后处理编程且依赖于人工参数，提出了一种易于实现的碎片尺寸测量方案，可直接基于 AUTODYN 软件后处理功能实现。根据碎片识别功能提供的碎片当前位置坐标，对中心大碎片附近空间切块并放大视图，局部视图内碎片数量骤减。但局部视图仍存在重叠投影问题，故引入粒子运动速率云图提供碎片分界参考。

如图 23 所示，速度不同的粒子在速度云图中着色不同，而碎片云恒定速度扩散阶段同一碎片中粒子速度一致，由此显著区分各碎片所包含粒子。碎片识别功能提供碎片速度，可依据此调整速度云图着色阈值，同时对应调整局部视图大小。迭代优化这两步可获得清晰的碎片边界，如图中局部处理图所示。

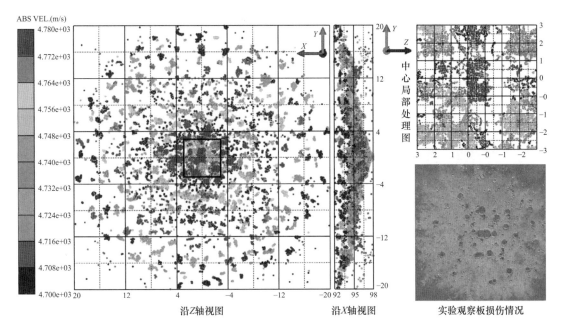

图 23　数值模拟碎片速度分布云图及观察板损伤情况

为减小测量误差并便于比较，往往采用等效尺寸描述碎片大小。假定中心大碎片是以坐标主轴为长短轴的椭球体，基于体积相等取碎片球等效直径 d_{equ}：

$$d_{equ}=\sqrt[3]{HWT} \tag{19}$$

其中：H、W、T 分别为中心大碎片在 X、Y、Z 主轴方向特征尺寸。以此球等效直径描述碎片尺寸。表 3 为测量结果和实验结果对比，从误差来看，模拟获得的中心大碎片尺寸和实验结果[25]相差不大。

中心大碎片球等效直径数值模拟结果与实验[25]对比　　　　　　　　　　　　　　　　表 3

H, W, T（mm）	d_{equ}（mm）	实验值（mm）	误差
5.70, 4.90, 3.31	4.52	4.67	−3.18%
2.16, 1.86, 3.08	2.31	2.15	7.58%
3.50, 3.75, 2.30	3.11	3.35	−7.05%

3.4　球形弹丸内冲击波传播模型

球形弹丸超高速撞击薄板，产生冲击波向弹丸和薄板内传播，弹丸和薄板材料受到复杂的波系作用，形成碎片云。波系的传播及演化直接决定着碎片云形成，对此分析具有重要的工程意义[26]。

基于数值模拟的观察，我们提出冲击波以等价速度传播的假设，并推导出波系在弹丸中首个完整传播的几何传播模型[27]。如图 24 所示，以撞击发生前的弹丸前端为原点建立坐标系，撞击方向为 x 轴，实线圆表示半径为 R 的弹丸，两条竖直虚线分别表示 t 时刻和 t_1 时刻的薄板位置，U 表示该工况下的等价传播速度，红色虚线表示模型表征的波阵面。模型用二维轴对称情况下的椭圆（对应三维坐标下的椭球面）来表征冲击波阵面的几何形貌，其解析式为，

$$\begin{cases} x=k \cdot R \cdot (\cos\theta+1) -c \\ y=R \cdot \sin\theta \end{cases} \tag{20}$$

式（20）中，θ 为椭圆参数，$c=U \cdot t$，$k=\dfrac{U}{V_0}-1$。

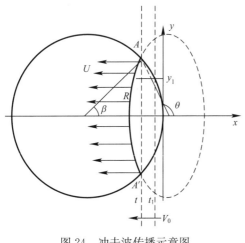

图 24 冲击波传播示意图

参数 c 为时间 t 和等价速度 U 之积，表示椭圆在撞击方向上移动的距离，由参数 c 可求出表征波阵面的椭圆相对弹丸的确切位置。参数 k 是椭圆长短轴的长度比，反映了椭圆的几何曲率。k 值的大小由波阵面传播速度 U 和初始撞击速度 V_0 的比值确定，k 值越大，短轴越长，理论描述的椭圆曲率越大。

以铝弹丸超高速撞击铝薄板为例，模型预测初始撞击速度更小时，波阵面曲率更大。这与 Autodyn-SPH 算法进行的初始撞击速度依次为 $3\sim6km/s$ 模拟得到的结果一致。如图 25 所示，图中黄色点划线和黑色虚线表示模型取不同等效传播速度时预测的波阵面。

几何模型解析地描述了球形弹丸超高速撞击薄板问题中弹丸内的冲击波阵面几何特征，并据此进一步定量探讨了冲击波传播和衰减特性，为建立超高速撞击薄板问题的理论分析模型奠定了基础。但要进一步建立波系和最终的碎片云生成之间的直接联系，还必需考虑冲击波的反射、波系的传播和演化、波系引起的动态破碎等问题，这一方面还值得进一步探讨。

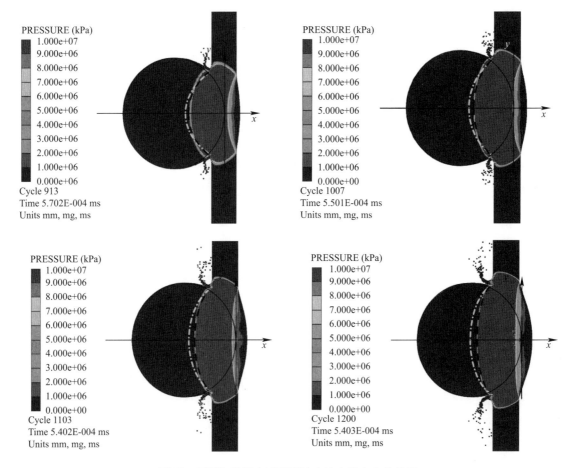

图 25 不同初始撞击速度下冲击波在弹丸内的传播

3.5 碎片云侵彻极限分析

碎片云实际由大量独立碎片组成，每个碎片分别作用于靶板，碎片云侵彻效果是各碎片侵彻结果的叠加。假设碎片无重叠地侵彻靶板，则碎片云侵彻极限由侵彻性能最强的单个碎片决定，即"最危险碎片"。针对弹丸破碎段碎片云，已论证"中心大碎片"为最危险碎片[28]。

基于 SPH 算法后处理中碎片识别和测量方案，获得中心大碎片特征随撞击工况变化关系。随着撞击速度或板厚增大，中心大碎片等效尺寸减小，其中撞击速度影响明显。相应的，中心大碎片质量减小，但表现为先快速减小，然后缓慢减小甚至持平，再减小速度加快。中心大碎片温度与撞击速度和板厚均正相关，但板厚不会改变初始撞击冲击波强度，并不会影响材料最终温度。

中心大碎片速度与接近线性板厚负相关，与撞击速度正相关。其中，某固定位置处材料产生的碎片，其速度大小可近似表示为：

$$\frac{V_{\text{any}}}{V} = C_1 - \frac{t + C_5}{C_6 V^2 + C_7 V^3} \tag{21}$$

其中：V_{any} 为此碎片速度值，C_1、$C_{5\sim7}$ 为正的不变量（含量纲）。

借助中心大碎片特征数据，利用多项式拟合中心大碎片质量和速度变化，得到碎片动能变化规律如图 26 所示。随着板厚增加，中心大碎片动能整体下降；随着撞击速度增加，动能先下降后升高再下降，存在波谷和波峰，与典型弹丸破碎段碎片云侵彻性能曲线规律一致。由此说明，只要选择合适的经验公式描述中心大碎片特征变化，可准确量化碎片云极限。

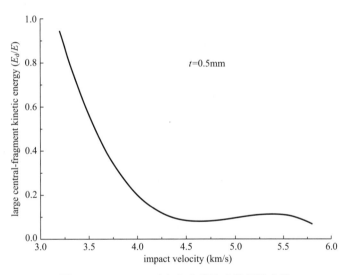

图 26　$t = 0.5\text{mm}$ 时中心大碎片动能经验曲线

量化中心大碎片侵彻极限，定量比较其与整个碎片云侵彻极限[29]差异，以 Whipple 防护结构临界失效的弹丸直径为表征。基于弹丸初始破裂时中心大碎片和整个碎片云侵彻能力一致的观点，修正中心大碎片侵彻极限公式。修正后中心大碎片侵彻极限与整个碎片云极限的相对偏差如图 27，随撞击速度增大偏差近线性增大，随板厚增加偏差快速增大。

上述讨论针对弹丸破碎段，因此适用范围为弹丸已破碎。同时，中心大碎片是最危险碎片有两个前提：碎片未相变和质量优势尚在。数据显示相变工况低于丧失质量优势工况，因此实际由碎片初始熔化工况确定此处适用范围。同时，碎片已相变但动能依旧最大的工况段，其是否仍为最危险碎片需重新评估。

针对替代整个碎片云近似计算侵彻极限，假设不超过 δth 的相对偏差可接受，可推导满足要求的工况上界。图 28 为上述适用范围示例，展示了上述三种临界工况，其中 δth 分别取 10％和 20％。

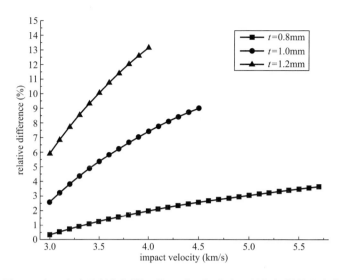

图 27　中心大碎片侵彻极限（修正后）与碎片云侵彻极限偏差变化

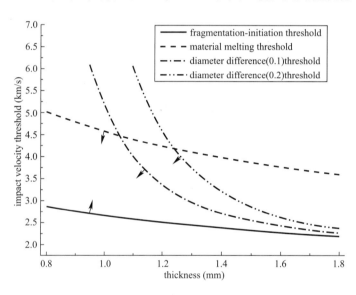

图 28　中心大碎片侵彻性能方案适用工况范围

致谢

本文相关工作得到国家自然科学基金项目（11627901 和 11872118）的支持。

参考文献

［1］　焦文俊，陈小伟. 长杆高速侵彻问题研究进展. 力学进展，2019.

［2］　Alekseevskii V P. Penetration of a rod into a target at high velocity ［J］. Combustion，Explosion，and ShockWaves，1966，2（2）：63-66.

［3］　Tate A. A theory for the deceleration of long rods after impact ［J］. Journal of the Mechanics and Physics of Solids，1967，15：387-399.

［4］　Tate A. Further results in the theory of long rods penetration ［J］. Journal of the Mechanics and Physics of Solids，1969，17：141-150.

［5］　Jiao W J，Chen X W. Approximate solutions of the Alekseevskii-Tate model of long-rod penetration ［J］. Acta Mechanica Sinica，2018，34（2）：334-348.

［6］　Walters W，Williams C，Normandia M. An explicit solution of the Alekseevskii-Tate penetration equations ［J］. International Journal of Impact Engineering，2006，33（1）：837-846.

［7］　Subramanian R，Bless S J. Penetration of semi-infinite AD995 alumina targets by tungsten long rod penetrators from 1.5 to 3.5km/s ［J］. International Journal of Impact Engineering，1995，17（4-6）：807-816.

［8］　Orphal D L，Franzen R R，Piekutowski A J，et al. Penetration of confined aluminum nitride targets by tungsten long rods at 1.5—4.5km/s ［J］. International Journal of Impact Engineering，1996，18（4）：355-368.

［9］　Orphal D L，Anderson Jr. C E. The dependence of penetration velocity on impact velocity ［J］. International Journal of Impact Engineering，2006，33（1-12）：546-554.

［10］　Jiao W J，Chen X W. Analysis on the velocity relationship and deceleration of long-rod penetration ［J］. International Journal of Impact Engineering，under review.

［11］　Song W J，Chen X W，Chen P. Effect of compressibility on the hypervelocity penetration. Acta Mechanica Sinica，2018，34（1）：82-98.

［12］　Song W J，Chen X W，Chen P. A simplified approximate model of compressible hypervelocity penetration. Acta Mechanica Sinica，2018，（1）：1-15.

［13］　Song W J，Chen X W，Chen P. The effects of compressibility and strength on penetration of long rod and jet. Defence Technology，2018，14：99-108.

［14］　Flis W J. A jet penetration model incorporating effects of compressibility and target strength. Procedia Engineering，2013，58：204-213.

［15］　Corbett B M. Numerical simulations of target hole diameters for hypervelocity impacts into elevated and room temperature bumpers. International Journal of Impact Engineering，2006，33（1）：431-440.

［16］　Steinberg D J. Equation of state and strength properties of selected materials. Technical Report UCRL-MA-106439：Lawrence Livermore National Laboratory，1991.

［17］　Allison F，Vitali R. A new method of computing penetration variables for shaped charge jets. Ballistic Research Laboratories Internal Report，1963.

［18］　邸德宁，陈小伟，文肯，张春波. 超高速正撞击薄板产生碎片云研究综述 ［J］. 兵工学报.

［19］　Grady D E. The spall strength of condensed matter ［J］. Journal of the Mechanics and Physics of Solids，1988，36（3）：353-384.

［20］　邸德宁，陈小伟. 碎片云SPH方法数值模拟中材料失效模型研究 ［J］. 爆炸与冲击，2018，38（5）：948-956.

［21］　Liang S C，Li Y，Chen H，et al.. Research on the Technique of Identifying Debris and Obtaining Characteristic Parameters of Large-scale 3D Point Set ［J］. International Journal of Impact Engineering. 2013，56：27-31.

［22］　Zhang X T，Jia G H，Huang H. Fragment Identification and Statistics Method of Hypervelocity Impact SPH Simulation ［J］. Chinese Journal of Aeronautics. 2011，24：18-24.

［23］　Piekutowski A J. A Simple Dynamic Model for the Formatin of Debris Clouds ［J］. International Journal of Impact Engineering. 1990，10：453～471.

［24］　张春波，邸德宁，陈小伟. 圆盘形弹丸超高速撞击薄板的碎片云特征分析 ［J］. 爆炸与冲击.

［25］　迟润强. 弹丸超高速撞击薄板碎片云建模研究 ［D］. 哈尔滨工业大学博士论文. 2010.

［26］　Piekutowski A J. Formation and description of debris clouds produced by hypervelocity impact ［M］. 4707. National Aeronautics and Space Administration，Marshall Space Flight Center，1996.

［27］　Wen K，Chen X W，Di D N. Modeling on the shock wave in spheres hypervelocity impact on flat plates ［J］. Icarus，under review.

［28］　邸德宁，陈小伟. 基于中心大碎片的碎片云侵彻极限分析 ［J］. 兵工学报.

［29］　Christiansen E L.，Kerr J H. Ballistic limit equations for spacecraft shielding. International Journal of Impact Engineering ［J］，2001，26（1-10），93-104.

结构多方向隔减振研究

徐赵东，盖盼盼，黄兴淮

（东南大学土木工程学院，南京　211189）

摘　要： 工程结构在服役过程中往往受到多方向、多类型的耦合复杂振动灾害的影响，隔减振技术作为动力多灾害作用下工程结构防护的重要措施，逐渐向多灾害防御、多方向工作、多功能实现的方向发展。本文评述了国内外多方向隔减振技术进展，结合多种工程结构形式及灾害类型，对大跨网格结构、建筑结构、轨道交通激励下的毗邻建筑结构、多方向流体激励下的管道结构和多维地震激励下的高铁桥梁结构设计了相应的多方向隔减振装置，进而通过力学性能试验、拟动力试验、振动台试验或数值模拟对多方向隔减振装置及多方向隔减振结构进行了分析研究，获得了多方向隔减振装置性能及多方向隔减振结构灾变行为的重要规律与结论。

关键词： 多方向；隔振；减振；黏弹性；动力响应

1　引言

土木工程结构的种类繁多，结构服役的环境特点也各不相同，但往往都受到动力多灾害作用的影响。动力灾害作用往往是多方向、多类型的耦合复杂振动激励，包括：地震、轨道交通引起的振动、管道中流体运动引起的振动等。这些振动会造成工程结构破坏、感官的不适、甚至人员伤亡，带来巨大的经济损失。采用多方向隔减振技术能够有效减小结构的动力响应，已成为国内外土木工程领域研究的热点。

国外对于隔减振技术研究较早，大多为针对重要建筑、精密仪器以及桥梁等结构的振动控制。Fujita[1]组合多级橡胶支座和碟形弹簧对多层建筑结构进行振动控制。Kashiwazaki[2]，Kaji[3]从不同角度结合以液压思想提出多维隔减震装置。Kikuchi[4]，Kageyama[5]则结合以空气弹簧构造三维隔振系统。振动台试验和有限元分析在上述研究中也均有体现。在对于较轻的结构中，较厚的橡胶厚度可以大大地减小竖向刚度，因而隔振效率更高。由此，Tajirian[6]等提出了厚层橡胶支座用于对建筑多维隔振。国内研究中，唐家祥[7]首先根据建筑结构基础隔振的基本原理，在国内率先提出采用减少橡胶支座竖向刚度的途径来研究竖向隔振问题，开创了我国研究竖向隔振的先例。瞿伟廉、周强[8]等提出了一种由"碟形弹簧－橡胶隔振垫"和MR阻尼器组合而成的智能复合隔振系统。盛涛[9,10]等人针对两种不同厚度的橡胶隔振支座试验，并对其在两层砌体结构中进行足尺结构试验，从而检验了基础隔振对提高室内人们的舒适度具有明显的效果。陈浩文[11]系统地研究了厚肉型橡胶支座对地铁邻近建筑的隔振效果。

作者简介：徐赵东，东南大学土木工程学院教授，博士生导师，长江学者，国家杰出青年基金获得者。
　　　　　盖盼盼，东南大学土木工程学院博士研究生。
　　　　　黄兴淮，东南大学土木工程学院讲师。
电子邮箱：zhdxu@163.com
基金项目：国家杰出青年科学基金项目（51625803）、教育部长江学者特聘教授、国家重点研发计划（2016YFE0200500、2016YFE0119700）、国家自然科学基金（11572088）、万人计划（科技创新领军人才）、江苏省特聘教授资助。

上述研究主要采用隔振的思想，而本文在多方向隔振的基础上引入耗能减振，进一步减小动力响应。本文系统介绍了研究团队十多年来针对多方向有害振动环境中的大跨网格结构、重要建筑结构、轨道交通激励下的毗邻建筑结构、多方向流体激励下的管道结构及多维地震激励下的高铁桥梁结构的多方向隔减振研究。

2　大跨网格结构多方向隔减振

大跨网格结构常用于人群密集的公共设施建设，一旦倒塌会带来巨大的生命和财产损失。团队研发了大跨结构多维隔减振装置[12,13]（专利号：ZL200610097219.3），并对其进行了水平向和竖向的性能试验研究，如图1和图2所示，并通过水平向和竖向拟动力试验和振动台试验验证了大跨网格结构多维隔减振装置的减振效果，以及进行了大跨网格结构在大震下的抗倒塌性能研究[14]。

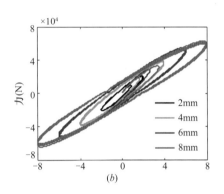

图1　大跨结构多方向隔减振装置水平向性能试验及其代表性试验曲线

（a）大跨网格结构多维装置水平向性能试验；（b）水平向位移幅值（mm）$f=0.1$Hz，$d=2$，4，6，8mm

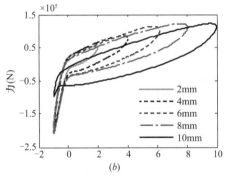

图2　大跨结构多方向隔减振装置竖向性能试验及其代表性试验曲线

（a）大跨网格结构多维装置竖向性能试验；（b）竖向位移幅值（mm）$d=2$，4，6，8，10mm，$p=0.5$Hz

进一步，对加与未加多维隔减振装置的1:3大跨网格结构缩尺模型进行了拟动力试验，如图3、图4所示。结构平面尺寸为4m×4m，单个网格尺寸为0.6m×0.6m，高度为0.3m。柱高为1.1m。

在此仅列出竖向200gal El Centro地震波作用下加与未加隔减振装置大跨网格结构的位移反应比较，如图6（a），结构杆件应变曲线对比如图6（b）所示。由此可以看出受控结构在位移反应和应变反应上都有明显的减小。

基于前述研究，对柱顶安装了隔减振装置的4m×4m大跨网格结构模型进行地震模拟振动台试验。

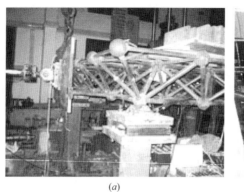

(a)　　　　　　　　　　　　　(b)

图 3　拟动力试验水平向和竖向加载试验图

(a) 水平向加载实物照片；(b) 竖向加载实物照片

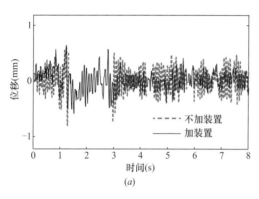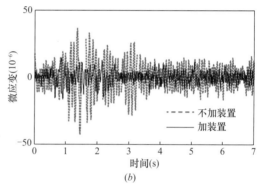

(a)　　　　　　　　　　　　　(b)

图 4　加与未加多维隔减振装置的结构动力响应时程曲线对比

(a) 网格顶部中心位移反应时程曲线对比（E200）；(b) 63 号应变片的微应变对比曲线

对比安装与未安装多维隔减振装置的结构对相同水平地震作用的反应，评定该隔振装置水平向隔减振效果，如图 5 所示。

(a)　　　　　　　　　　　　　(b)

图 5　大跨网架结构振动台试验

(a) 未控结构；(b) 受控结构

　　图 6 为水平向 400gal 人工波作用下未安装和安装多维隔减振装置的网格结构的加速度时程曲线对比图，图 6 (a) 为跨中水平向加速度响应，结果表明：受控结构的水平向加速度比未控结构的水平向加速度减小 40.2％。

　　图 6 (b) 为跨中节点的竖向加速度响应，结果表明：受控结构的竖向加速度比未控结构的竖向加速度减小 68.0％。

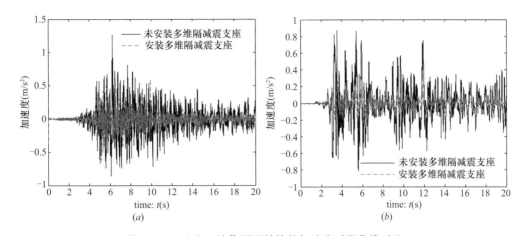

图 6　400gal 人工波作用下结构的加速度时程曲线对比

（*a*）水平向 400gal Taft 地震波加速度响应对比；（*b*）竖向 400gal 人工波跨中加速度响应对比

3　建筑结构多方向隔减振研究

3.1　重要中低层建筑多维隔减振

针对重要的中低层建筑，研制的多维隔减振装置[15]（发明专利批准号：ZL03113392.4）使用黏弹性材料取代了传统的橡胶材料，使装置保持隔振效果的同时兼具良好的减振效果，并将圆筒式阻尼器、隔振支座和预压弹簧系统联合使用进行竖向隔减振。课题组进行了水平向、竖向力学性能试验及设置有多维隔减振装置的多层框架结构振动台试验[16]。

双向性能试验[17,18]（图 7 所示）旨在研究动力荷载下装置动力特性的发展规律，图 8 给出了装置在水平向、竖向性能试验中的典型滞回曲线。多维隔减振装置在水平向的滞回曲线为饱满的椭圆形，在竖向为带有细长尾巴的椭圆形，这说明该装置无论在水平向还是竖向动力荷载作用下都具有良好的耗能特性；加载频率和位移幅值对多维隔减振装置水平向、竖向的动态力学性能有着显著影响：多维隔减振装置的等效刚度随加载频率的增大而增大，随位移幅值的增大而减小；等效阻尼随加载频率的增大而减小，随位移幅值的增大而减小。

图 7　重要建筑多维隔减振装置水平向、竖向性能试验示意图

为了了解多维隔减振装置在地震作用下对建筑结构的隔减振效果，对一底部设有多维隔减振装置的 1∶5 缩尺三层钢框架结构模型进行了振动台试验[19,20]，见图 9。通过对比分析未控结构和受控结构水平向及竖向的加速度、位移响应，研究了多维隔减振装置在建筑结构中的隔减振性能，模型相关参数可参考表 1。

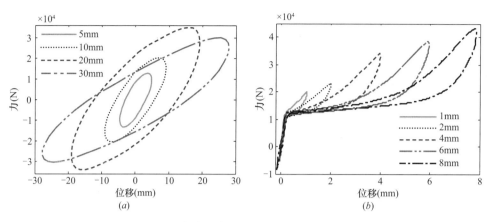

图 8　多维隔减振装置代表性试验曲线

（a）水平加载频率为 0.5Hz；（b）竖向加载频率为 0.5Hz

试验框架模型的各层自重及配重分布　　　　　　　　　　表 1

层数	层高（mm）	自重（kN）	配重（kN）	实际重（kN）
1	780	0.58	10.84	11.42
2	660	0.55	10.84	11.39
3	660	0.41	10.05	10.46

图 9　振动台试验模型

在加速度峰值为 400gal 的 ElCentro 波激励下，如图 10 所示，受控结构的顶层水平向最大加速度相对于未控结构降低了 23.4%；受控结构的顶层水平向最大位移相对于未控结构降低了 31.3%。在加速度峰值为 400gal 的 ElCentro 波激励下，如图 11 所示，受控结构的顶层竖向最大加速度相对于未控结构降低了 7.9%；但受控结构的顶层位移变化并不明显。这是由于在竖向地震作用下，多维隔减振装置在竖向并没有脱开，而装置本身和结构所产生的竖向位移非常小，绝大部分位移由台面的竖向运动提供。

3.2　地铁毗邻结构多维隔减振

地铁运行所产生的振动多以竖向为主，且激励为持续性振动，同时，结构自身尚受到地震激励作用。针对此，研制了地铁邻近建筑用多维隔减振支座（专利申请号：ZL201710755907.2），并进行了双向性能试验，如图 12 所示。

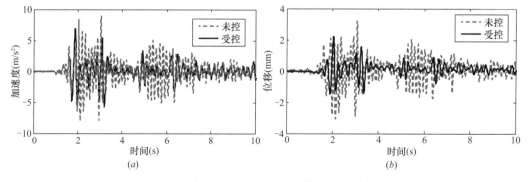

图 10　400gal ElCentro 波激励下结构水平向动力响应

（a）顶层加速度时程曲线对比图；（b）顶层相对位移时程曲线对比图

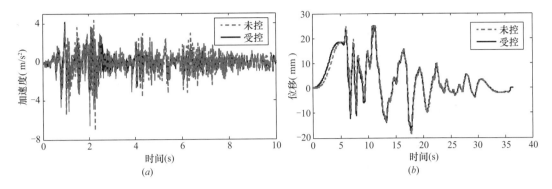

图 11　400gal ElCentro 波激励下结构竖向动力响应

（*a*）顶层加速度时程曲线对比图；（*b*）顶层绝对位移时程曲线对比图

图 12　地铁毗邻建筑用多维隔减振装置性能试验

　　该性能试验旨在研究动力荷载下装置动力特性的发展规律，图 13 给出了装置在竖向、水平向性能试验中的典型滞回曲线。多维隔减振装置在竖向、水平向的滞回曲线均为近似椭圆形，具备耗能特性；加载频率和位移幅值对多维隔减振装置水平向、竖向的动态力学性能有着显著影响；多维隔减振装置的等效刚度随加载频率的增大而增大，随位移幅值的增大而减小；等效阻尼随加载频率的增大而减小，随位移幅值的增大而减小。

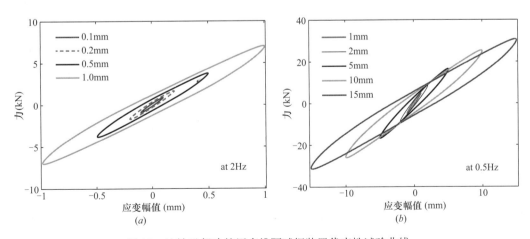

图 13　地铁毗邻建筑用多维隔减振装置代表性试验曲线

（*a*）竖向加载频率为 2.0Hz 下不同幅值；（*b*）水平向加载频率为 0.5Hz

4 大型管道结构多方向隔减振研究

针对管道结构的隔振和减振，所设计管道结构多维黏弹性隔减振装置主要由黏弹性核心垫、板式阻尼器和 U 形弹簧组成（图 14）。对其进行了竖向和水平向的力学性能试验，并通过对试验数据定量分析，得到该装置的力学性能指标随加载频率和位移幅值的变化规律[21]（图 15）。

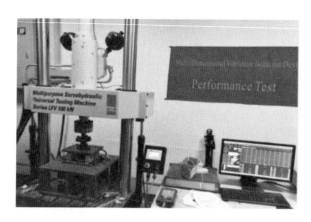

图 14　管道结构多维黏弹性隔减振装置及性能试验示意图

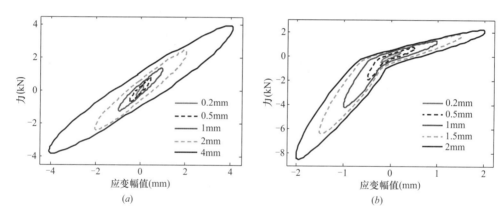

图 15　管道结构多维隔减振装置代表性试验曲线
（a）水平激励频率为 2Hz；（b）竖向激励频率为 2Hz

多维隔减振装置在水平向和竖向的滞回曲线均为饱满的椭圆，竖向的滞回曲线按照拉压两个不同的阶段具有明显的拐点，这是由于受拉和受压时装置的工作机理不同导致的。

加载频率和位移幅值对多维隔减振装置水平向、竖向的动态力学性能有着显著影响：多维隔减振装置水平向等效刚度随加载频率的增大而增大，随位移幅值的增大而减小；等效阻尼随加载频率的增大而减小，随位移幅值的增大而减小。

5 高铁桥梁结构多维隔减振研究

高铁高架桥要求装置具有较强的初始刚度，承载能力和耐久性，并且在地震过后便于更换与抢修，为了满足这些要求，设计高铁高架桥多维隔减振装置，分为铅芯核心垫和竖向圆筒阻尼器两大部分，所用的填充材料为课题组近期设计的高耗散性黏弹性材料。力学性能方面，水平向铅芯、核心垫、竖向阻尼器并联共同工作，各部分存在清晰的几何关系；竖向：拉伸时竖向阻尼器和预压弹簧工作，耗能减振，压缩时竖向阻尼器和核心垫工作，铅芯上方留有活动空间，在竖向拉压时不工作。核心垫由于钢板的加强，竖向压缩刚度大大增大，满足承载力要求。

图16为装置力学试验图，图17给出了装置在竖向、水平向性能试验中的典型滞回曲线。多维隔减

图16　高铁高架桥用多维隔减振装置力学性能试验图

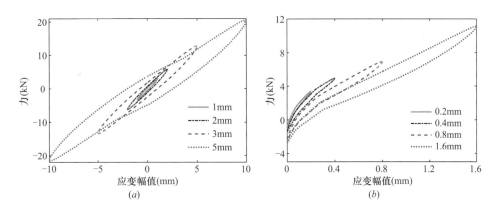

图17　高铁桥梁结构用多维隔减振装置代表性试验曲线

（a）水平加载频率为2Hz；（b）竖向加载频率为2Hz

振装置在水平向的滞回曲线为近似椭圆形，具备耗能特性；由于装置的竖向隔减振功能主要在拉伸时体现，其竖向的滞回曲线不再是椭圆。加载频率和位移幅值对多维隔减振装置水平向、竖向的动态力学性能有着显著影响，规律与前述研究结果类似。

6　结语

结构多方向隔减振有着广泛的应用前景，无论是对大跨网格结构、重要的建筑结构、地铁毗邻建筑，还是对高铁桥梁结构、管道结构，从地震动、轨道交通振动到流体振动，结构多方向隔减振研究均具有重要研究意义。文中研究从多样结构形式到多样动态激励，构成了以黏弹性材料为核心的各具特色、交叉复杂的多维隔减振振动控制体系，通过上述研究，主要有以下思考：

（1）多方向隔减振装置在竖向承载能力和隔振效率之间存在设计上的矛盾，多方向激励强度水平相当时水平向和竖向的位移协调问题，强激励下的装置的防、抗碰撞的设计问题，仍需要深入地研究。

（2）多方向隔减振装置精细化力学模型的建立，尤其对于宽频激励下、大幅值变形下的装置力学

性能准确预测，装置力学模型在多方向隔减振结构动力分析中的通用性和融合性问题，需要长期深入的研究。

（3）多灾害耦合作用下的多方向隔减振结构的数值模拟与试验研究需要进一步加大，需要更多地开展对加入多方向隔减振装置的结构进行数值模拟、振动台试验和实时混合试验，全面系统地分析加入装置后结构的隔减振效果，评估多方向隔减振装置的隔减振性能，更快地推进多维隔减振技术的应用。

参考文献

［1］ Fujita T. A three-dimensional isolation floor for earthquake and ambient micro-vibration using multi-stage rubber bearings ［J］. Transactions of the Japan Society of Mechanical Engineers，1986，56 （521）：43-48.

［2］ Kashiwazaki A，Shimada T，Fujiwaka T，et al. Feasibility tests on a three-dimensional base isolation system incorporating hydraulic mechanism ［C］. ASME 2002 Pressure Vessels and Piping Conference. American Society of Mechanical Engineers，2002：11-18.

［3］ Kajii S，Sawa N，Kunitake N，et al. Three dimensional seismic isolation system using hydraulic cylinder ［C］. ASME 2002 Pressure Vessels and Piping Conference. 2002.

［4］ Kikuchi M，Nakamura T，Aiken I D. Three-dimensional analysis for square seismic isolation bearings under large shear deformations and high axial loads ［J］. Earthquake Engineering and Structural Dynamics，2010，39 （13）：1513-1531.

［5］ Kageyama M，Iba T，Somaki T，et al. Development of cable reinforced three-dimensional base isolation air spring ［C］. ASME 2002 Pressure Vessels and Piping Conference. American Society of Mechanical Engineers，2002：19-25.

［6］ Tajirian F F，Kelly J M，et al. Elastomeric bearings for three-dimensional seismic isolation ［J］. Seismic，Shock and Vibration Isolation，1990. 200：7-13.

［7］ 唐家祥，刘再华. 建筑结构基础隔震 ［M］. 武汉：华中理工大学出版社，1993.

［8］ 瞿伟廉，周强，苏经宇等. 多层建筑结构水平剪扭-竖向地震反应的智能复合隔震控制 ［J］. 地震工程与工程振动，2003，23 （5）：187-195.

［9］ 盛涛，李亚明，张晖等. 地铁邻近建筑的厚层橡胶支座基础隔振试验研究 ［J］. 建筑结构学报，2015，36 （2）：35-40.

［10］ 张晖，盛涛. 地铁运行诱发建筑物振动的竖向基础隔振现场模型试验分析 ［J］. 建筑结构，2013，43 （13）：22-26.

［11］ 陈浩文. 厚肉型橡胶隔振支座在地铁周边建筑物隔振中的应用 ［J］. 北京：清华大学，2014.

［12］ Xu Z D，Tu Q，Guo Y F. Experimental study on vertical performance of multidimensional earthquake isolation and mitigation devices for long-span reticulated structures ［J］. Journal of Vibration and Control，2012，18 （13）：1971-1985

［13］ Xu Z D，Huang X H，Lu L H. Experimental study on horizontal performance of multi-dimensional earthquake isolation and mitigation devices for long-span reticulated structures ［J］. Journal of Vibration and Control，2012，18 （7）：941-952.

［14］ 黄兴淮. 大跨网格结构倒塌模式与多维隔减震控制研究 ［D］. 东南大学，2015.

［15］ 赵慧义. 加入多维隔减振装置建筑结构的动力分析及优化研究 ［D］. 东南大学，2014.

［16］ Xu Z D，Gai P P，Zhao H Y，et al. Experimental and theoretical study on a building structure controlled by multi-dimensional earthquake isolation and mitigation devices ［J］. Nonlinear Dynamics，2017，89 （1）：723-740.

［17］ Xu Z D，Zeng X，Huang X H，et al. Experimental and numerical studies on new multi-dimensional earthquake isolation and mitigation device：Horizontal properties ［J］. Science China Technological Sciences，2010，53 （10）：2658-2667.

［18］ Xu Z，Lu L，Shi B，et al. Experimental and numerical studies on vertical properties of a new multi-dimensional earthquake isolation and mitigation device ［J］. Shock and Vibration，2013，20 （3）：401-410.

［19］ Xu Z D，Zeng X，Wu K Y，et al. Horizontal shaking table tests and analysis on structures with multi-dimensional earthquake isolation and mitigation devices ［J］. Science in China Series E：Technological Sciences，2009，52（7）.

［20］ Xu Z D，Shi B Q，Wu K Y，et al. Vertical shaking table tests on the structure with viscoelastic multi-dimensional earthquake isolation and mitigation devices ［J］. Science in China Series E：Technological Sciences，2009，52（10）：2869-2876.

［21］ 苗安男. 大型管道结构多维隔减振装置力学性能及其减振研究 ［D］. 东南大学，2018.

城市抗震弹塑性分析及其工程应用

陆新征[1]，许 镇[2]，程庆乐[1]，熊 琛[3]，曾 翔[1]，田 源[1]，顾栋炼[1]

(1. 清华大学土木工程系，北京 100084；2. 北京科技大学土木与资源工程学院，北京 100083；
3. 深圳大学土木工程学院，深圳 518060)

摘 要：城市建筑震害模拟可以揭示地震对城市造成的破坏，服务震前防灾减灾规划和震后快速救援，对减轻城市地震灾害风险具有非常重要的意义。本文针对城市抗震弹塑性分析中海量建筑建模、高性能计算、高真实感可视化、次生灾害预测与"场地—城市效应"等一系列关键科学问题，提出了相应的解决办法，包括：(1) 基于物理驱动模型的建筑群多尺度模型；(2) 基于 CPU/GPU 异构并行的高性能计算方法；(3) 基于 3D 城市模型和物理引擎的震害高真实感展示方法；(4) 基于精细化模拟和新一代性能化设计的震损预测和次生灾害模拟方法；(5) 考虑"场地—城市效应"的区域建筑非线性时程分析方法。并介绍了城市抗震弹塑性分析方法在震后灾损近实时预测（九寨沟）、震前防震减灾规划（唐山）、城市中心区高层建筑群多尺度震害模拟（北京 CBD）、城市建筑震害及次生灾害全过程模拟（旧金山湾区）等方面的应用，其成果可为城市防震减灾提供重要决策参考。

关键词：城市抗震弹塑性分析；建筑群多尺度模型；高性能计算；次生灾害；工程应用

1 研究背景

随着城市化的迅速发展，城市人口、建筑和基础设施的数量和密度迅速提高，因而地震对城市的威胁也在不断增加。2008 年中国汶川地震[1,2]以及 2011 年新西兰 Christchurch 地震[3]都给当地造成了严重的损失。建筑物是城市地震灾害的主要承灾体。城市建筑震害模拟可以揭示地震对城市造成的破坏，服务震前防灾减灾规划和震后快速救援，对减轻城市地震灾害风险具有非常重要的意义。

目前广泛采用的城市建筑震害模拟方法主要有易损性矩阵方法[4]，能力-需求方法[5]等。易损性矩阵方法使用简单，得到了广泛的应用。但是该方法高度依赖于历史震害数据，是一种数据驱动（Data Driven）的方法。对于震害数据较少的地区以及缺少相应震害记录的特大地震场景，采用易损性矩阵方法预测难度较大。对于缺乏近期强震资料的我国大陆中东部城市，这一问题尤其突出。能力-需求分析方法能较好地反映结构的刚度、强度特性、地震输入的强度以及频谱特性。然而，该方法同样也有它的局限性。首先，能力-需求分析方法本质上是基于单自由度体系的静力推覆分析方法，因此该方法难

作者简介：陆新征，清华大学土木工程系教授，博士生导师。
　　　　　许 镇，北京科技大学土木与资源工程学院副教授。
　　　　　程庆乐，清华大学土木工程系博士研究生。
　　　　　熊 琛，深圳大学土木工程学院助理教授。
　　　　　曾 翔，清华大学土木工程系博士。
　　　　　田 源，清华大学土木工程系博士研究生。
　　　　　顾栋炼，清华大学土木工程系博士研究生。
电子邮箱：luxz@tsinghua.edu.cn
基金项目：国家杰出青年科学基金项目（51625803）、教育部长江学者特聘教授、国家重点研发计划（2016YFE0200500、2016YFE0119700）、国家自然科学基金（11572088）、万人计划（科技创新领军人才）、江苏省特聘教授资助。

以考虑结构高阶振型对地震响应的影响；其次，能力-需求分析方法基于固定的振型形态，因此该方法难以考虑结构进入弹塑性以后集中损伤导致的振型变化（比如软弱层破坏形态）；最后，能力-需求分析方法是一种静力分析方法，因此难以充分考虑地震动的时域特性对结构的影响（比如速度脉冲的影响）。

因此，本研究提出可以采用"城市抗震弹塑性分析"来解决既有方法中存在的上述问题[6]。城市抗震弹塑性分析通过将完整的地震动时程记录输入城市建筑群，对逐个建筑进行动力弹塑性时程分析，从而可以充分反映不同建筑的抗震特性差别及不同地震动的时域和频域特征。因此，从理论上说城市抗震弹塑性分析方法与已有方法相比有着明显的优势。但是，为了实现城市抗震弹塑性分析，需要解决海量建筑建模、高性能计算、高真实感可视化、次生灾害预测和考虑"场地-城市效应"等一系列关键科学问题。本研究相应地提出了以下解决办法：

（1）基于物理驱动模型的建筑群多尺度模型；

（2）基于 CPU/GPU 异构并行的高性能计算方法；

（3）基于 3D 城市模型和物理引擎的震害高真实感展示方法；

（4）基于精细化模拟和新一代性能化设计的震损预测和次生灾害模拟方法；

（5）考虑"场地-城市效应"的区域建筑非线性时程分析方法。

并采用上述方法，开展了地震震损应急评估、城市地震灾害预测、地震情境和次生灾害模拟等方面的研究工作，其成果可供相关科研和工程人员参考。

2　城市抗震弹塑性分析方法

2.1　技术框架

本研究提出的城市抗震弹塑性分析方法的整体技术框架如图 1 所示[7]。首先提出了基于物理驱动模型的城市建筑群多尺度模型，实现对不同类型建筑地震响应的模拟；其次提出了基于 CPU/GPU 异构并行的高性能计算方法，实现区域建筑震害模拟的高性能计算；之后提出了基于城市 3D 模型和物理

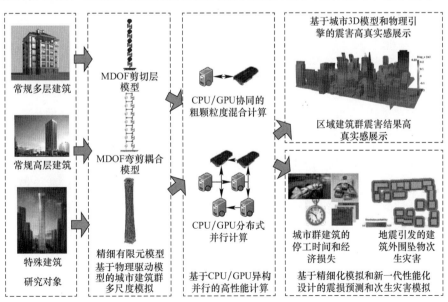

图 1　城市建筑抗震弹塑性分析技术框架

引擎的震害高真实感展示方法，实现区域建筑震害模拟结果的浸入式展示；接着提出了基于精细化模拟和新一代性能化设计的震损预测和次生灾害模拟方法；最后提出了考虑"场地-城市效应"的区域建筑非线性时程分析方法。

2.2 基于物理驱动模型的城市建筑群多尺度模型

城市中建筑数量和种类繁多，本研究将城市中的建筑划分成了常规多层建筑、常规高层建筑和特殊建筑三类，并针对这三类建筑提出了相应的基于弹塑性时程分析的震害预测方法。该方法与传统的基于数据驱动（Data Driven）的易损性矩阵方法有着本质的不同，是一种基于力学/物理驱动（Physics Driven）的震害预测模型。

城市区域中的常规多层建筑通常表现出较为明显的剪切变形模式，可以将每栋建筑结构简化成图 2（a）所示的多自由度（Multiple-Degree-of-Freedom，MDOF）剪切层模型[8]。该模型假设结构每一层的质量都集中在楼面上，因此可以将每一层简化成一个质点。不同楼层之间的质点通过剪切弹簧连接在一起。楼层之间剪切弹簧的骨架线采用 HAZUS 报告[5]中推荐的三线性骨架线（图 2（c）），层间滞回模型采用图 2（d）所示的单参数滞回模型。

与多层建筑不同，高层建筑通常表现出较为明显的弯剪耦合变形形态。因此本研究针对常规高层建筑，采用图 2（b）所示的 MDOF 弯剪耦合模型[9]。该模型每一层分别用一根弯曲弹簧和剪切弹簧来模拟。每层之间用刚性的链杆连接。弯剪耦合模型的弯曲弹簧和剪切弹簧同样采用图 2（c）和图 2（d）所示的骨架线和滞回模型。

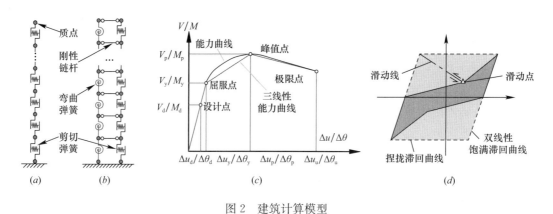

图 2　建筑计算模型

（a）常规多层建筑的 MDOF 剪切层模型；（b）常规高层建筑的 MDOF 弯剪耦合模型；

（c）三线性骨架线；（d）单参数滞回模型

城市区域中常规多层建筑和高层建筑的数量巨大，每栋建筑可获取的信息较为有限。因此，本研究提出了图 2 中常规建筑模型计算参数的自动确定方法。其基本原理是：基于容易获取的宏观 GIS 数据（主要包括每栋建筑的结构高度、结构类型、建设年代、面积、层数、功能等信息），首先根据统计规律确定结构的振动特性；而后根据规范设计方法确定结构的设计抗震性能；最后根据大量试验和计算结果统计确定建筑实际抗震性能和设计抗震性能的比例关系。这样就可以非常高效地建立数量庞大的城市常规建筑计算模型。需要说明的是，对于可以获取更详细设计信息的建筑，还可以根据设计信息直接确定图 2 中模型的计算参数，从而获得更好的计算精度。

MDOF 模型能较好地模拟城市区域中常规建筑的地震响应。但是除了量大面广的常规建筑，城市区域中同样存在一些大跨空间结构、超高层结构与异型结构等特殊建筑，这些建筑的动力特性更为复杂，MDOF 模型无法满足这些建筑的分析需求。因此，对于这些建筑可以采用基于纤维梁和分层壳模型的精细有限元建模方法加以模拟[10]。

2.3 基于 CPU/GPU 异构并行的高性能计算

城市抗震弹塑性分析带来巨大的计算工作量，需要寻找高效率低成本的解决方案。近年来，图形处理单元（Graphics Processing Unit，GPU）技术飞速发展，相同价格的 GPU 相对 CPU 具有更高的计算性能，因而在不同领域得到了大量成功应用。本研究采用 CPU/GPU 异构并行计算，加速区域建筑震害模拟过程。为了充分利用 GPU 的计算能力，计算架构需要满足以下三点原则：

（1）采用 GPU 进行每座建筑的非线性时程计算，避免其参与过多的逻辑计算。

（2）采用 CPU 完成数据读取、计算任务分配等逻辑计算能力需求较高的工作。

（3）应尽量减少内存和显存之间相互数据交换的次数，以降低数据传输延迟。

基于以上三点原则，本研究提出了图 3 所示的 CPU/GPU 异构并行计算流程，该流程主要包括三部分[6]。首先是 CPU 控制区域计算任务分配，将每栋建筑的计算任务分配给各个 GPU 核心；之后 GPU 开始区域海量建筑弹塑性时程分析并行计算；最后 CPU 将 GPU 的计算结果输出给后续可视化展示。

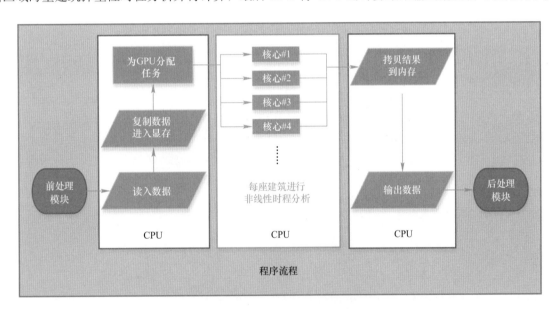

图 3　CPU/GPU 异构并行计算流程

算例表明，采用 GPU/CPU 异构并行计算，可以在相近的成本下，将计算效率提高 39 倍以上（图 4），满足了城市区域建筑震害模拟低成本-高效率的要求。

2.4 基于城市 3D 模型和物理引擎的震害高真实感展示

由于城市地震模拟的用户（如政府官员、消防队员等）很多并没有专业的地震工程知识，因此高真实感的震害展示对这些非专业用户理解震害模拟结果有着重要价值。随着航空摄影技术以及激光雷达技术的发展[11,12]，越来越多的城市开始拥有城市高真实感的 3D 模型[13,14]。因此本研究采用城市 3D 模型对区域建筑的地震模拟结果进行动态展示。

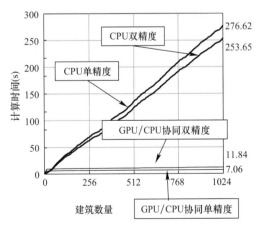

图 4　GPU/CPU 协同计算和仅 CPU 计算效率对比

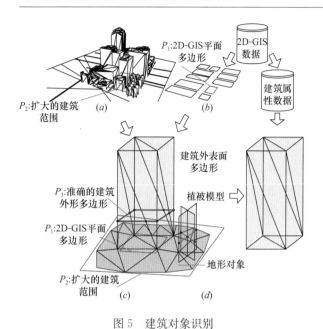

图 5 建筑对象识别

（a）城市 3D 多边形模型；（b）2D-GIS 数据；（c）Sub-city 多边形；（d）识别得到的建筑外表面多边形以及其建筑属性数据

基于城市 3D 模型的展示方法实现流程如图 5 所示[15]。主要包括建筑对象识别、楼层平面多边形生成与位移插值三个部分。（1）建筑对象识别将每栋建筑的外表面多边形从城市 3D 多边形模型中提取出来，并与 2D-GIS 数据中每栋建筑的描述性信息对应生成 3D-GIS 数据；（2）通过建筑对象识别，得到了每栋建筑的外表面多边形，如图 5（d）所示。但是生成结构分析的计算模型往往需要建筑各楼层的平面多边形数据（图 6（d））。为此提出了楼层平面多边形生成方法，对建筑的外表面多边形进行切片，得到每一楼层的平面多边形（图 6）；（3）建筑时程计算通常生成几个离散高程处（如楼层位置）的结构响应结果，为了保证各层之间描述建筑细节的节点跟随各层发生位移，将采用图 7 所示的线性插值方法，计算位于两层之间所有节点处的建筑响应结果。其最终效果如图 8 所示。

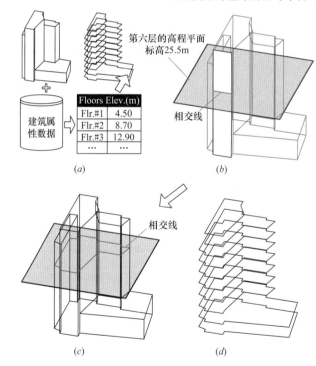

图 6 楼层平面多边形生成

（a）具有属性数据的建筑外表面多边形；（b）对外表面多边形进行高程切片；（c）生成闭合相交线；（d）楼层平面多边形模型

　　采用有限元方法实现倒塌模拟计算成本较高。物理引擎是近些年计算机图形学发展的新技术，专门用于计算场景中刚体碰撞等复杂物理行为。本研究提出可以将物理引擎用于城市建筑群倒塌可视化模拟[16]。在 MDOF 模型中，采用倒塌层间位移角限值判定结构的倒塌状态（图 9a）。MDOF 模型可以给出不同楼层倒塌发生时的位移和速度，这些位移和速度作为初始状态传给物理引擎（如 PhysX）进行后续倒塌模拟（图 9b）。物理引擎模拟楼层刚体在重力作用下的运动，直到楼层刚体间相互碰撞或者接触到地面（图 9c）。

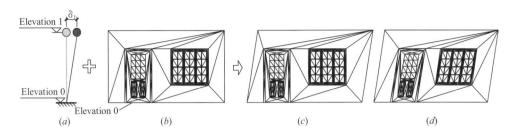

图 7　位移插值

（a）位移结果；（b）建筑外表面多边形；（c）将 δ_1 赋予所有位于 Elevation 1 上的节点；

（d）所有其他位于 Elevation 0 和 Elevation 1 之间的节点被赋予插值位移

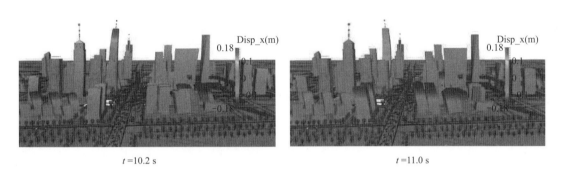

$t = 10.2$ s　　　　　　　　　　　　　　$t = 11.0$ s

图 8　北京 CBD 地震场景 3D 可视化

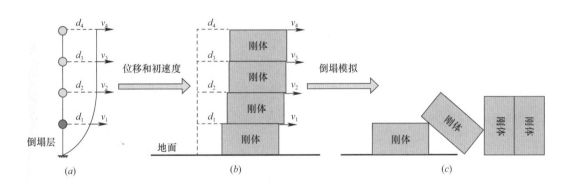

图 9　物理引擎倒塌模拟的过程

（a）MDOF 模型判定开始倒塌；（b）在 PhysX 中的初始状态；（c）在 PhysX 中的最终状态

2.5　基于精细化模拟和新一代性能化设计的震损预测和次生灾害模拟

地震可能给受灾区域带来严重的经济冲击。合理的地震经济损失预测可以为决策者提供重要的参考信息，从而有针对性地制定防震减灾规划、地震保险规划等对策。

本研究基于城市抗震弹塑性分析结果，结合 FEMA P-58 新一代性能化抗震设计方法[17]，开展建筑地震经济损失预测。其基本原理如图 10 所示，首先通过城市抗震弹塑性分析得到不同建筑、不同楼层的层间位移角和楼面加速度，然后通过 FEMA P-58 提供的建筑性能模型和构件易损性数据库，确定不同构件的修复费用、修复时间等震损指标。本研究采用该方法，预测了清华大学校园的地震经济损失（图 11）。与既有震损预测方法相比，该方法具有以下优势：（1）基于精细化的结构模拟结果，可以得到不同楼层不同构件的损伤情况；（2）既可以考虑楼层位移引起的损失，也可以考虑楼层加速度引起的损失，还可以考虑残余变形引起的损失。

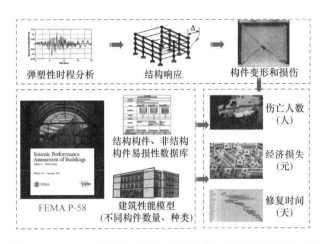

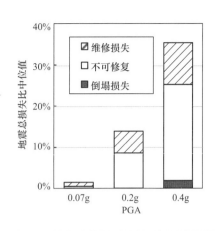

图 10　基于新一代性能化设计方法的建筑地震经济损失预测　　　　图 11　清华大学校园地震经济损失预测

　　精细化震损模拟结果可以进一步用于次生灾害的预测。例如，可以用于坠物分布的模拟，以及次生火灾的模拟等。随着建筑抗震安全性的提高，建筑倒塌造成的伤亡在不断下降，但是建筑外围护结构因地震脱落引起的坠物震害造成人员伤亡以及阻碍人员疏散问题日益突出，而现阶段还缺少合适的坠物次生灾害计算方法。本研究基于城市抗震弹塑性分析，可以得到不同建筑不同楼层的层间位移以及楼面速度，由层间位移可以预测外围护结构是否发生破坏，由楼面速度可以预测坠物的影响范围（图 12），进而为避难场所规划和疏散道路设计提供参考（图 13）[18]。

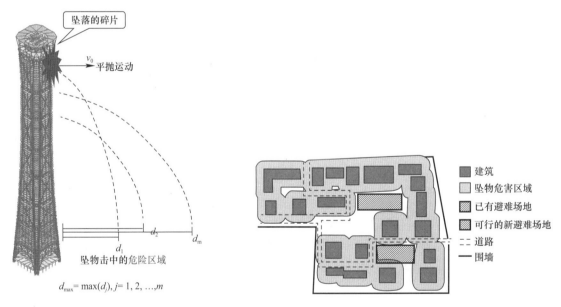

图 12　坠物次生灾害模拟示意　　　　　　　　图 13　坠物危害影响区域与紧急避难场所选址

　　次生火灾是地震后导致人员伤亡的另一重要次生灾害。本研究基于城市抗震弹塑性分析得到的精细化震害结果，结合起火概率统计模型和火灾蔓延物理模型，可以预测城市次生火灾风险，并可以通过计算流体力学（CFD）模型得到次生火灾场景下的烟雾蔓延情况（图 14）[19]。为城市消防规划和灾后应急预案编制提供参考。

2.6　考虑"场地—城市效应"的区域建筑非线性时程分析

　　在建筑密集的城市区域，大量多层、高层建筑在空间上紧密分布，由此而产生的土体-结构相互作用（SSI）和结构-土体-结构相互作用（SSSI）将显著地改变场地的特征以及建筑的地震动输入。从宏

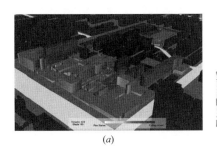

(a)　　　　　　　　　　　　　　　　　(b)

图 14　城市次生火灾模拟

(a) 次生火灾蔓延模拟；(b) 城市次生火灾情境模拟

观的尺度而言，这种由城市与场地之间相互作用带来的影响被称作"场地-城市相互作用"（即 SCI 效应）。本研究结合开源谱元分析软件 SPEED 及 2.2 节所介绍的非线性 MDOF 建筑模型，提出了考虑"场地-城市效应"的区域建筑震害模拟方法[20]。

图 15 为考虑 SCI 效应的区域建筑震害耦合模拟方法示意图。该方法包含两个主要部分：第一部分是在 SPEED 软件中模拟地震波在土体中的传播；第二部分是采用非线性 MDOF 模型进行每栋建筑的时程分析。为了将这两个部分耦合，在每个计算时间步长时，需要提取建筑的基底反力并将其应用于土体分析；同时需要将土体计算得到的建筑所在位置地面运动加速度作为建筑的基底输入用于建筑分析，循环计算直至完成整个地震作用的计算。该方法可以准确地把握 SCI 效应带来的影响，可以为相关工作提供重要的研究工具。

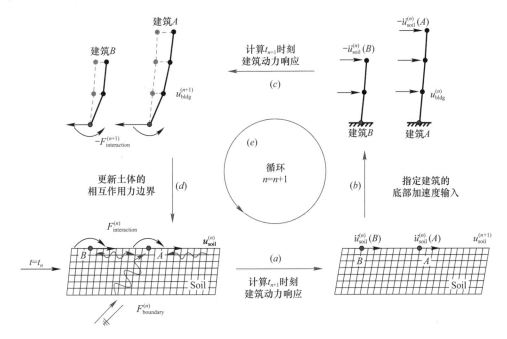

图 15　SCI 效应的耦合计算方法

3　城市抗震弹塑性分析的应用

3.1　地震后灾损近实时预测

在地震发生后及时预测真实地震损失对震后应急救援具有重要价值。本研究基于实测地面运动记录和城市抗震弹塑性分析，提出了一套近实时的地震后灾损评价方法并开发了相应的系统。该方法：（1）通过地震台站获取发震地区实测地面运动记录；（2）建立发震地区典型的区域建筑数据库；（3）运用城市抗震弹塑性分析方法，将实测地面运动记录输入到目标区域建筑分析模型中，根据区域分析结果评价本次地震对该地区建筑的破坏情况。该方法能较好地解决地震输入的不确定性问题；可以充分考虑地震动的幅值、频谱和持时特征以及不同建筑物的刚度、强度和变形特征；可以评价地震对典型建筑物和目标区域建筑群的破坏能力；在地震发生后短时间内给出地震破坏力评估结果，为科学制定抗震救灾决策和普及公众防灾减灾知识提供了有力手段。该方法在多次地震中得到运用，如表 1 所列。其中，2017-08-08 九寨沟 7.0 级地震破坏力分析为典型的应用案例[21]，在地震发生后 5 小时内给出了本次地震的震害情况的预测结果，如图 16 所示，该方法预测的倒塌概率和实际震害较为一致，为本次地震的应急响应和普及公众防震减灾知识提供了参考。

			地震后灾损近实时预测应用案例		表 1
序号	地震名称		序号	地震名称	
1	2016-12-08 新疆呼图壁 6.2 级地震		9	2018-08-14 云南通海 5.0 级地震	
2	2016-12-18 山西清徐 4.3 级地震		10	2016-04-16 日本熊本 7.3 级地震	
3	2017-03-27 云南漾濞 5.1 级地震		11	2016-08-24 意大利 6.2 级地震	
4	2017-08-08 四川九寨沟 7.0 级地震		12	2016-11-13 新西兰 8.0 级地震	
5	2017-09-30 四川青川 5.4 级地震		13	2017-09-20 墨西哥 7.1 级地震	
6	2018-02-12 河北永清 4.3 级地震		14	2017-11-23 伊拉克 7.8 级地震	
7	2018-05-28 吉林松原 5.7 级地震		15	2018-02-06 中国台湾花莲 6.5 级地震	
8	2018-08-13 云南通海 5.0 级地震		16	2018-06-18 日本大阪 6.1 级地震	

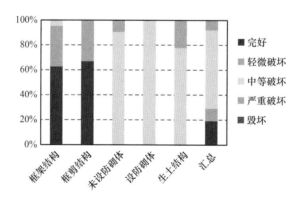

图 16　九寨百河强震台记录下阿坝地区典型村镇建筑破坏预测结果

3.2　服务震前防震减灾规划

预测城市未来遭受地震灾害时的损失情况，对制定城市防震减灾决策具有重要价值。以唐山市为例，2016 年是唐山地震 40 周年，本研究通过和唐山市以及清华同衡规划院合作，采用城市抗震弹塑性分析方法，对今天的唐山市区 23 万栋建筑物再度遭遇 1976 年唐山地震可能导致的破坏进行了分析，为城市防震减灾规划提供量化依据。

通过实地调查并结合 GIS 平台，一共收集了唐山市区 230,683 栋建筑的基本信息（结构类型、高度、层数、建造年代、楼层面积），建筑年代和建筑类型的组成情况如图 17 所示。

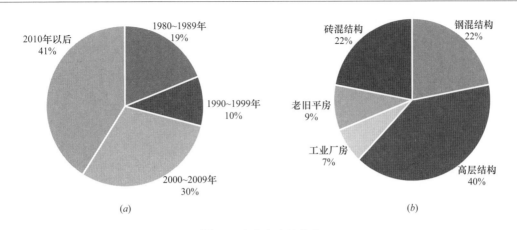

图 17　唐山市建筑信息

(a) 建筑年代比例（按照建筑面积）；(b) 建筑类型比例（按照建筑面积）

由于唐山地震发生时，我国强震观测站很少，主震在 VIII 度以上区域未测得强震记录，因此本次模拟从 FEMA P695[22]中挑选了 4 条代表性近场地震（震源距小于 10km）记录，其震级与唐山大地震相近[23]。其中，中国台湾 Chichi 记录震级为 7.6 级，土耳其 Kacaeli 记录震级为 7.5 级，美国 Denali 地震震级为 7.9 级。由于目标区域范围较广，单一的地震动输入和实际情况相差较大，因此需要考虑地震动的衰减。本案例采用肖亮等[24]提出的地震动衰减关系，按照椭圆的长短轴方向进行衰减，震中 PGA＝1160cm/s²，如图 18 所示，根据 PGA 的衰减关系可以得到各个位置建筑的 PGA 大小，以此作为地震动的输入参数。

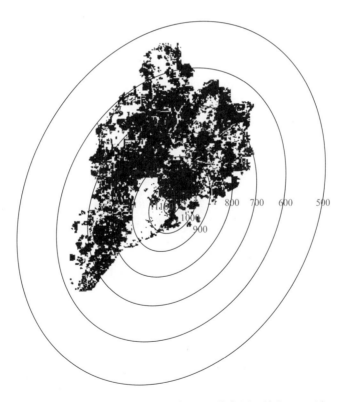

图 18　考虑衰减关系后的地震动 PGA 分布图（单位：cm/s²）

基于以上建筑信息和地震动输入信息，采用城市抗震弹塑性分析方法对唐山市建筑进行分析，建筑震害结果如表 2 所示（四条地震动计算结果的平均值），预测得到的建筑倒塌率为 33.84%，大部分倒塌的建筑是老旧未设防建筑，而所研究的区域在 1976 年唐山大地震时倒塌率超过 80%，所以当前唐山市建筑的抗倒塌能力比 1976 年已经有显著提高。但是，有超过 1.0 亿平方米的建筑其损伤都非常严重，基本不具备修复价值。因此，提高城市的抗震"韧性"（Resilience）极为重要。唐山市建筑震害可视化结果如图 19 所示，该可视化结果不仅能直观清楚地展示区域内建筑的破坏情况，还能给出各个建筑每层的破坏状态及其时程动态过程，相较于传统的易损性矩阵分析方法，提供了更为直观、丰富的震害信息。该成果直接服务于唐山市防震减灾规划，为提高城市抗震能力提供了重要参考资料。

按建筑设防分类的建筑不同破坏程度的比例					表 2
结构设防类别	完好	轻微破坏	中等破坏	严重破坏	毁坏
设防结构	0.00%	0.00%	5.46%	75.97%	18.58%
非设防结构	0.00%	0.00%	0.00%	2.51%	97.49%
汇总	0.00%	0.00%	4.40%	61.76%	33.84%

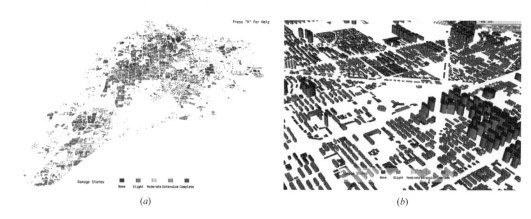

图 19　唐山市震害情境模拟结果（Chichi-TCU065 地震动）

（a）整体视角；（b）局部视角

3.3　城市中心区高层建筑群多尺度震害模拟

1679 年在北京东郊三河—平谷地区发生过一次震级估计为 8 级的强烈地震，给北京地区造成了非常严重的破坏。因此，针对该地震情境开展北京中心城区震害预测对北京市防震减灾工作具有重要价值。但是，一方面北京是一个发达的现代化大城市，大量新型高层建筑缺乏历史震害资料，且高层建筑振动特性复杂，传统易损性分析方法难以满足其震害预测需求；另一方面北京市区为典型盆地地形，地震动在该地形上的反射、折射非常复杂，传统地震动预测方法（GMPE）难以满足其需求。因此，本研究通过与中国地震局地球物理研究所合作，开展了北京市 CBD 核心区高层建筑群多尺度震害模拟研究。采用付长华[25]通过有限差分数值模拟、随机振动合成分析模拟得到的北京盆地地区的三河—平谷地震场景下地表宽频带地震动时程场作为地震动输入。并建立了北京 CBD 核心区的 170 余栋高层和超高层建筑的多尺度模型。其中，外形规则的建筑采用 MDOF 模型模拟，复杂的高层建筑和超高层建筑采用精细有限元模型模拟。输入三河—平谷地震动时程记录，通过弹塑性时程分析可以获得每栋建筑的损伤状态，如图 20 所示，图中不同颜色表示每栋建筑的损伤等级。图 20 的结果显示，在三河—平谷 8 级地震作用下，北京 CBD 建筑的损伤等级基本为轻微破坏和中等破坏。

图 21 给出了三河—平谷地震下北京 CBD 建筑位移响应可视化结果，图 22 给出了不同建筑损伤可视化结果。可以看出本文提出的方法可以充分反映地震动及建筑动力特征，在复杂建筑群震害模拟方面有着明显的优势。

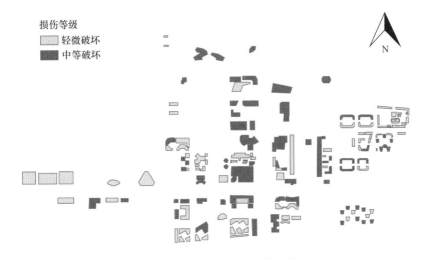

图 20　北京 CBD 建筑损伤结果

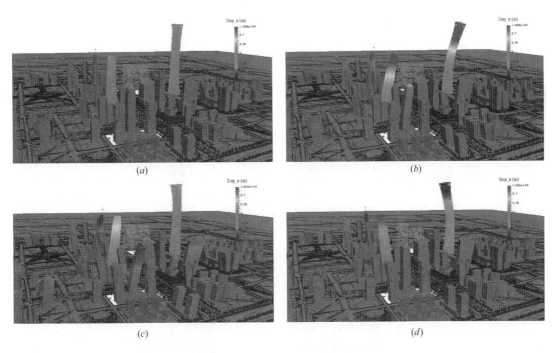

图 21　三河—平谷地震下北京 CBD 建筑位移响应可视化

(*a*) *t*＝5s；(*b*) *t*＝10s；(*c*) *t*＝15s；(*d*) *t*＝20s

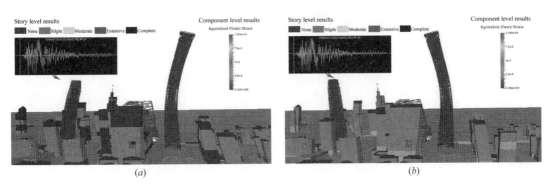

图 22　三河—平谷地震下北京 CBD 建筑损伤响应可视化

(*a*) *t*＝10s；(*b*) *t*＝20s

3.4 城市建筑震害及次生灾害全过程模拟

城市震害全过程模拟包括断层的破裂、地震波的传播和场地放大、建筑地震响应、经济损失和修复时间预测，以及次生火灾等次生灾害模拟。完成这样的全过程模拟对抗震减灾工作意义重大，但是需要多学科交叉，难度较大。本研究利用城市抗震弹塑性分析、基于精细化模拟和新一代性能化设计的震损预测方法，通过与美国国家科学基金重大项目"多灾害模拟平台 SimCenter"合作，将城市抗震弹塑性分析方法应用到美国多灾害模拟平台 SimCenter 上，并将相关代码开源到 GitHub 代码托管平台上，其中，核心的建筑模型参数标定模块和损失确定模块均基于本文所提出的方法[26]。

本案例一共统计了旧金山湾区 1,843,351 栋建筑的基本信息，主要包括：建筑位置、楼层数、建造年代、结构类型、占地面积和功能。建造年代和楼层分布情况如图 23 和图 24 所示，从中可以看出，湾区建筑主要为 2000 年以前的低层建筑。

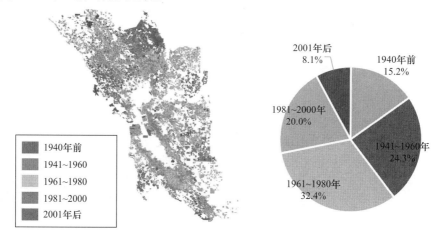

图 23　旧金山湾区建筑建造年代分布

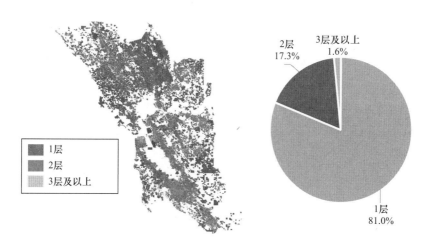

图 24　旧金山湾区建筑楼层数分布

地震场景采用美国劳伦斯-伯克利国家实验室（Lawrence Berkeley National Laboratory）运用超级计算机模拟的 Hayward 断层 M 7.0 级地震，该模拟得到了旧金山及周边 120km×80km×30km 区域的地震动传播过程，以及地表各个网格点处地面运动[27]。每栋建筑根据其实际地理位置，选取最近的网格点的地震动作为输入，所有建筑所输入的地震动时程的峰值加速度（Peak Ground Acceleration，PGA）分布如图 25 所示。

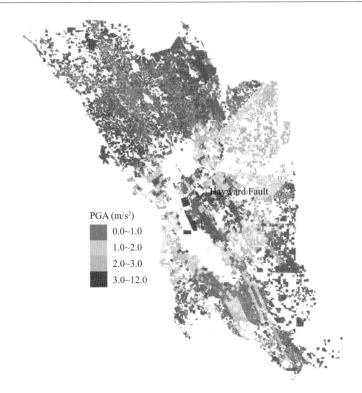

图 25　每栋建筑输入地震动 PGA 分布

　　基于以上建筑信息和地震动输入信息，采用城市抗震弹塑性分析方法对旧金山湾区建筑进行分析，可以得到旧金山湾区 180 多万栋建筑的建筑损失比中位值和建筑修复时间中位值的分布，如图 26 和图 27 所示。为了对震害结果进行更为真实的展示，采用 2.4 节基于城市 3D 模型的可视化方法对旧金山中心城区进行了非线性时程分析结果的动态可视化。图 28 给出了计算得到的旧金山中心区域地震可视化场景，不同的颜色代表建筑位移的大小。

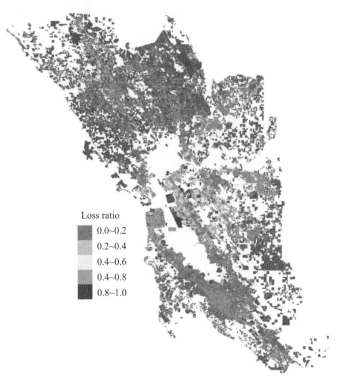

图 26　旧金山湾区建筑损失比中位值分布

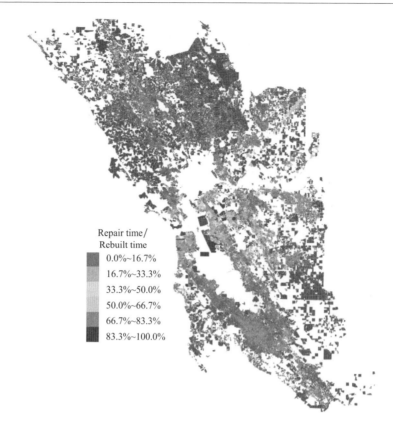

图 27 旧金山湾区建筑修复时间中位值分布

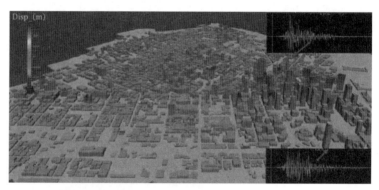

图 28 旧金山建筑地震场景（$t=13.2$ s）

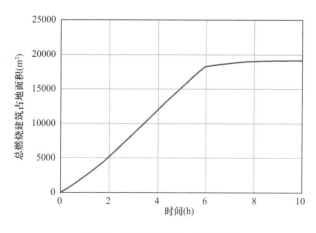

图 29 总燃烧面积—时间曲线

另一方面，选择案例区域中的旧金山市中心建筑群，采用 2.5 节地震次生火灾模拟方法进行了地震次生火灾模拟。根据当地的年均气象统计数据[28]，设置最低气温为 $T_{low}=10.5℃$，最高气温为 $T_{high}=17.7℃$，风向为西风，风速为 $v=4.8m/s$。总燃烧建筑占地面积如图 29 所示，对于该案例而言，火灾的蔓延速度基本恒定，在第 2h 蔓延速度稍有增加。9h 后，火灾完全熄灭。最终的火灾损毁情况如图 30（a）所示。本案例的地震次生火灾并不太严重，其主要原因是所选案例建筑的间距较大，降低了火灾蔓延风险。在次生火灾场景中添加烟气效果后如图 30（b）所示，不仅可以提高场景的真实感，还能更明显地标示出燃烧建筑的位置。

图 30　次生火灾模拟结果高真实感显示
（a）火灾蔓延情况（t＝10h）；（b）烟气效果

4　结论和展望

科学、准确、直观地模拟城市地震情境并预测地震损失对城市防震减灾工作具有重要价值。随着强震台网的建设、数据传输网络的完善以及计算机分析速度的提高，基于逐个建筑动力弹塑性时程分析的城市抗震弹塑性分析方法在提升震害预测和评估的准确性、高效性和真实感方面具有显著的优势和巨大的发展前景。本文介绍了城市抗震弹塑性分析方法的技术框架和典型应用，初步展示了该方法的可行性和优势。由于城市抗震弹塑性分析还是一个新生事物，现有的技术和方法还有诸多不完善之处，未来有必要在以下方面进一步开展深入研究：

（1）进一步完善建筑模型，特别是考虑建筑年代影响、不同地域特色的城市建筑模型。

（2）基于新一代性能化设计方法，进一步完善经济损失预测及人员伤亡、次生灾害预测等方法。

（3）进一步考虑建筑以外其他基础设施（如桥梁、生命线等）的地震破坏。

致谢

感谢国家自然科学基金（No.51578320，71741024）对本项目研究的支持。感谢清华大学叶列平、任爱珠教授，澳大利亚 Griffith University H. Guan 教授，日本 University of Tokyo M. Hori 教授，美国 UC Berkeley S. A. Mahin 教授、F. McKenna 博士，美国 Stanford University K. H. Law 教授，中国地震局地球物理研究所高孟谭教授，中国地震局工程力学研究所林旭川研究员，加拿大 University of British Columbia T. Yang 教授，以及课题组研究生韩博、杨哲飚、徐永嘉、孙楚津等对本研究的帮助和支持。

参考文献

［1］　Wang Z. A preliminary report on the Great Wenchuan Earthquake. Earthquake Engineering and Engineering Vibration，2008，7（2）：225-234.

［2］　Lu XZ，Ye LP，Ma YH，Tang DY. Lessons from the collapse of typical RC frames in Xuankou School during the Great Wenchuan Earthquake. Advances in Structural Engineering，2012，15（1）：139-153.

［3］　Stevenson JR，Kachali H，Whitman Z，Seville E，Vargo J，Wilson T. Preliminary observations of the impacts the 22 February Christchurch Earthquake had on organizations and the economy a report from the field（22 February-22 March 2011）. Bulletin of the New Zealand Society for Earthquake Engineering，2011，44（2）：65-76.

［4］　ATC. Earthquake damage evaluation data for California（ATC-13）. Redwood，California：Applied Technology

Council（ATC），1985.

［5］　FEMA．Multi-hazard loss estimation methodology-earthquake model．HAZUS-MH 2.1 Technical Manual．Washington，DC：Federal Emergency Management Agency（FEMA），2012.

［6］　Lu XZ，Han B，Hori M，Xiong C，Xu Z，A coarse-grained parallel approach for seismic damage simulations of urban areas based on refined models and GPU/CPU cooperative computing．Advances in Engineering Software，2014，70：90-103.

［7］　Lu XZ，Guan H，Earthquake disaster simulation of civil infrastructures：from tall buildings to urban areas，Singapore：Springer，2017.

［8］　Xiong C，Lu XZ，Lin XC，Xu Z，Ye LP，Parameter determination and damage assessment for THA-based regional seismic damage prediction of multi-story buildings，Journal of Earthquake Engineering，2017，21（3）：461-485.

［9］　Xiong C，Lu XZ，Guan H，Xu Z，A nonlinear computational model for regional seismic simulation of tall buildings，Bulletin of Earthquake Engineering，2016，14（4）：1047-1069.

［10］　Lu X，Lu XZ，Guan H，Ye LP，Collapse simulation of reinforced concrete high-rise building induced by extreme earthquakes，Earthquake Engineering & Structural Dynamics，2013，42（5）：705-723.

［11］　Förstner W．3D-city models automatic and semiautomatic acquisition methods．D. Fritsch，R. Spiller（Eds.），Photogrammetric Week 99，Wichmann Verlag，1999：291-303

［12］　Michihiko S．Virtual 3D models in urban design//Virtual Geographic Environment，Hong Kong，China，2008.

［13］　Batty M，Chapman D，Evans S，Haklay M，Kueppers S，Shiode N，et al.．Visualizing the city communicating urban design to planners and decision-makers//Centre for Advanced Spatial Analysis，University College London，London，UK，2001.

［14］　Shiode N．3D urban models recent developments in the digital modelling of urban environments in three-dimensions．GeoJournal，2002，52（3）：263-269.

［15］　Xiong C，Lu XZ，Hori M，Guan H，Xu Z，Building seismic response and visualization using 3D urban polygonal modeling．Automation in Construction，2015，55：25-34.

［16］　Xu Z，Lu XZ，Guan H，Han B，Ren AZ，Seismic damage simulation in urban areas based on a high-fidelity structural model and a physics engine．Natural Hazards，2014，71（3）：1679-1693.

［17］　Zeng X，Lu XZ，Yang T，Xu Z，Application of the FEMA-P58 methodology for regional earthquake loss prediction，Natural Hazards，2016，83（1）：177-192.

［18］　Xu Z，Lu XZ，Guan H，Tian Y，Ren AZ，Simulation of earthquake-induced hazards of falling exterior non-structural components and its application to emergency shelter design，Natural Hazards，2016，80（2），935-950.

［19］　Lu XZ，Zeng X，Xu Z，Guan H，Physics-based simulation and high-fidelity visualization of fire following earthquake considering building seismic damage，Journal of Earthquake Engineering，2017．DOI：10.1080/13632469.2017.1351409.

［20］　Lu XZ，Tian Y，Wang G，Huang D．A numerical coupling scheme for nonlinear time history analysis of buildings on a regional scale considering site—city interaction effects．Earthquake Engineering & Structural Dynamics．2018：1-18．https://doi.org/10.1002/eqe.3108.

［21］　陆新征，顾栋炼，林旭川，程庆乐，张磊，田源，曾翔．2017.08.08四川九寨沟7.0级地震震中附近地面运动破坏力分析．工程建设标准化，2017，68-73.

［22］　Federal Emergency Management Agency（FEMA）．Quantification of building seismic performance factors（FEMA P695）．Washington DC：Federal Emergency Management Agency，2009.

［23］　程庆乐，许镇，陆新征，曾翔，万汉斌，张孝奎．采用城市动力弹塑性分析方法预测唐山市区建筑震害．自然灾害学报，2018，（01）：071-80.

［24］　肖亮．水平向基岩强地面运动参数衰减关系研究．北京：中国地震局地球物理研究所．2011.

［25］付长华. 北京盆地结构对长周期地震动加速度反应谱的影响. 北京：中国地震局地球物理研究所. 2012.

［26］Lu XZ，McKenna F，Zeng X，Cheng QL，Mahin S. Seismic damage simulation of 1.8 million buildings in the San Francisco Bay Area using the nonlinear time-history analysis of buildings. International Conference on Continental Earthquakes. 2018.

［27］Rodgers，A J，Pitarka，A，Petersson，N A，Sjögreen，B，Mccallen，D. B. Broadband (0-4Hz) ground motions for a magnitude 7.0 Hayward fault earthquake with three-dimensional structure and topography. Geophysical Research Letters，2018，45.

［28］ The Weather Channel. San Francisco，CA monthly weather. https://weather. com/zh-CN/weather/monthly/l/ USCA0987：1：US. Accessed on Feb 2018.

铅黏弹性阻尼器研究进展

周 云，石 菲，张 超，吴从晓，房晓俊

（广州大学土木工程学院，广州 510006）

摘 要： 本文针对黏弹性阻尼器存在的问题，从黏弹性材料和阻尼器构造两个方面进行研究。材料方面，改进黏弹性橡胶的性能，对高阻尼黏弹性阻尼器、高阻尼橡胶阻尼器分别进行性能试验和力学模型研究；构造方面，基于多种耗能机制共同耗能的消能减震装置设计思想提出铅黏弹性阻尼器、扇形铅黏弹性阻尼器和铅黏弹性连梁阻尼器，从构件到体系、从理论到试验、从研究到应用三个层面对不同构造形式铅黏弹性阻尼器的力学性能、力学模型、结构试验、设计方法等进行系统研究。指出了铅黏弹性阻尼器在今后研究与应用中需进一步研究的问题。

关键词： 黏弹性阻尼器；高阻尼；铅黏弹性阻尼器；滞回性能

1 引言

1969 年黏弹性阻尼器被应用于纽约世贸大厦以控制结构风振，标志着黏弹性阻尼器开始应用于土木工程领域[1]。20 世纪 90 年代，黏弹性阻尼器因其良好的耗能能力和减震控制效果得到了广泛关注[2]。研究人员对黏弹性阻尼器的力学性能[3-4]、力学模型[5-10]、设计方法[11]以及减震性能试验[12-14]进行了深入的理论和试验研究，验证了黏弹性阻尼器应用于土木工程中的风振控制以及减震控制的可行性。随着消能减震技术的应用与发展，黏弹性阻尼器逐渐以减震墙[15-16]、节点加固[17]、剪力墙连梁[18]等不同形式应用于结构减震控制。

黏弹性阻尼器的性能主要取决于黏弹性材料的性能，早期的黏弹性材料具有明显的频率与温度相关性，疲劳加载下性能退化严重以及实际工程应用中提供的阻尼力有限等问题[6,9]。为了改善黏弹性阻尼器的力学性能，提高黏弹性阻尼器的耗能能力，国内外学者从改变聚合物网络构造[19]、高分子材料[20]、橡胶基体[21]等方面进行了研究，但是疲劳性能退化严重的问题仍没有得到解决[22]。针对黏弹性阻尼器存在的问题以及工程应用的需求，周云教授等基于同时利用多种耗能机制共同耗能设计新型耗能装置的思想研究出铅黏弹性阻尼器等多种类型的复合型阻尼器[23-26]。

课题组近年来从材料方面进行改进，提出了高阻尼黏弹性阻尼器、高阻尼橡胶阻尼器；从构造上创新性地研发了铅黏弹性阻尼器、扇形铅黏弹性阻尼器以及铅黏弹性连梁阻尼器；系统地对不同材料和构造的黏弹性阻尼器和铅黏弹性阻尼器进行研究。本文重点介绍了黏弹性阻尼器和铅黏弹性阻尼器的力学性能、力学模型、设计方法和工程应用。

作者简介：周 云，广州大学土木工程学院教授，博士生导师，副校长。
　　　　　石 菲，广州大学土木工程学院博士研究生。
　　　　　张 超，广州大学土木工程学院副教授，硕士生导师。
　　　　　吴从晓，广州大学土木工程学院副教授，硕士生导师。
　　　　　房晓俊，广州大学土木工程学院博士研究生。
电子邮箱：zhydxs@163.com

2 高阻尼黏弹性（橡胶）阻尼器

2.1 黏弹性阻尼器构造与原理

黏弹性阻尼器主要由黏弹性材料和钢板组成，黏弹性体夹在两块钢板之间，通过高温硫化成一体，基本构造如图 1 （a）所示。黏弹性材料既具有弹性又具有很好的黏性，既可以存储能量又可以耗散能量。黏弹性阻尼器产生剪切变形时，黏弹性材料中聚合物分子链组成网络之间产生压缩、错动、松弛以及混合物间产生内摩擦，部分能量以位能的形式存储起来，另一部分能量则被耗散或转化为热能。

根据建筑结构的使用功能和美观效果需求，黏弹性阻尼器安装位置和形式不同，其构造也形式多样，主要有圆筒式黏弹性阻尼器、条板式黏弹性阻尼器、壁式黏弹性阻尼器、方（圆）柱型黏弹性阻尼器等，如图 1 （b）和图 1 （c）所示。黏弹性阻尼器一般设置在结构中能产生相对变形的位置，当结构构件之间发生相对位移时，黏弹性材料产生剪切滞回变形以耗散输入结构中的能量，从而减小结构振动响应，保护结构安全。

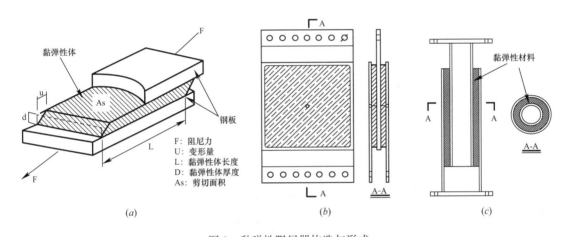

图 1　黏弹性阻尼器构造与形式

（a）基本构造；（b）典型黏弹性阻尼器；（c）圆柱形黏弹性阻尼器

2.2 高阻尼黏弹性阻尼器力学性能

（1）高阻尼黏弹性阻尼器

为解决黏弹性阻尼器在实际工程应用中遇到的耗能效果较差、极限剪应变较小的问题，课题组与日本住友橡胶工业公司合作研发了高阻尼黏弹性阻尼器[27-28]，如图 2 所示。先后进行了 2 批高阻尼黏弹性阻尼器试验，研究了不同工况下高阻尼黏弹阻尼器的力学性能，试验滞回曲线如图 3 所示。试验结果表明：高阻尼黏弹性阻尼器具有较强的耗能性能和大变形能力，随着加载位移的增加高阻尼黏弹性阻尼器耗能效果越好；阻尼器的频率相关性较小，不同加载频率下滞回曲线变化较小，各项力学性能较为稳定；相比传统的黏弹性阻尼器，高阻尼黏弹性阻尼器的疲劳性能得到明显提升，如图 3 （b）所示，在 30 圈疲劳加载实验中，以第三圈滞回曲线为基准，第 30 圈滞回曲线各项力学性能指标衰减率均小于 15%；此外，该新型高阻尼黏弹性阻尼器具有优越的抗老化性能，在等效的 20℃常温下 25 年历程的老化试验前后，各项力学性能指标变化率均在 3% 以内。

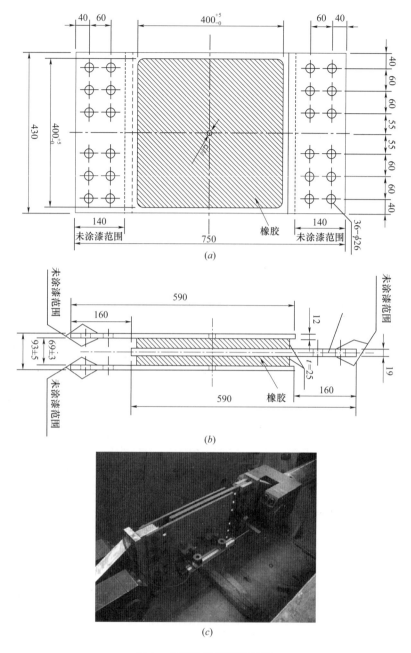

图 2 高阻尼黏弹性阻尼器

（*a*）平面图；（*b*）侧面图；（*c*）高阻尼黏弹性阻尼器试件

（2）高阻尼橡胶阻尼器

虽然日本住友橡胶工业公司研制出新型高阻尼黏弹性阻尼器，但是由于知识产权的保护及橡胶配方的保密，该黏弹性阻尼器在中国市场上应用价格相对昂贵。为推广黏弹性阻尼器在国内建筑工程中的应用，课题组联合柳州东方橡胶制品有限公司研制了一种高阻尼橡胶阻尼器[29-30]。采用图 2 所示构造设计并制作高阻尼橡胶阻尼器试件，进行了 3 批高阻尼橡胶阻尼器的力学性能试验研究，图 4 所示为不同加载工况下高阻尼橡胶阻尼器滞回曲线。由图 4 可知，高阻尼橡胶阻尼器具有良好的耗能能力，且频率越大阻尼器的滞回曲线越饱满，耗能效果越好；疲劳性能稳定，且疲劳性能试验后试件静置 1h，各项力学性能指标衰减率均小于 10%，具有优越的自恢复能力。

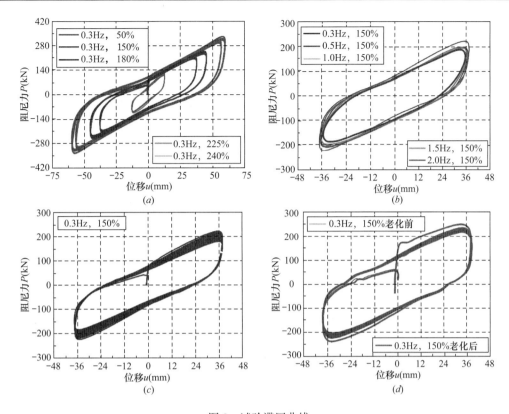

图 3　试验滞回曲线

（a）变形相关性；（b）频率相关性；（c）疲劳性能；（d）老化性能

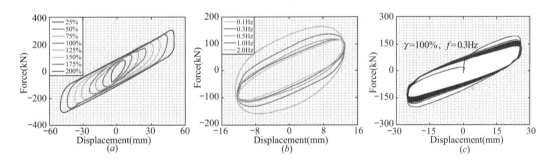

图 4　高阻尼橡胶阻尼器滞回曲线

（a）应变幅值相关性；（b）频率相关性；（c）疲劳性能

2.3　高阻尼黏弹性阻尼器力学模型

随着黏弹性材料的发展，黏弹性阻尼器的耗能能力有所提高，同时黏弹性阻尼器的力学性能表现出明显的非线性，滞回曲线已非传统的椭圆形，经典的 Maxwell 模型和 Kevin 模型不再适用于高阻尼黏弹性阻尼器。

日本生产的高阻尼黏弹性阻尼器频率相关性较低，滞回曲线接近于金属阻尼器的滞回曲线，其力学性能可通过 Bouc-Wen 模型[28]进行模拟。为了进一步提高力学模型在卸载过渡段以及最大变形处过渡段的拟合效果，在 Bouc-Wen 模型的基础上提出了一种五单元力学模型[27]，该模型能够较为准确地模拟高阻尼黏弹性阻尼器力学性能。但是，国产高阻尼橡胶阻尼器具有明显的频率相关性，五单元力学模型要求在不同加载工况下采用不同组参数拟合，不适用于工程应用。考虑高阻尼橡胶阻尼器的频率相关性，为了在模拟分析中体现高阻尼橡胶阻尼器在高频下优越的耗能能力，进一步对五单元力学模型进行改进，提出一种多参数力学模型[30]，如图 5（a）所示，力学模型阻尼力计算公式为：

$$F(t) = \alpha k_i u(t) + (1-\alpha)k_i z(t) + k_1 u(t) + sgn(\dot{u}(t))C_1 \mid \dot{u}(t) \mid^{\alpha_1} + F_M \tag{1}$$

其中 α 为 Bouc-Wen 模型中的屈服后刚度比，k_i 为 Bouc-Wen 模型中的屈服前刚度，k_1 为弹簧刚度，C_1 和 α_1 为非线性黏壶单元系数，$z(t)$ 和 $F_M(t)$ 服从如下微分方程：

$$\dot{z}(t) = A\dot{u}(t) - \beta \mid \dot{u}(t) \mid \mid z(t) \mid^{n-1} z(t) - \gamma \dot{u}(t) \mid z(t) \mid^n \tag{2}$$

$$\dot{F_M}(t) = k_2 \dot{u}(t) - k_2 \left(\frac{F_M(t)}{C_2}\right)^{\frac{1}{\alpha_2}} \tag{3}$$

其中 A，β，γ 和 n 为滞回曲线形状控制系数，k_2，c_2，α_2 为 Maxwell 模型中的弹簧和黏壶单元系数。

采用 Matlab 编程，选取参数 $\alpha = 0.1$，$A = 1$，$\beta = 0.5$，$\gamma = 0.3$，$n = 0.3$，$k_i = 20\text{kN/mm}$，$k_1 = 3\text{kN/mm}$，$C_1 = 0.9\text{kN} \cdot (\text{mm/s})^{-\alpha_1}$，$\alpha_1 = 0.89$，$k_2 = 1.0 \times 10^5 \text{kN/mm}$，$C_2 = 9.0\text{kN} \cdot (\text{mm/s})^{-\alpha_2}$，$\alpha_2 = 0.1$，如图 5（b）所示为不同频率下力学模型模拟与试验结果对比。结果表明：该多参数力学模型可以在一组参数下很好地拟合不同加载频率和加载位移下的高阻尼橡胶阻尼器滞回性能，解决了实际工程应用中地震动频谱特性的随机性引起高阻尼橡胶阻尼力学性能变化而导致结构地震响应变化的影响。

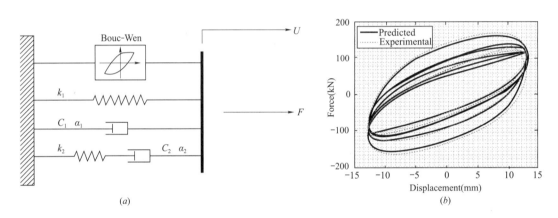

图 5　高阻尼黏弹性阻尼器力学模型

（a）多参数力学模型；（b）模型与试验滞问曲线对比

3　铅黏弹性阻尼器

20 世纪 90 年代，黏弹性阻尼器的研究得到世界各地学者的广泛关注。但是由于黏弹性材料发展的局限性，黏弹性阻尼器力学性能受到温度、频率影响较大，阻尼力有限且耗能效果较差，难以满足工程需求。基于此背景，周云等提出同时利用多种耗能机制共同耗能的新型耗能装置设计新思想[23]，并在此基础上研发了系列复合型铅黏弹性阻尼器。

早期提出的铅橡胶阻尼器主要由薄钢板、橡胶、铅、挤压头、连接板及保护层所组成。根据构造分为圆形有挤压头阻尼器、圆形无挤压头阻尼器、长方形有挤压头阻尼器、长方形无挤压头阻尼器 4 种类型[31-32]。在此基础上，为了提高铅橡胶阻尼器的耗能能力、充分利用现有生产条件，提出组合式铅橡胶复合阻尼器，将两个铅橡胶阻尼器竖置并通过螺栓拼装连接，该阻尼器具有稳定的性能和良好的耗能能力。为了进一步简化制作工艺，促进铅黏弹性阻尼器的产品化、标准化生产，保证具有稳定的性能，在组合式铅橡胶复合阻尼器的基础上，不断对其构造和性能进行了相应的改进和优化，相继提出了铅黏弹性阻尼器、复合型铅黏弹性阻尼器和多铅芯黏弹性阻尼器。

3.1 铅黏弹性阻尼器

铅黏弹性阻尼器主要由剪切钢板、约束钢板、铅芯、黏弹性材料、薄钢板、上下连接端板和铅芯封盖所组成，如图6（a）所示。黏弹性材料、薄钢板、剪切钢板和约束钢板通过高温高压硫化为一体；其中两侧约束钢板、薄钢板和黏弹性材料层中心预留圆孔，制作时能均匀受热，保证阻尼器质量，也为铅芯灌入预留位置，铅芯灌入后采用盖板将开孔约束钢板预留孔封住；上下连接端板设有焊槽，铅黏弹性阻尼器的主体结构制作好后将剪切钢板与约束钢板对入上、下连接端板的焊槽再进行焊接。

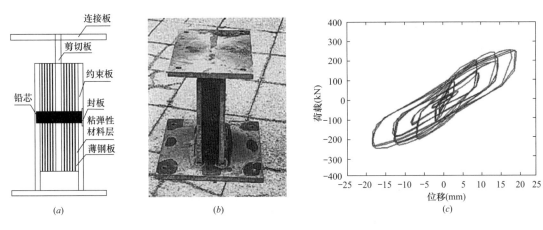

图 6　铅黏弹性阻尼器
（a）构造图；（b）实物图；（c）试验滞回曲线

铅黏弹性阻尼器一般安装在建筑物有相对位移的地方，在地震或强风作用下阻尼器上下连接板间产生相对变形，使阻尼器中的黏弹性层产生剪切变形和铅芯同时产生挤压或剪切塑性滞回变形耗能。铅黏弹性阻尼器具有以下特点：1）同时利用两种耗能机制耗能，即同时利用铅芯挤压或剪切塑性滞回变形耗能与黏弹性材料剪切滞回变形耗能，在小变形时也具有良好的耗能能力；2）该阻尼器相当于由两个一般阻尼器构成，提高了阻尼器的耗能能力，又简化了加工工艺，提高了生产效率，同时简化施工安装工序，节省了连接部件；3）可在两个方向产生剪切变形和耗能（铅橡胶阻尼器除外），不但能消耗水平方向的地震输入能量，同时也能消耗竖向地震输入的能量，另一方面在水平荷载和竖向荷载作用下，与阻尼器连接的梁产生弯曲变形所引起的竖向位移对阻尼器的性能不会产生影响；4）应用范围广泛，适用于各类结构的风振反应控制和地震反应控制；5）相同尺寸规格的铅黏弹性阻尼器可以通过调整铅芯直径和数量以适应不同性能要求，因此，可以减少生产阻尼器的模具；6）取材容易，构造简单，制作安装方便，易于产业化批量生产，便于推广应用。

为了研究铅黏弹性阻尼器力学性能[24,35]，对铅黏弹性阻尼器在不同温度、频率、应变幅值和黏弹性层厚度的情况下进行了试验，同时考察铅黏弹性阻尼器的疲劳性能和极限变形能力，如图6（c）为典型的铅黏弹性阻尼器在 $f=0.1$Hz，$\gamma=10\%$、20%、50%、75%、100% 不同应变幅值下的试验滞回曲线。研究结果表明：

（1）铅黏弹性阻尼器利用铅的剪切或挤压滞回变形及黏弹性材料的剪切滞回变形提供耗能机制，具有很好的滞回特性和较大的阻尼性能，形状介于椭圆和平行四边形之间；

（2）铅黏弹性阻尼器的性能具有可调性，在阻尼器尺寸和黏弹性材料一定的情况下，调整铅芯的大小可使阻尼器呈现出不同的特征。当铅芯较小时，呈现出典型黏弹性阻尼器的特征；当铅芯较大时，呈现理想弹塑性阻尼器的特征；

（3）温度、应变幅值、加载频率、黏弹性层厚度、循环次数对黏弹性阻尼器的性能有影响，但影响程度不同；

（4）铅黏弹性阻尼器具有很好的变形能力，极限变形较大，在中、小应变下具有很好的抗疲劳性能。

3.2 复合型铅黏弹性阻尼器

为了使铅黏弹性阻尼器能提供更大的初始刚度和阻尼耗能能力，对铅黏弹性阻尼器进行改进，增加了铅芯直径并采用四层黏弹性层的构造，形成复合型铅黏弹性阻尼器[36]，如图 7（a）和图 7（b）所示，复合型铅黏弹性阻尼器相当于由两个铅黏弹性阻尼器构成，简化了加工工艺，提高了生产效率。设计制作 2 个复合型铅黏弹性阻尼器进行不同加载幅值和不同加载频率下的力学性能试验，如图 7（c）为典型的复合型铅黏弹性阻尼器在不同应变幅值下的试验滞回曲线。研究结果表明：

（1）复合型铅黏弹性阻尼器具有良好的工作性能，在很小的剪切变形（约 20%）下，阻尼器的性能具有椭圆形的黏弹性阻尼器特征，剪切变形大于 20% 后，阻尼器呈现出铅和黏弹性材料共同作用的特征；

（2）阻尼器具有较好的变形能力和大变形性能，当剪切变形达 250% 时，黏弹性层未出现任何拉断或拉裂现象；

（3）阻尼器具有较好的耗能性能，在剪切变形幅值为 50%～173% 的情况下，其等效黏滞阻尼比在10%～26% 之间变化。

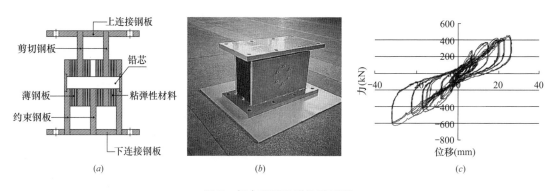

图 7 复合型铅黏弹性阻尼器

（a）构造图；（b）实物图；（c）试验滞回曲线

3.3 多铅芯黏弹性阻尼器

为了进一步增强阻尼器的耗能能力，基于有限元参数优化分析[37]，同时考虑到由于阻尼器采用支撑形式安装于建筑结构中，梁在水平和竖向荷载共同作用下会产生一定的转动变形，为了能使阻尼器在上、下连接板发生转动变形时也具有较大的耗能能力，研制出多铅芯黏弹性阻尼器[38]。多铅芯黏弹性阻尼器采用四层黏弹性层和四铅芯布置形式，并在约束钢板边侧增加支护板以提高约束钢板在平面外的稳定性，如图 8（a）和图 8（b）所示。设计制作 2 个多铅芯黏弹性阻尼器进行不同加载幅值、不同加载频率以及疲劳加载下的力学性能试验，如图 8（c）为典型的多铅芯黏弹性阻尼器在不同应变幅值下的试验滞回曲线。研究结果表明：

（1）多铅芯黏弹性阻尼器在小位移幅值下表现出黏弹性阻尼器滞回性能，随着加载幅值的增加，铅芯逐渐屈服耗能与黏弹性材料共同作用，此时因铅芯的作用阻尼力迅速增加使得其滞回曲线成反 S型，铅芯完全屈服后，其滞回曲线饱满；

（2）加载频率对多铅芯黏弹性阻尼器影响较小，随着加载频率的增加，各项力学性能指标变化小，性能比较稳定；

（3）在小位移幅值下，铅芯未完全屈服时其最小等效黏滞阻尼比达到7.36%；随着加载幅值的增加，铅芯进入屈服耗能后，阻尼器的最大等效黏滞阻尼比均达到了15.49%以上，多铅芯黏弹性阻尼器具有很好的滞回耗能性能；

（4）多铅芯黏弹性阻尼器其疲劳性能很好，在30圈疲劳试验加载过程中各项力学性能参数指标衰减率在5.9%～10.5%，均不到15%，满足《建筑消能减震技术规程》中对阻尼器疲劳力学性能的规定。

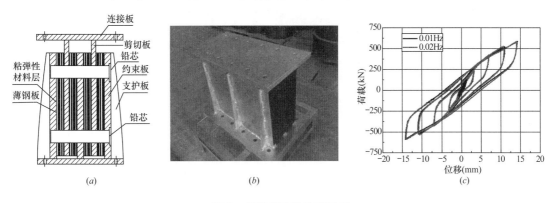

图8　多铅芯黏弹性阻尼器

（a）构造图；（b）实物图；（c）试验滞回曲线

3.4　铅黏弹性阻尼器的力学模型

从阻尼器性能试验曲线可以看出，铅黏弹性阻尼器的滞回曲线包含了铅阻尼器和黏弹性阻尼器滞回曲线的特征，作者提出了采用双线性-RO模型来模拟其力学模型[34]。

双线性-RO模型力-位移滞回曲线如图9所示，力学模型可分为直线段和曲线段，直线段中AB段：弹性范围，按阻尼器的初始刚度K_u变化；BC段、EF段、HB段：加载时，阻尼器按屈服后刚度K_d变化；曲线段CDF段、FGH段：阻尼器按变刚度K_{bian}卸载并反向加载。RO模型力-位移关系曲线满足：

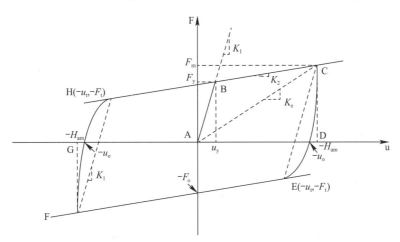

图9　双线性-RO模型

$$(P - P_0)(\alpha + \beta \, | P - P_0 |^{\eta - 1}) = d - d_0 \tag{4}$$

由式（4）可以得出在RO模型中变化刚度为：

$$K_{bian} = \frac{\partial P}{\partial d} = \frac{1}{\alpha + \beta \eta \, | P - P_0 |^{\eta - 1}} \tag{5}$$

式中：P——阻尼器所产生的阻尼力；α、β、η——试验滞回曲线确定的系数；

采用 MALTAB 软件铅黏弹性阻尼器试验滞回曲线采用双线性-RO 模型进行模拟，模拟过程中 $\alpha=1.6022\times10^{-8}$，$\beta=1.4788\times10^{-32}$，$\eta=5.7$，模拟结果如图 10 所示。结果表明，双线性-RO 模型可真实反映铅黏弹性阻尼器的耗能特性，并且能真实地反映铅黏弹性阻尼器卸载和反向加载的特性，而且能够体现大变形后的小滞回环耗能。

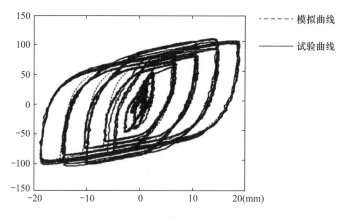

图 10　双线性-RO 模型力-位移滞回曲线

3.5　铅黏弹性阻尼器的设计与应用

（1）铅黏弹性阻尼器设计方法[44]

铅黏弹性阻尼器由于其独特的耗能性能，在小震作用下（结构处于弹性阶段）阻尼器就能发挥耗能作用，根据铅黏弹性阻尼器的特点和《建筑抗震设计规范》（GB 50011—2010）要求，可得出铅黏弹性阻尼器的屈服位移 d_y，再通过计算可确定其他阻尼器的参数。设计步骤主要内容为：

1）屈服位移计算。根据《建筑抗震设计规范》（GB 50011—2010）中公式 12.3.5-3，$\left(\dfrac{d_y}{d_{sy}}\leqslant\dfrac{2}{3}\right)$ 和实际工程参数，可以初步确定阻尼器的屈服位移值，式中，d_{sy} 为结构层间屈服位移限值。

2）黏弹性材料层厚度与屈服位移之间的关系：$h_v=d_y/0.05$，估算出黏弹性材料层的厚度，h_v 为竖向相邻两片剪切钢板间黏弹性材料层厚度。

3）规范规定装有位移型耗能减震装置的结构，耗能减震装置的承担的层间剪力值应小于结构总层间剪力的 30%，因此，铅黏弹性阻尼器的屈服力为：$mP_y\leqslant0.3V_i$，式中 V_i 为耗能减震结构第 i 层的层间剪力，m 为第 i 层布置铅黏弹性阻尼器的数量。

4）采用双线性力学模型对阻尼器其他参数进行计算，由公式 $P_y=\tau A_L+\dfrac{GA_V}{h_V}d_y$ 确定铅芯的面积 A_L 和黏弹性材料层的面积 A_V，式中 G 为黏弹性材料的剪切模量。

5）由公式 $\gamma=\left(\dfrac{GA_V}{h_V}\right)\Big/\left(\tau A_L/d_y+\dfrac{GA_V}{h_V}\right)$ 可确定铅黏弹性阻尼器屈服后刚度比。

6）将设计出的铅黏弹性阻尼器布置于结构中，计算其附加结构的阻尼比是否满足结构期望阻尼比要求，计算结束，不满足则重复步骤 1）～5）或 3）～5）。

（2）铅黏弹性阻尼器工程应用

铅黏弹性阻尼器耗能机理明确，工作性能稳定，耗能效率高，便于设计与应用。既可用于既有建筑的加固改造，又可用于新建建筑的消能减震设计，目前已在多个实际工程中得以应用。如潮汕星河大厦[40]、东山锦轩[39]，云南某新建学校[41]，具体情况见表 1。

铅黏弹性阻尼器实际工程应用 表1

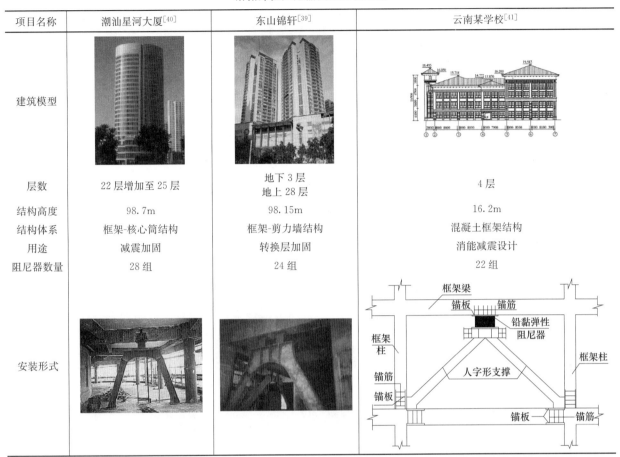

项目名称	潮汕星河大厦[40]	东山锦轩[39]	云南某学校[41]
建筑模型			
层数	22层增加至25层	地下3层 地上28层	4层
结构高度	98.7m	98.15m	16.2m
结构体系	框架-核心筒结构	框架-剪力墙结构	混凝土框架结构
用途	减震加固	转换层加固	消能减震设计
阻尼器数量	28组	24组	22组
安装形式			

4 扇形铅黏弹性阻尼器

汶川地震震害表明，框架及底框结构出现了许多柱头和梁柱节点进入明显塑性状态而导致结构破坏或倒塌的现象。为提高框架结构梁柱节点的抗震性能，周云教授基于铅黏弹性阻尼器研究的基础上，提出了一种新型的用于节点加固的扇形铅黏弹性阻尼器[17]。扇形铅黏弹性阻尼器可直接安装在结构框架柱与梁之间，不需使用额外连接支撑，且体积小，不影响空间使用，即可用于加强新建建筑的梁柱节点抗震性能，又可用于既有建筑的节点加固。此外，近年来随着装配式建筑的快速发展，扇形铅黏弹性阻尼器为改善装配式建筑节点整体性和抗震性能开辟了一条新路径。

4.1 扇形铅黏弹性阻尼器构造与原理

扇形铅黏弹性阻尼器是由黏弹性材料（橡胶）、薄钢板、剪切钢板、约束钢板、钢制铅芯盖、铅芯和连接板构成，构造形式如图11（a）所示。新型扇形铅黏弹性阻尼器通过连接钢板与结构预埋件或者后锚固的连接部件固定连接形成耗能减震体系，约束钢板则固定复合弹性体和铅芯，剪切钢板位于约束钢板和复合弹性体中间，剪切钢板和约束钢板产生相对位移来带动铅芯和复合弹性体剪切变形耗能，约束钢板和剪切钢板本身不参与变形耗能。如图11（b），地震作用下框架结构侧移变形使得梁柱节点区产生相对转动位移，带动新型扇形铅黏弹性阻尼器铅芯产生剪切或挤压滞回变形和黏弹性材料产生剪切滞回变形而耗能，这成为保护框架结构节点区第一道抗震防线，减小框架结构的侧移及层间位移角，有效地保护梁柱节点。

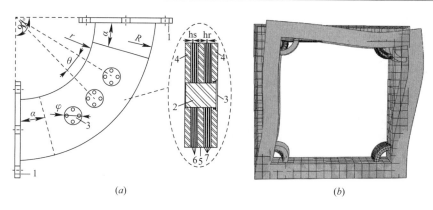

图 11　扇形铅黏弹性阻尼器构造及安装示意图

1-连接板；2-铅芯；3-盖板；4-约束钢板；5-剪切钢板；6-薄钢板层；7-黏弹性层

（a）构造图；（b）安装示意图

4.2　扇形铅黏弹性阻尼器力学性能

为了研究扇形铅黏弹性阻尼器的力学性能，先采用数值模拟的方法对扇形铅黏弹性阻尼器进行了有限元参数分析[42]，研究不同构造参数对扇形铅黏弹性阻尼器力学性能的影响规律。基于有限元分析结果，设计制作 4 个几何尺寸及构造相同但橡胶剪切模量不同的扇形铅黏弹性阻尼器[43]，通过试验研究了扇形铅黏弹性阻尼器的滞回性能、骨架曲线与恢复力模型、疲劳性能及大变形能力，分析不同应变幅值、不同加载频率、不同橡胶剪切模量对其性能的影响。图 12 所示为典型扇形铅黏弹性阻尼器滞回曲线，研究结果表明：

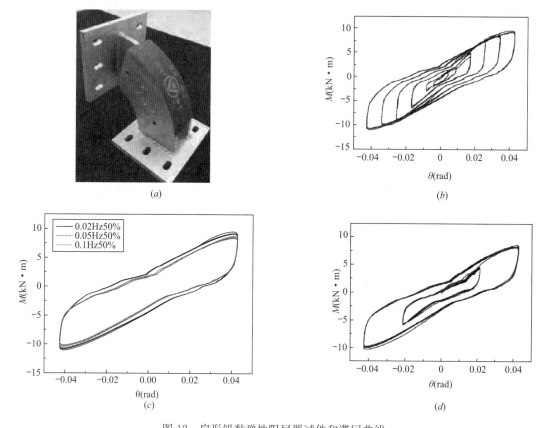

图 12　扇形铅黏弹性阻尼器试件和滞回曲线

（a）阻尼器试件；（b）不同应变幅值工况；（c）不同加载频率工况；（d）疲劳加载工况

（1）扇形铅黏弹性阻尼器在小变形状态即可进行滞回耗能，滞回曲线稳定、饱满、对称，具有良好的耗能能力，其恢复力模型可采用对称的双线性模型描述；

（2）应变幅值和橡胶剪切模量对扇形铅黏弹性阻尼器性能有一定影响，随应变幅值增大，耗能系数和等效粘滞阻尼比先增大后减小；随橡胶剪切模量增大，初始刚度、屈服后刚度及等效刚度有所增大，耗能系数和等效黏滞阻尼比则有所减小；加载频率对该阻尼器的性能影响较小；

（3）疲劳 30 圈循环加载中阻尼器滞回曲线基本无明显退化现象，具有良好的疲劳性能，在大变形作用下，阻尼器的滞回曲线没有出现衰减，具有良好的大变形能力。

4.3　扇形铅黏弹性阻尼器力学模型

扇形铅黏弹性阻尼器在弹性阶段，铅芯与黏弹性材料协同工作，黏弹性材料包裹在铅芯外围，其屈服刚度及屈服力是两者的组合加成，在计算铅芯的屈服剪力和屈服刚度时，需要引入一个加成影响系数 C（系数 C 跟黏弹性材料的刚度相关）进行调整。扇形铅黏弹性阻尼器用双线性-RO 模型表示更为贴切，能更好地反映阻尼器的滞回曲线走势，其力学模型见图 9 所示。具体扇形铅黏弹性阻尼器的力学模型如下[46]：

弹性阶段（$0 \leqslant u \leqslant u_y$）：

$$F_z = K_1 u = (Cn_L K_L + \beta K_r)u = \left(C \cdot n_L \frac{G_L A_L}{\rho h} + 1.414\beta \frac{G_r A_r}{h_r}\right)u \tag{6}$$

$$K_1 = C \cdot n_L \frac{G_L A_L}{\rho h} + 1.414\beta \frac{G_r A_r}{h_r} \tag{7}$$

$$u_y = \rho h \cdot \tau_y / G_L \tag{8}$$

$$F_y = K_1 u_y = \left[C \cdot n_L \frac{G_L A_L}{h_L} + 1.414\beta \frac{G_r A_r}{h_r}\right] \cdot \frac{\tau_y}{G_L} \cdot \rho h \tag{9}$$

屈服阶段（$u_y \leqslant u \leqslant u_m$）：

$$F_z = K_2 u + F_y = 1.414 \frac{G_r A_r}{h_r} u + F_y \tag{10}$$

$$K_2 = 1.414 \frac{G_r A_r}{h_r} \tag{11}$$

$$F_m = F_y + K_2 u_m \tag{12}$$

卸载阶段（$u_t \leqslant u \leqslant u_m$）：

$$F_z = K_b u - F_m \tag{13}$$

$$K_b = \frac{1}{g + q\varphi \mid F - F_m \mid^{\varphi-1}} \tag{14}$$

反向加载塑性屈服阶段（$-u_m \leqslant u \leqslant u_t$）：

$$F_z = K_2 u - F_y = 1.414 \frac{G_r A_r}{h_r} u - F_{y'} \tag{15}$$

弹性恢复阶段（$-u_m \leqslant u \leqslant -u_t$）：

$$F_z = K_b u + F_m = \left(\frac{1}{g + q\varphi \mid F - F_m \mid^{\varphi-1}}\right)u + F_m \tag{16}$$

弹塑性屈服恢复阶段（$-u_t \leqslant u \leqslant u_y$）：

$$F_z = K_2 u + F_y = 1.414 G_r A_r \cdot u/h_r + F_y \tag{17}$$

式中各符号意义如下：

C 为加成影响系数，当 $2.3 \times 10^{-3} \leqslant K_2/K_1 \leqslant 4.6 \times 10^{-3}$ 时，可取 $C=1 \sim 1.35$；当 $4.6 \times 10^{-3} \leqslant K_2/$

$K_1 \leqslant 9.2 \times 10^{-3}$ 时，可取 $C = 1.35 \sim 1.7$；K_1 为单铅芯初始刚度；K_2 为屈服后刚度；K_b 为卸载刚度，其中 g、q、φ 是由试验的滞回曲线所确定的系数；u 为剪切变形位移；(u_y, F_y) 为屈服位移及屈服剪力；(u_m, F_m) 为最大位移及对应剪力，100％应变幅值作用时，$u_m = h_r$；(u_t, F_t) 为反向加载屈服点位移及对应剪力；G_r、G_L 为橡胶、铅芯剪切模量；h、h_r 为阻尼器屈服位移计算高度及单块复合弹性体中橡胶层总厚度，$h = 0.5H$、$h_r = n_r t_r$；H 为铅芯总高度；n_r 为单块复合弹性体中橡胶层层数；t_r 为单层橡胶层厚度；A_L、A_r 为铅芯横截面积及复合弹性体有效剪切面积；β 为橡胶材料硬度修正系数；ρ 为剪扭系数。

4.4 装有扇形铅黏弹性阻尼器现浇框架节点抗震性能

为验证扇形铅黏弹性阻尼器对混凝土框架结构节点抗震性能的提高，设计制作两组混凝土普通框架节点和扇形铅黏弹性阻尼减震混凝土框架新型节点，分别对其进行低周反复加载试验[47-48]，如图13所示，对比研究了两者的破坏模式、滞回耗能性能、承载能力、位移延性、强度退化和梁端受力筋应变等变化。试验结果表明：扇形铅黏弹性阻尼减震框架节点中由于阻尼器的作用，使其梁端塑性铰外移，减缓和控制了节点核心区裂缝开展，保护了节点。扇形铅黏弹性阻尼器对框架节点的开裂荷载、屈服点位移、延性能力、极限承载力及总体滞回耗能能力的提高较为明显，刚度和强度退化曲线也较为平缓。

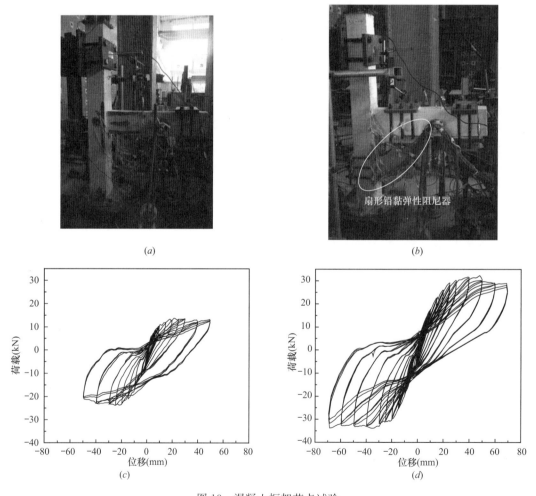

图 13　混凝土框架节点试验

(a) 普通节点；(b) 新型节点；(c) 普通现浇节点；(d) 新型现浇节点

4.5　装有扇形铅黏弹性阻尼器装配式混凝土框架抗震性能

（1）装配式节点抗震性能

扇形铅黏弹性阻尼器能够有效地提高混凝土框架节点的抗震性能，结合预制装配式混凝土框架结构连接部位存在二次浇筑、节点抗震性能差的特点，课题组提出采用扇形铅黏弹性阻尼器加强装配式混凝土框架结构整体性和抗震性能[49-50]。为了验证其可行性，设计制作预制装配后浇整体式混凝土框架节点、附加扇形铅黏弹性阻尼器的新型预制装配后浇整体式混凝土消能减震框架节点两个试件进行低周反复加载试验。两个不同试件的试验滞回曲线结果如图14所示，可见新型预制装配式梁柱消能减震节点通过扇形铅黏弹性阻尼器的往复剪切变形参与节点的滞回耗能，具有良好的耗能效果，相比装配式预制试件节点的承载力和位移延性有明显提高，新型预制装配式梁柱消能减震节点实现了阻尼器改善预制框架节点抗震性能目标。

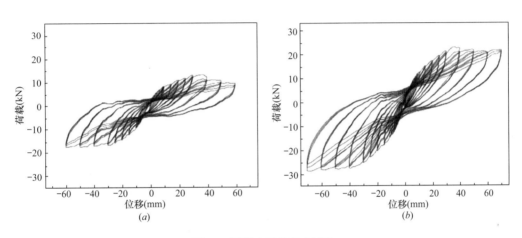

图14　混凝土框架节点试验

（a）装配式预制节点；（b）新型消能预制节点

为深入分析不同设计参数对消能减震节点构件抗震性能的影响，建立装有扇形铅黏弹性阻尼器的混凝土框架节点有限元模型，并基于节点试验对有限元模型进行了验证[51]。分析结果表明：与普通预制节点相比，扇形铅黏弹性阻尼器在一定程度上提高了节点的初始刚度和承载力，增强了构件的耗能能力；在一定扇形半径范围内，随着铅芯直径、橡胶硬度以及扇形半径的增加，构件抗震性能明显提高。扇形铅黏弹性阻尼器增强了预制装配式梁柱节点的抗侧力和抗侧刚度，改变节点受力模式，使塑性铰区从梁端后浇区外移至预制梁与阻尼器连接外侧，实现了"强节点弱构件、强剪弱弯"性能要求。

（2）装配式框架抗震性能

设计制作二层二跨装有扇形铅黏弹性阻尼器的预制装配式和现浇混凝土减震框架结构试件，对其进行低周反复加载试验，对比研究了现浇和预制装配式混凝土扇形铅黏弹性阻尼减震框架抗震性能的差异[52-53]，如图15所示。试验结果表明：

1）扇形铅黏弹性阻尼器在预制和现浇试验模型发挥的作用各有不同。预制构件节点位移较大，在后期阻尼器能减缓和控制节点核心区裂缝开展，保护节点；现浇框架的梁柱结合部分整体性较好，在扇形铅黏弹性阻尼器的加固下，梁端最终破坏程度得到有效控制；

2）整体现浇框架具有更高的承载力，但是在加载后期强度退化程度较大；预制装配式框架的延性较好，刚度和强度退化较均匀，等效黏滞阻尼系数变化较平稳，抗震性能更加稳定。

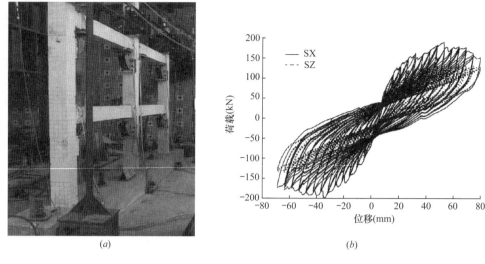

图15　装有扇形铅黏弹性阻尼器二层二跨消能减震混凝土框架试验

(a) 试验试件；(b) 滞回曲线

4.6　扇形铅黏弹性阻尼器加固混凝土框架梁柱节点

针对钢筋混凝土框架结构在地震中梁柱节点震害严重的情况，结合扇形铅黏弹性阻尼器良好的耗能性能，提出采用扇形铅黏弹性阻尼器加固震损框架结构[54]。按 1∶1 的足尺比例设计制作 3 榀单层单跨平面框架试件，经预损及等强度修复后采用扇形铅黏弹性阻尼器加固框架，考虑外包箱形钢板和外包 U 形钢板两种不同的加固连接构造，如图 16 所示，不同试件的试验滞回曲线如图 17 所示。研究结果表明：

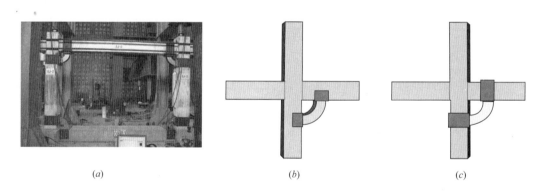

图16　扇形铅黏弹性阻尼器加固试验

(a) 加固试件；(b) 外包 U 形钢板连接；(c) 外包箱形钢板连接

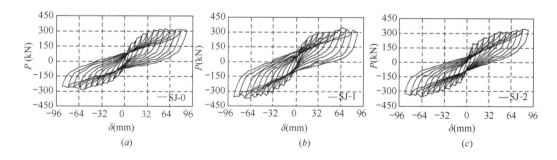

图17　不同加固试件滞回曲线

(a) 原试件；(b) U 形钢板加固；(c) 外包箱形钢板加固

（1）原试件加载位移 64mm 时试件承载力达到正、反两向峰值，外包 U 形钢板试件和外包箱形钢板试件位移分别加载至 72mm 和 88mm 时承载力达到峰值，承载能力分别提高 15.3% 和 10.1%。扇形铅黏弹性阻尼器加固试件较原试件滞回曲线更为饱满，体现了阻尼器耗能效果；

（2）采用扇形铅黏弹性阻尼器加固 RC 框架的方法是可行的，该加固方案对框架节点可起到一定的保护作用，使节点区混凝土破坏由梁柱结合面转移到扇形铅黏弹性阻尼器连接处，有利于"强节点，弱构件"机制的形成；

（3）外包 U 形钢板和外包箱形钢板用于扇形铅黏弹性阻尼器与主体结构的连接都是有效的，这两种连接方式对加固框架的整体抗震性能影响不大，但在加载大位移下，外包 U 形钢板连接由于锚栓传力作用会导致 U 形钢板外侧混凝土出现横向开裂。

5 铅黏弹性连梁阻尼器

针对现有连肢剪力墙结构设计与应用，连梁作为第一道防线在震后存在修复或更换困难、成本高和耗时长等问题，课题组基于工程结构可更换的设计思想，提出将剪力墙连梁跨中截断后设置铅黏弹性阻尼器形成功能自恢复连梁[55]，以实现剪力墙结构震后不需修复或稍许修复即可恢复其使用功能。

5.1 铅黏弹性连梁阻尼器构造与原理

功能自恢复连梁构造如图 18 所示，该连梁构造主要由非耗能梁段和耗能梁段组成，非耗能梁段为传统剪力墙连梁，中间耗能段为铅黏弹性连梁阻尼器，铅黏弹性连梁阻尼器两端分别与剪力墙连梁端部通过高强螺栓连接。地震作用下剪力墙发生弯曲或弯剪变形使得连梁发生相应的变形，设置在连梁跨中的铅黏弹性连梁阻尼器同时利用铅芯的剪切和挤压塑性滞回变形与黏弹性材料的剪切滞回变形两种耗能机制耗散输入结构中的地震能量，从而更好地保护主体结构的安全。功能自恢复连梁具有如下特点：

（1）功能自恢复，无需更换。铅黏弹性阻尼器的铅芯在变形过程中的动态回复和再结晶特性，使得该连梁性能保持不变，真正实现震后无需更换，功能自恢复；

（2）疲劳性能好。铅黏弹性阻尼器的铅芯动态回复和再结晶特性以及黏弹性材料的良好抗疲劳性能，使得该连梁不会发生累积疲劳现象；

（3）安全可靠。功能自恢复连梁在小变形下即可耗能，大震下具有良好的变形能力和耗能能力，能够更好地保证结构在不同地震作用下的安全性；

（4）安装施工便捷。铅黏弹性阻尼器通过高强螺栓与梁段连接，实际工程中安装方便、施工作业效率高，不影响建筑使用功能。

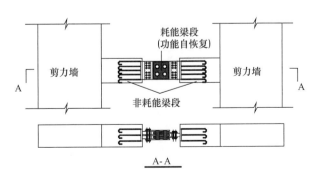

图 18 功能自恢复耗能连梁

5.2 铅黏弹性连梁阻尼器力学性能研究

（1）铅黏弹性连梁阻尼器力学性能分析

采用 ABAQUS 有限元软件建立铅黏弹性连梁阻尼器的精细化模型并进行分析，研究了不同设计参数对其力学性能的影响，研究结果表明：1）铅芯边距主要影响阻尼器的屈服位移，随铅芯边距的增大而增大；建议铅芯对称布置，铅芯边距取 1～1.5 倍的铅芯直径；2）铅芯直径对阻尼器的屈服荷载、屈服位移、最大阻尼力和等效黏滞阻尼比具有显著影响；建议设计时根据阻尼器需求的屈服承载力确定铅芯直径大小；3）剪切钢板与约束钢板厚度比主要影响阻尼器的屈服位移，且随该值的增大而减小；建议剪切钢板与约束钢板厚度比取 1.00～2.00，且剪切钢板厚度宜取 0.8 倍的复合黏弹性层厚度；4）薄钢板与黏弹性层厚度比对铅黏弹性连梁阻尼器的力学性能影响较小；建议薄钢板与黏弹性层厚度比取 0.4～0.8，且优先取较小值；5）剪切模量主要影响铅黏弹性连梁阻尼器的屈服后刚度，且随该值的增大而增大；建议选用低硬度的黏弹性材料以使阻尼器获得较好的耗能效果；6）钢材类型对铅黏弹性连梁阻尼器的力学性能影响较小，但强度高的钢材可有效改善铅黏弹性连梁阻尼器的应力和塑性分布，建议采用 Q345 钢材以保证阻尼器正常工作，发挥其稳定的耗能能力。

（2）铅黏弹性连梁阻尼器复杂受力性能

实际工程中铅黏弹性连梁阻尼器在剪力墙结构连梁中的受力较为复杂。铅黏弹性连梁阻尼器除了受到竖向剪力作用之外，还可能同时受到由结构收缩徐变和地震方向不确定性等因素引起的轴力、弯矩的作用，如图 19 所示。结合铅黏弹性连梁阻尼器的受力特点，对复杂受力状态下铅黏弹性连梁阻尼器的力学性能进行研究[56]，研究结果表明：1）纯剪切受力与复杂受力条件下，铅黏弹性连梁阻尼器的滞回曲线基本重合，最大阻尼力和等效黏滞阻尼比基本不变，不影响阻尼器的耗能和应力分布；2）轴力作用对铅黏弹性连梁阻尼器的力学性能影响不大，可忽略其影响；3）弯矩作用主要影响铅黏弹性连梁阻尼器的屈服位移和屈服荷载，其中正向弯矩作用能够促使铅黏弹性连梁阻尼器提前进入屈服耗能，负向弯矩作用则延迟阻尼器的屈服。

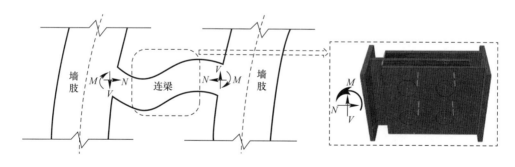

图 19　连梁复杂受力示意图

（3）铅黏弹性连梁刚度比研究

铅黏弹性连梁阻尼器在实际工程应用中，功能自恢复连梁耗能梁段（铅黏弹性连梁阻尼器）与非耗能梁段（RC 连梁）两者间合理的刚度比设计是确保连梁有效发挥其作用的关键。为了揭示功能自恢复连梁的变形和受力机理，研究刚度比对其性能的影响及规律，给出刚度比的合理取值范围，设计了 10 组不同刚度比的功能自恢复连梁，采用 ABAQUS 有限元软件对其进行精细化数值仿真分析。研究结果表明：1）功能自恢复连梁具有良好的变形和受力机理，其变形大部分集中于铅黏弹性连梁阻尼器，两侧非耗能梁段基本处于弹性受力状态；2）刚度比显著影响功能自恢复连梁的力学性能，其中屈服荷载、初始刚度和峰值荷载随刚度比的增大而减小，屈服位移随刚度比的增大而增大；3）建议功能自恢复连梁的刚度比取 5～15，以实现功能自恢复连梁稳定的耗能能力。

5.3　装有铅黏弹性连梁阻尼器的高层结构应用

铅黏弹性连梁阻尼器可应用于剪力墙结构、框架-剪力墙结构、框架筒体结构等结构体系的连梁中。地震作用下，连梁中的铅黏弹性连梁阻尼器发挥第一道防线的作用，耗散地震输入结构中的能量，减小结构的地震反应，减缓或避免主体结构构件的塑性破坏，保护主体结构的安全。目前，铅黏弹性连梁阻尼器已被设计应用于多个框架-核心筒结构中[56]。

6　总结

本文总结了课题组近年来在铅黏弹性阻尼减震技术领域所做的研究与应用工作。铅黏弹性阻尼器具有减震机理明确、构造简单、工作性能稳定、耗能能力和耗能效果好的特点。不仅能够用于地震作用下的结构减震控制，亦可用于强风作用下的风振控制；既可用于新建结构的消能减震设计，又可用于既有建筑的抗震加固，具有广阔的应用前景。随着消能减震技术的不断发展，应以工程需求为导向，加强以下几方面的研究：

（1）为进一步提高黏弹性阻尼减震结构在地震、风振等灾害作用下的安全性，应加强新型高阻尼黏弹性材料（橡胶）的研究，解决制约其应用的温度相关性和疲劳性能问题；

（2）各类铅黏弹性阻尼器应针对不同的应用场景，进一步优化阻尼器的构造，研究其力学性能，给出设计参数，解决阻尼器与结构之间的连接构造，推进各类铅黏弹性阻尼器产品定型；

（3）扇形铅黏弹性阻尼器可灵活应用于新建结构节点减震耗能、预制装配式结构节点加强、既有结构梁柱节点抗震加固等，为了有效提高节点抗震性能，需进一步研究基于节点抗震需求和节点损伤状态的扇形铅黏弹性阻尼器设计方法；

（4）进一步研究铅黏弹性阻尼减震结构在巨震、主余震等地震作用下的抗震、抗倒塌性能以及在地震、台风等多灾害耦合作用下结构安全性能；

（5）编制铅黏弹性阻尼器的产品标准和应用指南，促进铅黏弹性阻尼器的推广与应用。

参考文献

［1］ P. Mahmoodi, L. E. Robertson, M. Yontar, C. Moy, L. Feld. Performance of Viscoelastic Dampers in World Trade Center Towers. Structural congress. 1987.

［2］ K. C. Chang, T. T. Soong, S. T. Oh, M. L. Lai. Seismic Behavior of Steel Frame with Added Viscoelastic Dampers [J]. Journal of Structures Engineering, 1995, 121.

［3］ K. C. Chang, T. T. Soong, S. T. Oh, M. L. Lai. Effect of Ambient Temperature on Viscoelastically damped structure [J]. Journal of Structures Engineering, 1992, 118.

［4］ KyungWon Min, Jinkoo Kim, SangHyun Lee. Vibration tests of 5-storey steel frame with viscoelastic dampers [J]. Engineering Structures. 2004, 26.

［5］ C. S Tsai. Temperature Effect of Viscoelastic Dampers during Earthquakes [J]. Journal of Structures Engineering, 1994, 120.

［6］ C. S Tsai, H. H Lee. Applications of Viscoelastic Dampers to High-Rise Buildings [J]. Journal of Structures Engineering, 1993, 119.

［7］ Farhan Gandhi, Inderjit Chopra. Time-domain non-linear viscoelastic [J]. Smart Materials and Structures. 1996, 5 (5).

[8] A. Nakamura，A. Kasuga，H Arai. The effects of mechanical dampers on stay cables with high-damping rubber [J]. Construction and Building Material，1998 (12).

[9] K. L. Shen. T. T. Soong. Modeling of Viscoelastic Dampers for Structural Applications [J]. Journal of Engineering Mechanics. 1995，121.

[10] Alessandra. Aprile，José. A. Inaudi，James. M. Kelly. Evolutionary Model of Viscoelastic Dampers for Structural Applications [J]. Journal of Structures Engineering，1997，123.

[11] RiHui Zhang，T T Soong. Seismic Design of Viscoelastic Dampers for Structural Applications [J]. Journal of Structures Engineering，1992，118.

[12] M. L. Lai，K. C Chang. Full-Scale Viscoelastically Damped Steel Frame [J]. Journal of Structures Engineering，1995，121.

[13] Javeed A. Munshi. Effect of viscoelastic dampers on hysteretic response of reinforced concrete elements. [J]. Engineering Structures. 1997，19 (11).

[14] KyungWon Min，Jinkoo Kim，SangHyun Lee. Vibration tests of 5-storey steel frame with viscoelastic dampers [J]. Engineering Structures. 2004，26.

[15] Junhong Xu，Aiqun Li. Mechanical Properties of a '5+4' Viscoelastic Damping Wall Based on Full-Scale Laboratory Tests. Shock and Vibration. 2016.

[16] 罗坚颖. 装设壁式黏弹性阻尼器高层建筑的分析与研究 [D]. 广州：广州大学，2013.

[17] 周云，徐昕，邹征敏，吴从晓，邓雪松. 扇形铅黏弹性阻尼器的设计及数值仿真分析 [J]. 土木工程与管理学报. 2011，28 (2)：1-6.

[18] Michael Montgomery，Constantin Christopoulos. Experimental Validation of Viscoelastic Coupling Dampers for Enhanced Dynamic Performance of High-Rise Buildings. Journal of Structural Engineering. 2015，141 (5)：04014145.

[19] M. Patri，C. V. Reddy，C. Narasimhan，A. B. Samui. Sequential Interpenetrating Polymer Network BasedonStyrene Butadiene Rubber and Polyalkyl Methacrylates. Journal of Applied Polymer Science. 2007，103，1120-1126.

[20] H. Kishi，M. Kuwata，S. Matsuda，T. Asami，A. Murakami. Damping properties of thermoplastic- elastomer interleaved carbon fiber-reinforced epoxy composites. Composites Science and Technology. 2004，64，2517-2523.

[21] Z. D. Xu，Y. X. Liao，T. Ge，C. Xu. Experimental and Theoretical Study of Viscoelastic Dampers with Different Matrix Rubbers. Journal of Engineering Mechanics. 2016，142 (8)，04016051.

[22] 周颖，李锐，吕西林. 黏弹性阻尼器性能试验研究及参数识别 [J]. 结构工程师. 2013，29 (1)：83-91.

[23] 周云，刘季. 新型耗能（阻尼）减震器的开发与研究 [J]. 地震工程与工程振动. 1998，18 (1)：71-79.

[24] 周云，邓雪松，徐赵东. 铅黏弹性阻尼器性能试验研究 [J]. 地震工程与工程振动. 2001，21 (1)：139-144.

[25] J. W. W. Guo，C. Christopoulos. Response prediction，experimental characteriza tion and P-spectra design of frames with viscoelastic-plastic dampers. Earthquake Engineering & Structural Dynamics. 2016，45：1855-1874.

[26] Baikuntha Silwal，Osman E. Ozbulut，Robert J. Michael. Seismic collapse evaluation of steel moment resisting frames with superelastic viscous damper. Journal of Constructional Steel Research. 2016，126：26-36.

[27] 周云，松本達治，田中和宏等. 高阻尼黏弹性阻尼器性能与力学模型研究 [J]. 振动与冲击. 2015，34 (7)：1-7.

[28] 周云，松本達治，田中和宏等. 新型高阻尼黏弹性阻尼器性能试验研究 [J]. 工程力学. 2016，33 (7)：92-99.

[29] 周云，石菲，徐鸿飞，资道铭. 高阻尼橡胶阻尼器性能试验研究 [J]. 地震工程与工程振动. 2016，36 (4)：19-26.

[30] Yun Zhou，Fei Shi，Osman E. Ozbulut，Hongfei Xu，Daoming Zi. Experimental characterization and analytical modeling of a large-capacity high-damping rubber damper. Structural Control & Health Monitoring. 2018，25 (6)：e2183.

[31] 周云，邓雪松，黄文虎. 装有铅橡胶复合阻尼器结构的减震研究［J］. 地震工程与工程振动. 1998，18（4）：103-110.

[32] 刘冰，周云，邓雪松，徐赵东. 铅橡胶复合阻尼器的性能试验研究［J］. 地震工程与工程振动. 2002，22（5）：105-114.

[33] 周云，徐赵东，邓雪松等. 组合式铅橡胶复合阻尼器的性能试验研究［J］. 世界地震工程. 2000，16（2）：35-40.

[34] 周云，徐赵东，邓雪松. 铅黏弹性阻尼器的计算模型［J］. 地震工程与工程振动. 2000，20（1）：120-124.

[35] 吴霄. 铅黏弹性阻尼器的性能试验和耗能减震结构的设计方法［D］. 太原：太原理工大学. 2002.

[36] 周云，邓雪松，阴毅等. 复合型铅黏弹性阻尼器的性能试验研究［J］. 工程抗震与加固改造. 2005，27（1）：42-47.

[37] 石菲，周云，邓雪松. 设计参数对铅黏弹性阻尼器力学性能［J］. 建筑结构学报. 2016，37（S1）：62-70.

[38] 石菲. 新型（铅）黏弹性阻尼器性能与应用研究［D］. 广州：广州大学. 2015.

[39] 周云，吴从晓，邓雪松. 铅黏弹性阻尼器的开发、研究与应用［J］. 工程力学. 2009，26（S2）：80-90.

[40] 周云. 黏弹性阻尼减震结构设计［M］. 武汉：武汉理工大学出版社. 2006.

[41] 张超，周云，蔡凤生，卢德辉，石菲. 某框架结构采用复合型铅黏弹性阻尼器减震分析［J］. 建筑结构. 2017，47（8）：59-63.

[42] 徐昕，周云，吴从晓. 扇形铅黏弹性阻尼器性能的有限元分析研究［J］. 防灾减灾工程学报. 2012，32（4）：444-451.

[43] 吴从晓，周云，徐昕，张超，邓雪松. 扇形铅黏弹性阻尼器滞回性能试验研究［J］. 建筑结构学报. 2014，35（4）：199-207.

[44] 吴从晓，徐昕，周云，张超. 扇形铅黏弹性阻尼器恢复力模型及设计方法研究［J］. 振动与冲击. 2015，34（12）：18-22.

[45] 徐昕. 新型扇形铅黏弹性阻尼器性能及应用研究［D］. 广州：广州大学. 2012.

[46] 黄戈，周云，张超. 扇形铅黏弹性阻尼器的等效力学模型［J］. 工程抗震与加固改造. 2016，38（3）：92-96.

[47] 赖伟山. 新型预制装配式消能减震混凝土框架节点抗震性能试验研究［D］. 广州：广州大学. 2014.

[48] 吴从晓，邓雪松，赖伟山，吴从永，徐昕. 扇形铅黏弹性阻尼减震混凝土框架结构节点抗震性能试验对比研究［J］. 工程抗震与加固改造. 2017，39（5）：81-87.

[49] 吴从晓，赖伟山，周云，张超，邓雪松. 新型预制装配式消能减震混凝土框架节点抗震性能试验研究［J］. 土木工程学报. 2015，48（9）：23-30.

[50] 吴从晓，周云，张超，邓雪松，赖伟山. 布置阻尼器的现浇与预制装配式框架梁柱组合体抗震性能试验研究［J］. 建筑结构学报. 2015，36（6）：61-68.

[51] 吴从晓，张玉凤，邓雪松，张超. 装配式消能减震混凝土梁柱节点抗震性能研究［J］. 防灾减灾工程学报. 2017，37（1）：62-70.

[52] 黄臻. 两层两跨装配式混凝土框架减震结构抗震性能试验研究［D］. 广州：广州大学. 2015.

[53] 吴从晓，黄臻，邓雪松，张超，杨诚，吴从永. 二层二跨预制装配式和现浇混凝土框架消能减震框架结构抗震性能对比［J］. 应用基础与工程科学学报. 2017，25（1）：149-161.

[54] 王艮平，张超，邓雪松，周云. 扇形铅黏弹性阻尼器加固 RC 框架的抗震性能试验研究［J］. 土木工程学报. 2016，49（10）：41-48.

[55] 周云，房晓俊，王贤鹏，刘柠. 可更换连梁抗震性能与应用进展［J］. 工程抗震与加固改造，2017，39（3）：1-10.

[56] 房晓俊. 功能自恢复连梁抗震性能研究［D］. 广州：广州大学. 2018.

基于行车安全性能的高速铁路轨道—桥梁系统抗震设计及安全控制

蒋丽忠，魏 标，国 巍，熊 伟

（中南大学土木工程学院，长沙 410075；高速铁路建造技术国家工程实验室，长沙 410075）

摘 要： 高速铁路轨道—桥梁系统的构件截面形式与配筋区别于房建与公路桥梁工程，震时、震后行车安全受到严重威胁，传统的三性能水准设防目标和利用构件延性的抗震设计方法不再适用，急需提出新的设计方法与之相适应。为此，研发了地震作用下高速铁路轨道—桥梁系统成套实验装备及其实验技术，揭示了地震作用下高速铁路轨道—桥梁系统各组成部件及系统的动力性能演化规律；提出了高速铁路轨道—桥梁系统的"两状态三水准"的抗震设防准则，发展了基于桥上行车安全性能的抗震设计方法；提出了基于易损性和风险评估的地震作用下高速铁路轨道—桥梁系统安全评估方法，研发了可规避近场地震共振风险的减隔震技术。研究成果对发展和完善我国高速铁路桥梁结构抗震分析理论、提高高速铁路规避风险的能力和提升我国土木工程行业科学技术水平具有重要意义。

关键词： 高速铁路；桥梁；轨道结构；地震；设备；技术；方法

1 引言

高速铁路对国民经济和社会发展发挥了巨大的推动作用。"十三五"期间，中国计划在"四纵四横"高速铁路主骨架基础上，完善高速铁路网络，形成"八纵八横"主通道，规划建设高速铁路区域连接线。然而，我国高速铁路相当比例处于地震区，且桥梁比例极大（以京沪高铁为例，桥梁 244 座，占据正线长度的 80.47%），列车基本全线运行在桥梁上。地震对轨道—桥梁系统和高速列车桥上行车安全带来了巨大的挑战，例如，2016 年日本熊本 6.5 级地震导致新干线脱轨，九州 7.3 级地震导致 JR 列车脱轨。

高比例桥梁使得地震过程中列车在桥上运营的机率大大增加，即使桥梁结构不损坏，桥上行驶的列车也有可能因失稳而发生事故。因此，将地震与车桥耦合振动联系起来考虑是十分必要的。国内外学者已开展了大量的地震作用下车—桥耦合系统动力学研究。Diana[1]、Miyamoto[2]、杨永斌[3]、夏禾[4]、姚忠达[5]、Fryba[6]、Konstantakopoulos[7]、蒋丽忠[8]等学者主要基于模态分析法/有限元法，建立桥梁模型及多体动力学车辆模型；借助有限元分析软件或自编程序，基于一致/非一致、线性/非线性、平稳/非平稳等地震激励，研究地震过程中列车走行安全和结构动力响应。也有学者基于能量谱强度风险的角度进行列车的走行安全评估，例如，罗休[9]提出了 PV（Peak Velocity）和 SI（Spectral Intensity）指标。近年来，得益于世界高速铁路的发展，윤지홍[10]、Dimitrakopou-

作者简介：蒋丽忠，中南大学土木工程学院教授、博士生导师、长江学者、副院长，高速铁路建造技术国家工程实验室常务副主任。
　　　　　魏 标，中南大学土木工程学院桥梁工程系副教授、博士生导师、副主任。
　　　　　国 巍，中南大学高速铁路建造技术国家工程实验室振动台实验室副教授、博士生导师、副主任。
　　　　　熊 伟，中南大学土木工程学院消防工程系副教授、硕士生导师。
电子邮箱：weibiao@csu.edu.cn

los[11]、Montenegro[12]、Yu[13]、Mao[14]、Li[15]、李小珍[16]、晋智斌[17]等一大批国内外学者研究了地震作用下高速列车—轨道—桥梁耦合系统动力学及相关延伸领域。现有丰硕的研究成果极大地推动了地震作用下车桥系统动力学的发展，然而这些研究成果大多基于确定性地震作用车桥耦合动力分析，而地震作用下车桥系统表现出了强烈的随机振动特性，针对这种车桥系统随机振动特性的研究仍然相对欠缺。

高速铁路桥梁与普通铁路桥梁相比，多采用板式无砟轨道，梁体与轨道板通过构造形成整体，与公路桥梁相比，为满足行车刚度的需求，桥墩截面尺寸大，配筋率低，箍筋布置形式、截面形状差异大等。我国新修订的《铁路工程抗震设计规范》抗震设防目标只针对桥梁本身采用小震不坏、中震可修、大震不倒的三水准设防。现有研究表明[18]，由于高速铁路桥梁为满足行车刚度需求，往往不是由强度控制设计，在地震荷载作用下大截面低配筋桥墩难以达到塑性损伤状态，往往是支座和轨道构造系统先破坏失效并耗散大部分地震能量，因此针对桥墩的三水准设防思想已经不符合实际情况，公路桥梁的桥墩延性设计、其他构件能力保护的设计方法难以适应高速铁路桥梁—轨道系统的抗震要求，另外高速铁路桥梁与轨道是一个不可分割的受力整体，应将桥梁和轨道作为一个系统进行抗震设防。目前，急需针对地震作用下高速铁路桥梁—轨道系统的动力行为特征，寻求合理的抗震设防目标，建立适用的抗震设计方法，确保高速铁路桥梁—轨道系统的地震安全和地震破坏可控，对我国在地震区建造高速铁路桥梁具有非常重要的理论意义和工程应用价值。

为此，中南大学土木工程学院和高速铁路建造技术国家工程实验室建设和研发了面向地震过程中轨道—桥梁系统安全和行车安全的试验设备、试验技术、理论方法和减隔震装置等，同时在很多方面有待于进一步研究和创新。

2 地震作用下高速铁路轨道—桥梁系统试验设备

2.1 高速铁路多功能振动台实验系统

高速铁路多功能振动台实验室隶属于中南大学高速铁路建造技术国家工程实验室，该多功能振动台试验系统可进行广泛领域内的列车、设备振动和地震模拟试验研究，为我国高速铁路建造技术中关键科学技术问题的解决提供国内技术最先进、功能最齐全的大型试验平台。主要可开展大型多跨桥梁、路基、隧道和建筑结构的地震模拟试验、高速列车人体舒适度试验，以及大型机电设备、石油化工设备、核电站设施和管道结构等振动性能验证试验。主要特色是可实现多台振动台协同工作，实现多维多点激励模拟。

自2008年高速铁路建造技术国家工程实验室批复建设以来，通过招投标与英国Servotest公司签订合同，联合研发了多台阵的高速铁路多功能振动台实验系统。高速铁路多功能振动台实验系统总体投资规划是由一个4m×4m六自由度固定台和三个4m×4m六自由度移动台所组成，四个振动台均建在同一直线上，可独立使用，也可组成多种间距台阵，单个振动台具有三向六自由度、大行程、宽频带等特点。整个试验系统主要由以下几部分组成：六自由度振动台（作动器、伺服阀、差压传感器、轴承以及钢平台）、可移动台安装位置的调整系统（支撑系统、夹紧系统、绞车系统、管路链）、一套PULSAR双台阵数字控制系统（伺服控制器、调制器、计算机硬/软件、不间断电源）、液压动力源（液压油源、液压油源分配器、电机/泵、蓄能器、油水热交换器）等。

图1 台面及水平做动器

图2 竖向做动器、地槽轨道

图3 高铁客站的单台振动台试验

图4 高速铁路简支梁桥的多台振动台试验

2.2 地震下桥上安全行车试验系统

如果要进行模拟地震下高速铁路桥上行车安全的模型试验，需要对相似理论和试验系统进行研究，进而评估并实现此类试验。对于土木设施自身的地震破坏模拟来说，缩尺试验的技术已经相对较为成熟了，地震破坏现象在实验室中的模拟并不存在争议，而列车的行车模拟以及缩尺相似的理论基础和可靠性则需要进行认真设计和评估。如何利用现有的振动台试验设备在一套新构建的试验系统中同时实现土木结构的震害模拟和列车行车安全模拟，是该类型试验的关键所在。中南大学已经在现有振动台台阵设备基础上对该套试验系统进行了初步设计，申请了发明专利并已顺利获得授权。通过本试验系统的搭建，能够在国内外作为首套实现地震下高速铁路桥上行车安全模拟及此类模型试验的设备，为现有大量的理论、数值研究工作提供试验验证的条件和硬件基础，完善地震下桥上行车的整个研究

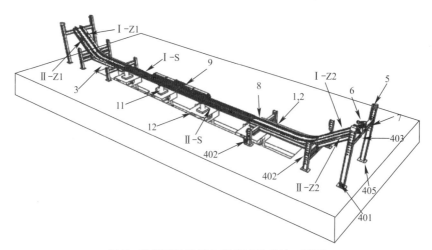

图5 地震下铁路桥上行车试验系统三维图

体系，补足理论、数值、试验和实测的架构。该套系统主要可开展模型列车行车模拟安全试验、地震下的桥上行车试验，并可用于验证研究地震下以保证行车安全的控制手段和措施等方面的有效性。

通过数值仿真已完成了该套系统的论证分析，验证了在相似比条件下，通过精细加工，可以实现模型在关键响应特征上的相似。该套系统已经进入实施加工阶段，将于 2020 年建成并投入使用。

3　地震作用下高速铁路轨道—桥梁系统试验技术

3.1　高速铁路桥梁子结构混合拟动力实验

考虑到足尺物理试验的困难，近年来发展了物理和数值的混合试验技术。中南大学自 2013 年起与加拿大英属哥伦比亚大学进行了深入的技术合作，开展了高速铁路桥梁（桥墩为试验子结构、梁体和支座为数值子结构）混合试验。桥墩采用了 9 个（三组不同高度）的桥墩进行物理试验，而将支座和梁体作为数值模拟部分，完成了地震下的混合试验。试验采用两阶的控制技术，可实现 High Level 和 Low Level 的两级控制，克服了现有振动台控制系统仅限于线性理论的缺陷，实现了真正的非线性控制。

图 6　高速铁路桥梁子结构混合试验设置　　　　图 7　混合试验的控制箱

3.2　振动台控制的仿真技术平台

建立了伺服液压系统及多自由度台面的线性数学模型，基于 SIMULINK 建立了振动台的控制系统，分析了系统的频响函数，捕获开环系统工作性能，为选择控制方法奠定基础。振动台开环传递函数含有积分项，系统是不受控制的，需要引入闭环控制。研究了较为常见的线性控制方法—PID 控制与三参量控制。在空载状态下，PID 控制下虽然能获得较好的时域内的地震复现效果，但系统的频响函数存在严重缺陷，将会改变输入信号的频率成分。在设计的三参量控制下，在 0～100Hz 范围内，修正的系统频响函数性能良好，可以在频域内较好的复现输入信号。介绍了控制—结构的动力耦合作用，给出了在单自由度和多自由度结构下，由于结构的惯性力，系统传递函数发生改变，线性控制方法的控制效果将会改变，不能很好地复现地震动。最后，基于 Matlab/GUI 设计了振动台仿真系统的前后处理界面，方便仿真数据的输入与仿真结果的输出。基于 Solidworks/Simmechanics，进行了振动台可视化处理，为振动台的数字化仿真奠定了基础。此外，对比传统的 PID 控制效果，证明不同的负载下控制效果区别较大，研究了基于神经网络 PID 调节的振动台控制方法，采用基于神经网络调节 PID 可以明显改进负载下的控制效果，指出了基于神经网络 PID 调节的作动器出力较大，其对于设备的性能要求较高，需要进一步考虑非线性的高阶控制算法以弥补线性控制的缺陷。

4 地震作用下高速铁路轨道—桥梁系统动力反应试验

4.1 高速铁路桥墩低周反复荷载试验

开展了 13 个圆端形实心桥墩、11 个空心桥墩的低周反复荷载试验，建立了高速铁路圆端形桥墩的骨架曲线与滞回模型。

图 8　高速铁路桥梁实心墩与空心墩　　　　图 9　试验加载装置

实体墩最终破坏有两种趋势，当纵筋率较小时，裂缝宽度与钢筋应变一直变大，承载力在达到峰值之后保持一定的平台，模型钢筋有被拉断的趋势。当纵筋率较高时，模型底部钢筋发生局部失稳，同时受压区出现混凝土压碎与脱落破坏，最终水平承载力下降明显。模型根据纵筋率的不同呈现出三种典型的滞回曲线形状：（1）当模型纵筋率为 0.15％时，滞回曲线捏缩特征相当明显，单个滞回环呈 S 形，并且面积很小，耗能较差，其卸载曲线内凹与加载曲线有类似的形状，这与已有纵筋率较高的其他试验所获得的滞回曲线有很大的不同；（2）当模型纵筋率为 0.4％时，滞回曲线仍然捏缩，卸载曲线与加载曲线区别开始明显，相比纵筋为 0.15％的桥墩耗能性能略有增长；（3）纵筋率为 0.75％的模型的滞回曲线已变得相对饱满，耗能性能相比其他模型较好，卸载曲线也呈现出外凸的形状。

相比实心墩，空心墩的滞回曲线都呈现了中部捏所的现象，滞回耗能普遍较差。随着纵筋率的增加卸载曲线也逐渐向外凸形式转换，说明纵筋率也是影响该类桥墩滞回曲线形状的主要因素。

4.2 大比例桥墩的地震模拟试验

开展了 9 个大比例桥墩的地震模拟试验，验证了理论和数值分析所给出的桥墩破坏特征。桥墩振动台试验表明：在现有配筋条件下的高速铁路圆端型桥墩在遭遇 7、8 度设计地震作用下，不发生损伤；在 7、8 度罕遇地震作用下，钢筋没有发生初始屈服，混凝土压应变水平较低，桥墩有足够的强度储备；在概率极低的巨震作用下，桥墩发生脆性断裂。

4.3 大比例桥墩拟动力混合试验

开展了 9 个大比例桥墩的拟动力混合试验，作为低周反复荷载和振动台试验结果的补充和验证。本次试验将桥墩作为试验测试对象，将支座和主梁以及轨道结构用 Opensees 软件模拟，通过自主研发的控制器实现试验测试对象施加力或位移与 Opensees 软件的实时交互。

图 10　桥墩振动台试验模型及配重箱图

随着加载幅值增加，由地震力引起的墩底混凝土应变和纵筋应变均增加。在峰值加速度为 0.64g 的地震荷载作用下，各试件的纵筋始终没有达到屈服，混凝土压应变也在容许范围之类，试件基本处于弹性。在更大地震作用下，桥墩开始屈服，并发生损伤。

在加速度为 1.92g 的地震荷载下，各试件均开裂，第一条裂缝基本出现在墩底。随着加载继续，侧向荷载增大，裂缝从截面的纵桥向最外边缘逐渐向截面的横桥方向逐渐扩展，同时从墩底向上会有新裂缝继续产生，当侧向加载到达一定值后，新裂缝不再出现，旧裂缝宽度加大并在圆形中性轴区域相交，直至形成若干条主裂缝。

图 11　大比例桥墩拟动力混合试验

4.4　铁路桥梁普通支座的振动台试验

开展低墩、高墩高速铁路桥梁普通支座的振动台试验，确定高速铁路普通支座的抗震性能。

图 12　墩高桥梁模型的振动台试验　　　　图 13　墩高桥梁模型的振动台试验

图 14　球形支座缩尺模型

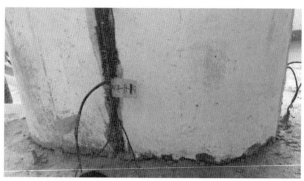

图 15　强震下墩底开裂严重

4.5　高速铁路桥梁减隔震支座的振动台试验

开展了摩擦摆、减震榫、摩擦摆＋减震榫、摩擦锥、粘滞阻尼器等多种减隔震支座或装置的 2 种不同墩高的振动台试验，确定高速铁路减隔震支座的减隔震性能。

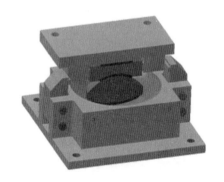

图 16　正常、小震下支座完好（成都新筑）

图 17　强震下减隔震功能开启（成都新筑）

以摩擦摆支座与普通支座为例，根据单线铁路桥梁缩尺模型的振动台试验和理论分析对比，两者的减隔震性能对比结果如下：

（1）在 7 度地震作用下，8m 墩模型和 25m 墩模型均未出现肉眼可见的裂缝，结构初步进入弹塑性阶段（微裂缝阶段），卸载路径与加载路径基本重合，残余位移很小。

（2）在 8 度地震作用下，安装摩擦摆支座的模型的支座挡块被剪断，桥墩模型上未出现明显裂缝，摩擦摆支座起到减隔震效果。安装普通支座的模型钢筋拉压应变随着加载继续变大，墩底保护层混凝土开始出现裂缝，部分钢筋发生屈服。

（3）在 8.5 度和 9 度地震作用下，安装摩擦摆支座的模型表面出现少许保护层混凝土剥落，但无明显裂缝出现，钢筋没有屈服。安装普通支座的模型墩底出现一圈可见的环状裂缝，且 8m 墩模型的裂缝开展程度高于 25m 墩模型的裂缝开展程度，8m 墩模型严重损伤，基本丧失水平承载能力，25m 墩模型纵筋接近屈服，处于轻微、中等损伤水平。

（4）在 7 度地震作用下，摩擦摆支座的支座剪力键未被剪断，曲面摩擦副未产生相对滑移，支座位移和普通支座的接近。地震烈度加载到 8 度后，摩擦摆支座的支座剪力键被剪断，曲面摩擦副产生滑移，使得摩擦摆支座的相对位移远大于普通支座的支座相对位移。随着烈度的增加，其差异越来越明显。

（5）摩擦摆支座相对普通支座具有明显的隔震、耗能减震作用，减隔震效率随着地震强度的增加而增加，随着墩高的增加而减小。对于 8m 墩模型，纵桥向墩底弯矩隔震率为 45%～72%，纵桥向墩顶位移隔震率为 70%～90%；横桥向墩底弯矩隔震率为 55%～75%，横桥向墩顶位移隔震率为 80%～95%。对于 25m 墩模型，纵桥向墩底弯矩隔震率为 15%～35%，纵桥向墩顶位移隔震率为 40%～75%；横桥向墩底弯矩隔震率为 20%～55%，横桥向墩顶位移隔震率为 45%～85%。

4.6 高速铁路桥梁—轨道结构整体式振动台试验

开展双线连续梁桥—轨道结构整体式振动台试验，探明高速铁路轨道—桥梁地震致灾机理，揭示桥梁、轨道在地震作用下的耦合作用。

数据分析表明：在 7 度设计和 8 度设计地震作用下，主要的损伤来自滑动层、CA 层和固定支座，活动支座大部分工况下保持完好。到了 7 度罕遇和 8 度罕遇，固定支座损坏，而活动支座的损坏与支座的活动方向以及地震波类型的不同而不同，譬如在 taft 波 7 度和 8 度罕遇作用下，只有固定支座发生了损坏，顺桥向活动支座完好，横桥向活动支座只有 1 号墩位置的支座发生了轻微破坏。在 EL 和 rgb 作用下，更多的活动支座发生了损坏。

图 18　轨道结构滑动层布置

图 19　轨道结构浇筑

图 20　轨道—桥梁结构振动台试验

主余震序列地震作用下，支座在主震作用时会进入干摩擦阶段，产生一定塑性变形和损伤，再经历余震作用，支座损伤将进一步加重，即主余震序列地震下的总损伤指数大于单次主震、单次余震作用时的损伤指数之和。

多维和多次地震作用下高速铁路连续梁桥抗震性能的薄弱环节主要是轨道结构、支座和桥墩，在主余震序列和多维地震作用下损伤较大，高速铁路连续梁桥的失效模式可以分为三种，即由于轨道结构破坏导致的桥梁失效、由于支座破坏导致的桥梁失效和由于桥墩丧失承载力导致的失效。

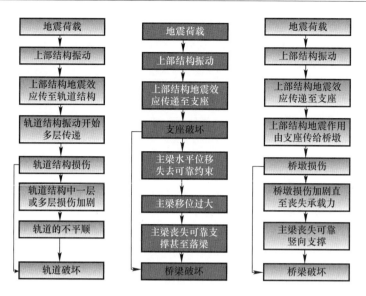

图 21　轨道—桥梁结构的 3 种典型破坏模式

5　地震作用下高速铁路轨道—桥梁系统设计方法

5.1　高速铁路轨道—桥梁系统"两状态三水准"抗震设防准则

目前，桥上行车安全分析方法研究较多，但对性能目标的定义及划分目前还没形成统一的标准，一般均是作定性的描述，缺乏对实际结构性能目标的定量研究，在指导工程设计、抗震验算和受损状态等级评定时给设计工作者带来很大困难和不便。与房屋建筑与公路桥梁相比，高速铁路桥梁—轨道系统为满足行车刚度的需求，桥墩截面尺寸大，配筋率低，即使在强震作用下也难以使桥墩达到塑性状态，往往是支座、轨道构造先失效，致使目前只针对桥梁本身采用小震不坏、中震可修、大震不倒的三水准设防思想已经不再适用。因此，急需开展高速铁路桥梁—轨道系统抗震设防标准研究工作，推动设计理念的进一步发展，提升高速铁路桥梁—轨道系统的整体抗震性能。现有桥上行车安全研究成果表明，基于桥上行车安全来设立桥梁—轨道系统的抗震设防目标是有可能实现的，但如何对其行车安全与抗震设防水准之间进行定量化描述是一个迫在眉睫的问题。

根据高速铁路轨道—桥梁系统的结构特点和功能特点，借鉴周福霖院士[19]提出的"小震、中震、大震、巨震"概念，本项目提出了高速铁路轨道—桥梁系统"两状态三水准"抗震设防准则：

① 承载能力极限状态：

小震、中震不坏→大震可修→巨震不倒

② 行车安全极限状态：

小震后正常运行→中震后限速运行→大震、巨震后禁止运行

5.2　高铁轨道—桥梁系统基于安全行车风险的抗震设计方法及软件

基于性能的抗震设计思想是一种基于投资和效益平衡的多级抗震设防思想，本项目具体操作流程如下：

首先，针对高速铁路轨道—桥梁系统的结构和功能特点，提出了高速铁路轨道—桥梁系统"两状态三水准"抗震设防准则。

　　然后，根据客观的地震可能性和已定的结构性能目标，并考虑具体的社会经济条件，来确定采用多大的地震设防参数。合理的地震设防水准，应该针对不同的结构性能目标，在综合考虑结构的当前投资和在未来设计基准期内遇灾时的损失期望的基础上经优化来确定，因而这是一个多变量、多目标、多约束的动态最优决策问题。最终确定高速铁路轨道—桥梁系统的可接受风险，并确定车线桥具体构件的抗震设防目标。

　　其次，通过编写车线桥抗震计算程序、地震易损性程序和风险评估程序，对车线桥的地震反应、地震易损性和风险值进行计算。

　　最后，确定桩基、桥墩、支座、主梁和轨道结构的设计参数和构造措施，最终使得高速铁路轨道—桥梁系统的地震破坏风险满足预期值，所设计的高速铁路轨道—桥梁系统的抗震性能是可以预计和控制的。

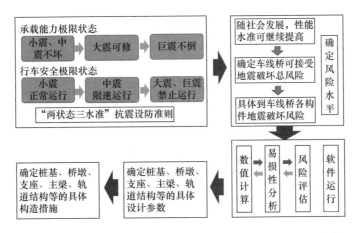

图22　"两状态三水准"抗震设防准则及抗震设计方法流程图

5.3　高速铁路轨道—桥梁系统地震易损性分析软件

　　结构的地震易损性分析指的是在特定强度水平地震动作用下结构响应超越结构损伤状态所表示的结构承载能力的条件概率。

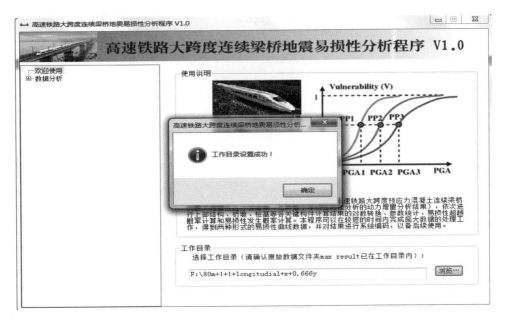

图23　选择工作目录

在开源程序 OpenSEES 的基础上开发了无砟轨道—桥梁系统易损性仿真软件 V1.0，它具备以下特点：

（1）界面可视化

界面十分友好，是基于视窗的图形化界面，在可视化界面中导入 txt 格式数据，并在较短的时间内完成庞大数据的处理工作。

（2）分析功能强大

针对采用 CRTS II 型板式无砟轨道的高速铁路大跨度预应力混凝土连续梁桥的最大地震反应分析结果，可进行对数转换、参数统计、易损性超越概率计算和易损性发生概率计算。

（3）数据存储规范

可对中间过程数据和最终结果进行存储，得到两种形式的易损性曲线数据，并对结果进行系统编码，以备后续使用。

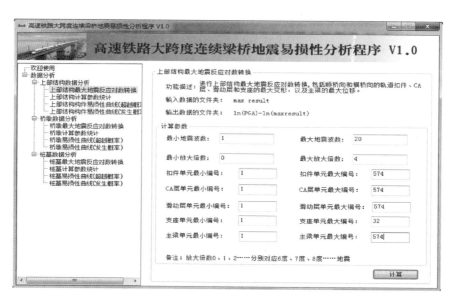

图 24　最大地震反应对数转换

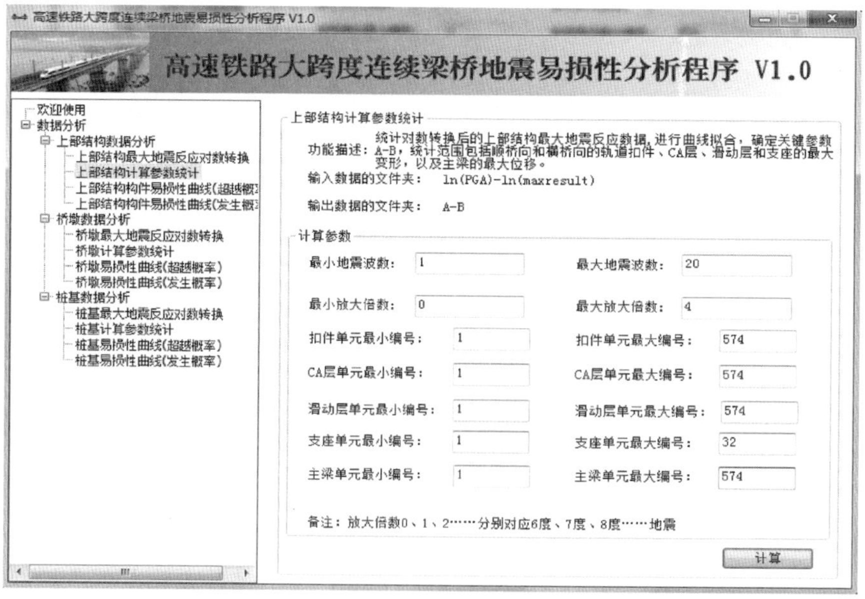

图 25　参数统计

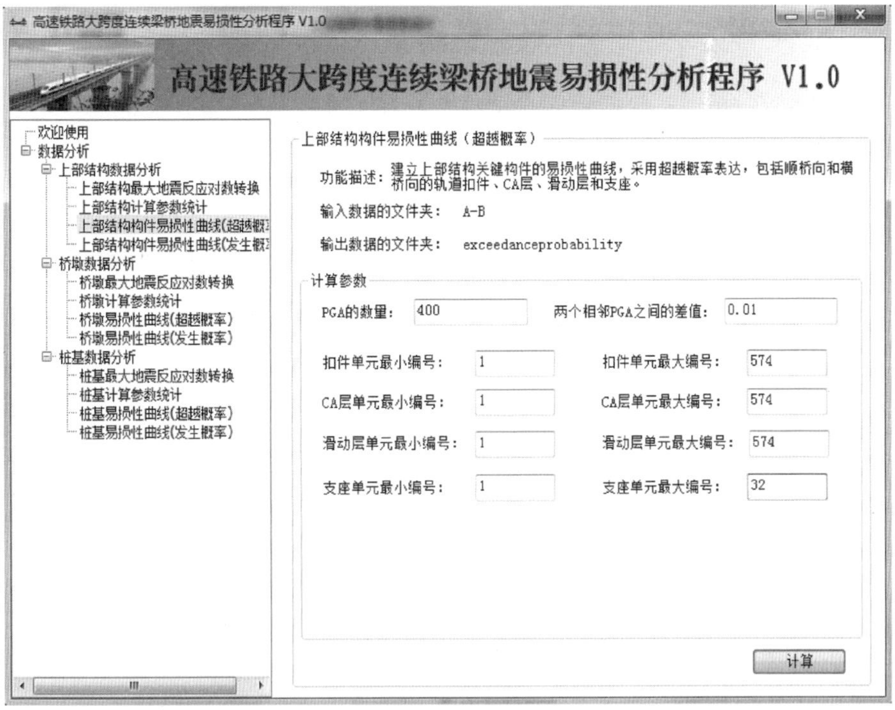

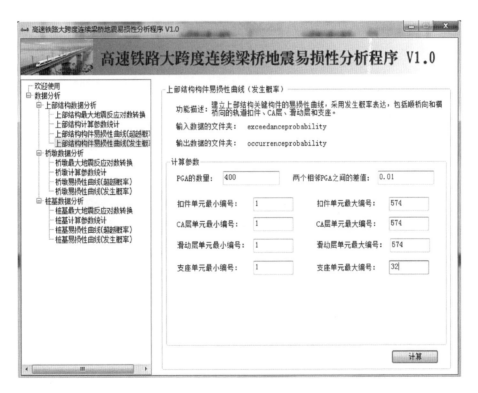

图 26　易损性曲线（超越概率）

图 27　易损性曲线（发生概率）

　　选取合理的损伤指标参数，分别划分桩基础、桥墩、支座、滑动层、CA 砂浆层和钢轨扣件等关键构件的损伤状态。采用高速铁路大跨度连续梁桥地震易损性分析程序软件 V1.0，构造各构件的易损性曲线，并建立易损性数据库。该数据库具有一定的工程实用价值，可为高速铁路桥梁结构的抗震设计提供参考和依据。

5.4 高速铁路轨道—桥梁系统安全风险评估软件

提出了高速铁路轨道—桥梁系统的地震危险性分析的概率模型，基于地震烈度危险性曲线，建立了不同设计基准期间的超越概率换算与地震烈度发生概率计算方法。

编写了高速铁路大跨度连续梁桥地震失效风险评估程序软件 V1.0，针对采用 CRTS II 型板式无砟轨道的高速铁路桥梁的易损性分析结果，依次进行上部结构、桥墩、桩基等各关键构件的以下计算：

① 损伤概率计算；

② 各单元损失费用计算。

最后进行汇总，完成：

① 结构各构件组损失费用计算；

② 结构总损失费用计算。

图 28　选择工作目录

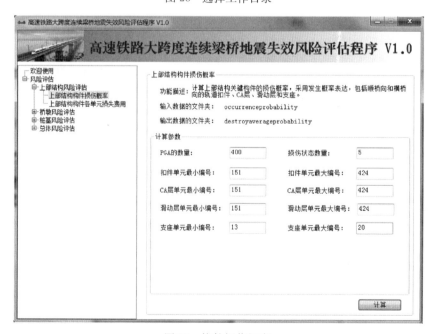

图 29　构件损伤概率

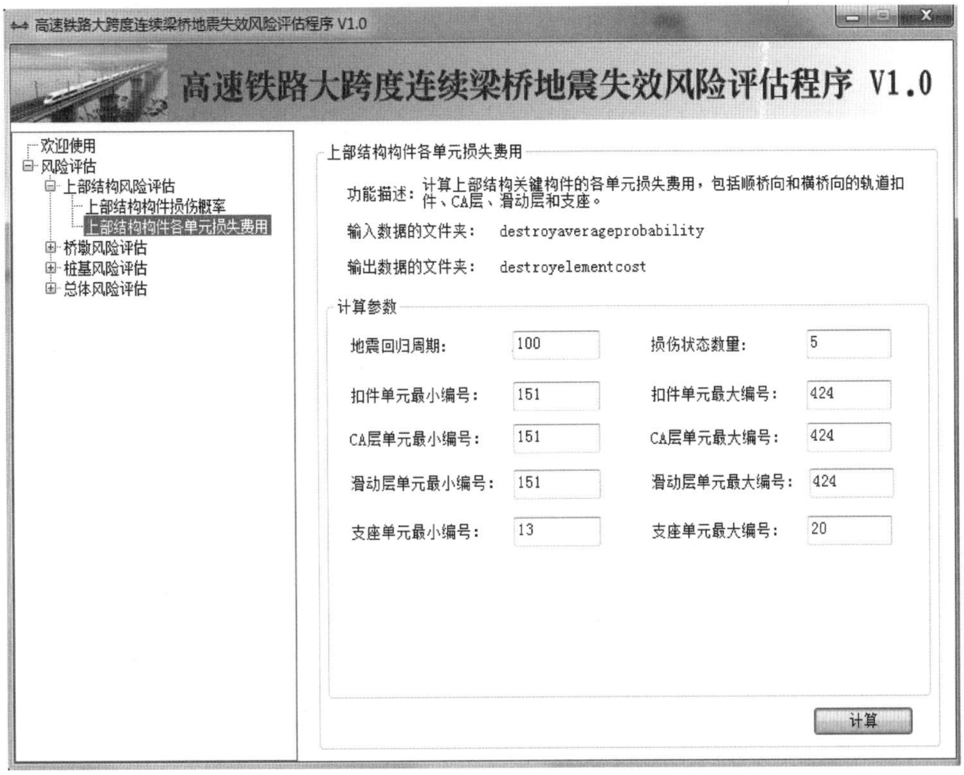

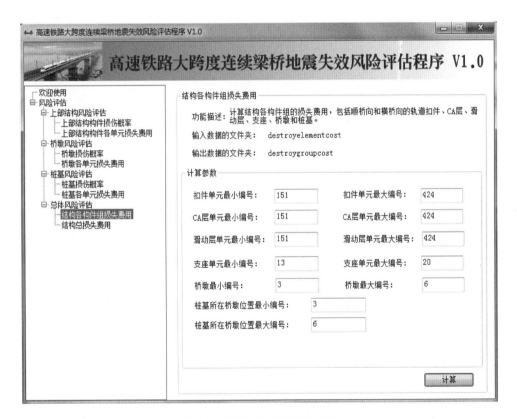

图 30　构件各单元损失费用

图 31　结构各构件组损失费用

　　本程序可以在较短的时间内完成庞大数据的处理工作，对高速铁路桥梁的地震失效风险进行合理评估。

图 32　结构总损失费用

5.5　高速铁路桥梁地震防落梁技术

研发了新型防落梁缆索，安装方便，性能可靠。

根据国内外调研和分析，确定采用纵、横向钢绞线缆索体系作为连续梁桥的主要防落梁构造。缆索系统主要部件包括：缆索与主梁、墩身的具体锚固构造，钢绞线缆索。

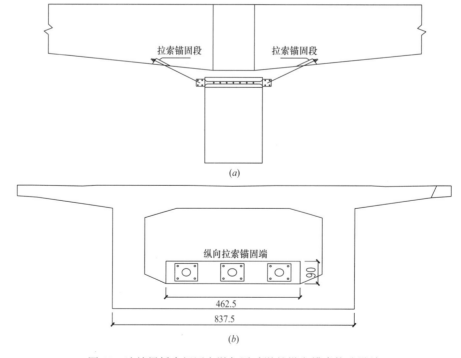

图 33　连续梁桥中间固定墩与活动墩的纵向缆索构造设计

（a）连续梁桥中间固定墩与活动墩的纵向拉索布置图；（b）纵向拉索梁体锚固端布置图

纵向缆索防落梁构造设计基本思路为：在箱梁梁体内浇筑 C50 混凝土拉索锚固楔形齿块、在墩身混凝土浇筑前提前预埋钢锚拉板及 φ10 横向钢筋，纵向单侧布置 3 根预应力钢筋缆索（具体布置根数应根据实桥抗震分析结果、结构设计特点、缆索型号等确定），将缆索分别在箱梁梁体和墩顶锚拉板相应部位锚固。其中，φ10 横向钢筋的作用是加强钢锚拉板与混凝土之间的约束作用。

横向缆索防落梁装置每侧共布置 3 根缆索，缆索两端分别锚固于箱梁侧边、墩顶混凝土内锚垫板位置。

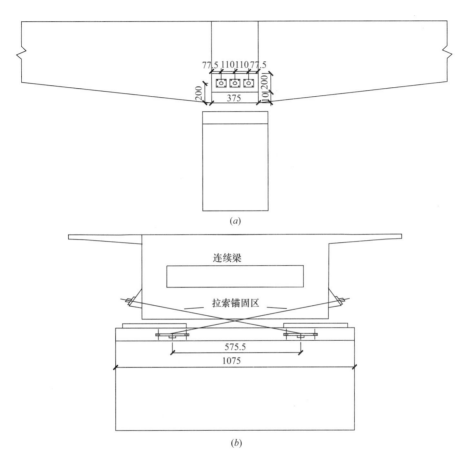

图 34　连续梁中间固定墩和活动墩的横向缆索构造设计
（a）横向拉索布置正面图；（b）横向拉索布置侧视图

针对上述连续梁防落梁缆索系统构造，在实际应用于工程前详细对比缆索固定端的各种细部构造措施，如弹簧、缓冲垫、缓冲橡胶等的构造和布置。

开展了振动台试验验证，安装和替换方便，以最低代价实现了支座部位力与相对位移的合理平衡，减隔震性能优越。

5.6　高速铁路轨道—桥梁体系减隔振技术

研发了新型圆锥面摩擦隔振技术，具有提离稳定性、很强自复位能力、可规避近场地震共振风险、更大初始刚度等优势。

该系统与传统隔振技术相比，具有能避免近场地震类共振效应、竖向防提离、更大微振下的稳定性等特点。经过数值模拟表明，在某些近场地震作用下，该圆锥面隔振系统比传统隔振技术能获得更好的结构动力反应控制。

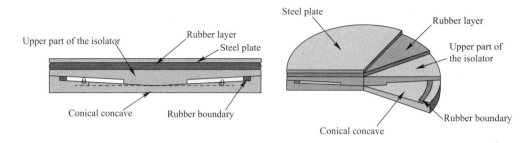

图 35　圆锥面摩擦隔振系统示意图

另外，发明了其他构造措施 30 余项，已获专利 10 余项。

6　结论

（1）研发了地震作用下高速铁路轨道—桥梁系统成套实验装备及其实验技术，揭示了地震作用下高速铁路轨道—桥梁系统各组成部件及系统的动力性能演化规律。

（2）提出了高速铁路轨道—桥梁系统的"两状态三水准"的抗震设防准则，发展了基于桥上行车安全性能的抗震设计方法。

（3）提出了基于易损性和风险评估的地震作用下高速铁路轨道—桥梁系统安全评估方法，研发了可规避近场地震共振风险的减隔震技术。

参考文献

[1]　Diana G., Cheli F. Dynamic interaction of railway systems with large bridges. Vehicle System Dynamics，1989，18 (1)：71-106.

[2]　Miyamoto, A., and Yabe, A. Bridge condition assessment based on vibration responses of passenger vehicle, 9th International Conference on Damage Assessment of Structures，Yamaguchi University，Ube，Japan，11-13，2011.

[3]　Yang Y. B., Yau J. D. Vehicle-bridge interaction element for dynamic analysis. Journal of Structural Engineering，1997，123 (11)：1512-1518.

[4]　Xia H., Han Y., Zhang N., et al. Dynamic analysis of train-bridge system subjected to non-uniform seismic excitations. Earthquake Engineering & Structural Dynamics，2010，35 (12)：1563-1579.

[5]　时瑾，姚忠达，王英杰. 轨道梁在磁浮列车以共振速度通过时动力响应分析. 工程力学，2012，29 (12)：196-203.

[6]　Fryba L. A rough assessment of railway bridges for high speed trains. Engineering Structures，2001，23 (5)：548-556.

[7]　Konstantakopoulos T. G., Raftoyiannis I. G., Michaltsos G. T. Suspended bridges subjected to earthquake and moving loads. Engineering Structures，2012，45 (2284)：223-237.

[8]　Chen L. K., Jiang L. Z., et al. The Seismic response of high-speed railway bridges subjected to near-fault forward directivity ground motions using a vehicle-track-bridge element. Shock and Vibration，2014，21 (1)：985-602.

[9]　Luo X, Miyamoto T. Method for running safety assessment of railway vehicles against structural vibration displacement during earthquakes, Qr of Rtri，2007，48 (3)：129-135.

[10]　윤지홍, 최권영, 정원석 PSC BOX 철도교의지진시이동하중해석을통한열차운행기준에대한분석[J]. 한국철도학회. 2012년도 정기총회 및 추계학술대회，2012，26 (2)：1175-1181.

[11]　Zeng Q., Dimitrakopoulos E. G. Seismic response analysis of an interacting curved bridge-train system under frequent earthquakes. Earthquake Engineering & Structural Dynamics，2016，45 (7)：1129-1148.

[12] Montenegro P. A., Calcada R., Vila Pouca N, et al. Running safety assessment of trains moving over bridges subjected to moderate earthquakes. Earthquake Engineering & Structural Dynamics, 2016, 45 (3): 483-504.

[13] Yu Z. W., Mao J. F. Probability analysis of train-track-bridge interactions using a random wheel/rail contact model. Engineering Structures, 2017, 144: 120-138.

[14] Mao J. F., Yu Z. W., Xiao Y. J., Jin C., Bai Y. Random dynamic analysis of a train-bridge coupled system involving random system parameters based on probability density evolution method. Probabilist Eng Mech, 2016, 46: 48-61.

[15] Li C. Q., Jiang L. Z. Explicit concomitance of implicit method to solve vibration equation. Earthquake Engineering and Engineering Vibration, 2012, 11 (2): 269-272.

[16] 李小珍，张黎明，张洁. 公路桥梁与车辆耦合振动研究现状与发展趋势. 工程力学，2008，25 (3): 230-240.

[17] 晋智斌，强士中，李小珍. 高速列车-桥梁竖向随机振动的时域分析方法. 地震工程与工程振动，2008，28 (3): 110-115.

[18] Wei B., Wang P., He X. H., Jiang L. Z. Seismic response of spring-damper-rolling systems with concave friction distribution. Earthquakes and Structures, 2016, 11 (1): 25-43.

[19] 周福霖. 工程结构减震控制. 地震出版社，1997.

桁架桥上移动高速列车气动特性的
风洞试验与行车安全控制

李小珍[1]，王　铭[1]，沙海庆[1]，肖　军[1,2]

（1. 西南交通大学桥梁工程系，成都　610031；2. 重庆交通大学土木工程学院，重庆　400074）

摘　要： 新中国成立特别是改革开放30年来，我国高速铁路得到飞速发展，预计到2020年，铁路网规模将达到15万公里，其中高铁3万公里。与此同时，高速铁路运行逐渐向更大跨桥梁发展，使得复杂风环境下高速铁路列车气动特性及行车安全性成为研究必然。基于以往高速列车气动特性的研究，通过研制开发的桁架桥上移动高速列车试验测试系统，开展了侧风下移动列车的气动力测试。该测试系统以沪通长江大桥为工程背景，设计了缩尺比为1∶30的钢桁梁和CRH3列车模型，采用伺候电机驱动，可实现列车模型的双向加减速，试验模型最大运行速度为15m/s；列车模型气动力采用Mini40无线测力天平进行实时采集。通过风洞试验测试，具体分析了静、动态列车气动特性差异及桁架桥对高速移动列车的气动遮蔽效应。同时，根据车桥耦合振动分析理论，运用自行研制的风-车-线-桥动力分析软件WTTBDAS，对沪通铁路长江大桥开展了风—车—线—桥空间耦合振动分析，并提出沪通铁路长江大桥桥上高速列车安全行车的预报风速与封闭风速。

关键词： 气动特性；风洞试验；桁架桥；高速列车；行车安全性

1　引言

　　高速铁路从大规模设计建造阶段转向大规模长期稳定运营阶段，如何保证大规模高速铁路的安全可靠是当前研究的重点方向。高速铁路的突出特点是大的长细比的列车在桥梁和地面上高速运行，所引起的空气动力学问题和车（线）桥耦合动力学问题十分复杂。同时，高速列车的运行环境也越来越恶劣，经常运行于大跨度跨江跨河桥梁、山区峡谷、高路堤、戈壁等风环境复杂多变的地区，在高速运行时会形成复杂的、强非线性的三维粘性绕流流动，其绕流流场和气动特性将发生剧烈变化，轮轨动力学性能亦随之改变，使列车的运行安全受到影响，产生所谓的高速列车横风效应。这一效应引起的横向气动力和气动力矩不仅可能使列车产生共振，导致车辆结构的疲劳破坏，而且还会使列车的轮轨动力学性能发生急剧变化，有可能造成列车横摆超限、脱轨等严重后果。如果不能科学地防范和应对强横风作用下高速列车的行车安全性，将造成重大的经济损失和人员伤亡[1]。

1.1　高速列车气动特性研究方法

　　为评估列车在侧风作用下的安全性，通常的作法是采用无量纲的气动力系数作为列车的气动特性，

作者简介：李小珍，西南交通大学桥梁工程系教授，博士生导师，桥梁工程系副主任。
　　　　　王　铭，西南交通大学桥梁工程系博士研究生。
　　　　　沙海庆，西南交通大学桥梁工程系硕士研究生。
　　　　　肖　军，西南交通大学桥梁工程系博士研究生。
电子邮箱：xzhli@swjtu.edu.cn
基金项目：国家自然科学基金项目（U1434205、51708465）；国家重点基础研究发展计划（973）项目（2013CB036301）

并在车-桥耦合系统中予以考虑[2]。而对于此类气动力系数的获取方法通常归纳为以下三种：全尺寸模型试验、缩尺模型风洞试验和CFD数值模拟等。

实车试验具有较为理想的可靠性，因为它反映了列车在大气环境中真实的运动状态。以田红旗[3]为代表的中南大学轨道交通安全研究团队开展了一系列列车交会、列车通过隧道时的现场试验，研究了列车空气动力特性对行车安全、乘坐舒适性以及周边环境的影响，研究成果已应用于铁路建设的复线间距确定、新型列车研制、与空气动力效应有关的隧道设计等诸多实际工程。

风洞实验以流体力学的基本理论为基础，利用相对运动和流动相似原理，将研究物体的缩尺模型放置在风洞中，研究气流及其与模型之间的相互作用，以了解实际结构的气动性能的一种实验方法。目前，风洞实验在空气动力学的研究、各种飞行器的研制方面，以及在工业空气动力学和其他同气流或风有关的领域中都有广泛应用，其也是研究高速列车空气动力性能的主要手段。在国内，西南交通大学和中南大学较早进行列车空气动力学特性的实验研究。周丹[4]等通过风洞试验，对列车在强横风下运行时的气动性能进行了测试分析，认为列车上的横向力系数和倾覆力矩系数的绝对值随侧滑角的增加而迅速增大。田红旗[5]采用风洞试验方法研究大风环境下列车的空气阻力特性，得到了风速、风向、列车速度与列车空气阻力之间的关系式。

最近几年，随着计算机技术的飞速发展，CFD（Computational Fluid Dynamics）已经成了研究列车气动性能的一种重要方法，其以流体力学作为基本理论，利用计算机仿真技术模拟高速列车气动绕流的过程，与风洞试验相比，CFD方法的试验周期短、成本低，可以显示列车绕流的流场特征，通过列车周围流场结构的变化来优化列车的空气动力学性能，评价列车的行车安全性。如郗艳红等[6]基于三维定常可压缩流动的N-S方程，采用SST k-ω两方程湍流模型和有限体积法，对某型高速列车以350km/h的速度在25m/s侧风环境中运行的流场结构和气动力进行了数值模拟计算，分析了不同风向角的侧风对列车全车、受电弓、转向架和风挡等局部区域的作用。

1.2 复杂风环境下高速列车气动特性研究现状

在高速运行状态下，列车的气动环境在时间尺度和空间尺度上都有显著的变化，当结合到桥梁及桥塔等遮蔽物时，由这些外部结构物引起的气动绕流会使得上述变化更为复杂，反映到列车上则会引起列车气动力的一系列变化，从而影响到列车的运营稳定性。随着高速列车在更多、更大跨度基础结构物上的运行，如桥梁结构，使得由此产生的复杂风环境下高速列车的气动特性研究成为当前的热点问题。汪斌[7]采用动网格技术研究了横风作用下列车通过桥塔区域过程中的气动性能，并与静态结果进行对比，研究结果表明采用静态计算的气动力偏小，同时由于桥塔的遮挡效应。作用在列车上的气动力会发生突变；郑史雄[8]采用CFD数值模拟和大节段缩尺模型风洞试验研究了横向风作用下桥塔附近风场突变对车辆风荷载的影响，计算分析桥塔区域流场分布，获取不同风偏角下，列车沿不同位置轨道进出桥塔影响区域过程中的气动参数变化规律；邱晓为等[9]对桥上列车交会过程中车辆气动力进行了测试与分析，结果表明，双车交会时，背风侧运动车辆气动力系数具有明显的突变趋势。

考虑到数值模拟在复杂的车-桥系统气动特性分析方面具有较大的模拟难度及全尺度模型费用高且存在环境风控制问题，缩尺模型风洞试验依然是目前列车气动测试的主要措施。已有的多数风洞试验研究多采用静止的节段模型[10-12]，获取列车和桥梁组合下的静止列车的气动力系数。采用静止列车模型代替移动列车只是一种近似的模拟方法，对基础结构较为简单的情况适用，但对复杂结构形式而言，不能准确模拟列车与结构之间真实的相对运动，会引起列车边界层及列车和桥梁结构风向角差异两方面的问题[1,13]。对此，李永乐，汪斌等[14]对侧风作用下静、动态车-桥系统气动特性进行了数值模拟研究，对静态数值模拟数据与风洞试验数据进行了对比，分析了风速和车速对车-桥系统气动特性的影响；韩艳等[15]基于CFD数值仿真平台采用动网格技术模拟计算了横风作用下考虑车辆运动的车辆和桥梁气动特性，分析研究了风场的紊流特性、车辆的运动速度以及车桥的相互气动干扰对车辆和桥梁气动特性的影响。计算结果表明：车辆和桥梁的气动力特性受车辆的运动速度和车桥间的相互作用影响较大，风场的紊流特性对车辆和桥梁的气动力也有一定影响；在风洞试验方面，李永乐[16]便开发了一套移动列车试验系统，采用交叉滑槽系统分离车辆与桥梁，研究了车桥系统下移动列车的气动特性，结果表明，车桥相互气动作用对车辆和桥梁的气动力有较明显的影响。

1.3 风-车-桥耦合振动及行车安全控制研究现状

横风作用下，风-车-桥系统各部分的动力特性之间存在明显的耦合现象。自然风中，平均成分的作用会使桥梁产生静位移，脉动成分的作用会使桥梁发生抖振。当列车以一定速度通过此种情况下的桥梁时，桥梁的抖振会影响车桥耦合振动特性，而桥梁的静位移相当于改变了轨道不平顺，从而亦会影响车辆的振动。在侧向风作用下，车辆受到附加横向力和倾覆力矩的作用，车辆的振动特性会发生显著改变。因此需要建立风-车-线-桥系统耦合振动分析模型，根据桥址区风特性，数字模拟沿桥塔及主梁分布的随机脉动风速场，对不同风速、车速、车辆位置等工况下的风—车—线—桥系统进行耦合振动分析，评价各工况下系统的动力响应。

李小珍、强士中等[17]针对车桥耦合系统采用分离迭代求解方法，进行了大量的基础研究和工程应用；郭薇薇[18]建立了风荷载作用下的列车和大跨度桥梁系统动力相互作用分析模型，研究了桥梁在脉动风荷载和列车荷载同时作用下的振动特性，以及桥上列车受风荷载作用下运行的安全性和平稳性；刘德军[19]同时考虑了风、列车、轨道和桥梁之间的相互作用，提出了一种较为完善的风-车-线-桥系统耦合动力学分析模型；韩万水[20]将风、汽车、桥梁三者作为一个相互作用的系统，提出了风-汽车-桥梁系统空间耦合振动分析模型；王少钦、夏禾等[21]考虑桥梁结构的几何非线性因素，建立了风及列车荷载作用下大跨度桥梁的振动分析模型，并以某大跨度三拱连续钢桁梁桥为例，分析了脉动风及静风荷载的不同作用效应。

前文提到，高速铁路逐渐向更大跨的桥梁发展，其中最具代表性的便是以桁架结构为主的公铁两用大跨桥梁。桁架梁能够在横风作用下产生明显绕流，使得研究侧风下桁架梁上移动列车的气动特性成为必然。以往研究采用的移动列车风洞试验系统已不再适用如桁架梁这种复杂结构上移动列车的气动特性测试，亟需开发一套桁架桥上移动列车风洞试验测试系统，以分析侧风下桁架桥对高速移动气动特性的影响。本文基于以往列车风洞试验的研究工作，开发了一套桁架桥上移动高速列车的风洞试验测试系统，并依托沪通长江大桥，设计了缩尺比为1∶30的钢桁梁和CRH3列车模型系统，进行了侧风下高速移动列车的气动力测试，对静、动态列车气动特性和桁架桥遮蔽效应展开分析，并依托课题组里具有自主产权的风-车-线-桥耦合计算程序开展了大跨桥梁上移动列车的行车安全性评估。

2 桥上移动高速列车气动特性风洞试验系统研制

桁架桥上移动列车其动力测试在西南交通大学的风洞实验室 XNJD-3 内完成，该风洞实验室长宽高分别为 36.0m、22.5m 和 4.5m，是亚洲最大的边界层风洞实验室。研制的移动列车风洞模型试验系统由车辆模型、桥梁模型、牵引系统和数据采集系统组成，整个系统通过支架支撑于风洞底板上[22,23]。试验系统模型共计长 20.5m，高 1.57m，其中列车模型可运行距离达 19.5m，试验系统总体布置图如

图 1 所示。

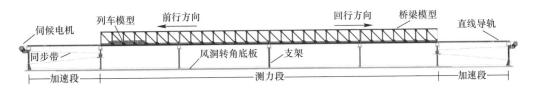

图 1　桥上移动列车风洞试验系统

车辆模型采用缩尺比为 1∶30 的 CRH3 简化模型，由头车、中车和尾车组成。由于列车在前进过程中会产生复杂的绕流结构，相比于中车和尾车而言，头车往往要承受更大的脉动气动力。本次试验为获取较为稳定的气动力以分析试验系统的稳定性及可靠性，特选取头车和尾车为气流过渡段模型，使得流经中车模型的气流趋于稳定，以此来获取中车模型的气动力。列车模型通过驱动系统的牵引可实现沿导轨做直线运行。

桥梁模型为沪通长江大桥主梁缩尺比模型，缩尺比与列车模型一致。考虑到桥梁模型在该测试系统中主要起到气动外形的作用，因此对桁架梁模型进行了相应的简化，只保留结构的主要构件。测试过程中，列车模型存在加、减速过程，试验测试要求测试列车模型匀速段的气动力，因此未在试验系统的两端，即加速段和减速段设置桥梁模型，如图 1 所示。此外，为增加该试验系统的适用性，桥梁模型和直线导轨做分离布置，二者同时支撑在支架上，从而使得本文中的桁架桥模型可以替换为其他桥型，实现不同桥梁结构形式下移动列车的气动力测试。

直线导轨两侧支架分别安装有用于驱动同步传送带运行的伺候电机和同步轮，同时为便于张紧同步传送带，装置选择在加、减速区段导轨下方安装张紧同步轮。同步传送带穿过直线导轨内部与安装列车模型的移动滑块、两侧的伺候电机、同步轮和张紧同步轮相连，形成闭环的同步带驱动系统，列车模型的运行速度由伺候电机控制完成。该驱动方式可实现短时间内加、减速，加减速时间各为 0.5s，模型在测力段可实现匀速运动。模型最大行驶速度可达 15m·s⁻¹，速度任意可调，双向驱动。同时，移动滑块通过图 2 中的偏心连接件与列车模型相连，使列车模型可跟随移动滑块作直线运动，同列车模型偏离导轨开口槽位置，可避免此处对侧风作用下列车的气动力产生不良影响[24]。

图 2　试验系统现场布置图

值得一提的是，该试验系统实现了试验数据的无线采集。测试系统选用 ATI 公司生产的 Mini40 无线测力天平组件（力和力矩测试精度分别为 1/50N 和 1/4000N·m），可以精确采集列车模型的各项气动力和力矩，经无线网络将数据实时地传输到远端计算机上。这种数据采集方式避免了传统有线测力天平带来的拖线问题，使该试验系统能够适用于类似于钢桁梁桥等上部结构复杂的桥梁下的高速列车气动力测试。

3 桁梁桥上移动高速列车气动特性风洞试验结果

3.1 试验结果分析方法

对移动模型试验系统而言，列车模型的高速运行将不可避免地对测试系统的性能和测试结构产生影响。为评估此测试系统的稳定性和有效地提取气动力，通过分析列车模型轴向力 F_z 的时程曲线，以此辨别多次测试结果的吻合程度及列车模型的运行状态。

图 3（a）中绘制了无侧风作用下，同一车速工况下三次试验测试结果。从图中不难看出，三次试验模型的轴向力吻合良好，随着模型移动状态的改变，轴向力都表现出了相同的变化趋势，即加速段、匀速段、减速段及停止运行时的自由振动。图 3（b）采用低通滤波的方式对轴向力时程曲线进行了处理，可以看到模型在匀速段，轴向力处于 0 值附近，说明在此段列车模型可以保持良好的匀速行驶状态，以确保获取有效的列车气动力。对本次试验获得的各项气动力，统一采用 10Hz 的低通滤波处理。

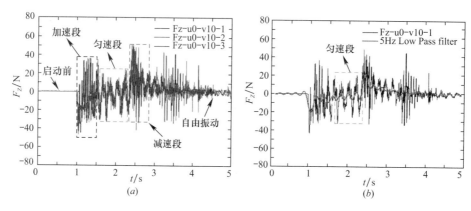

图 3 系统稳定性测试

（a）系统重复性测试；（b）时程曲线滤波

3.2 气动参数定义

在进行高速列车侧风安全性分析时，首先要确定列车的侧向阻力系数、升力系数和侧翻力矩系数随偏航角的变化关系，然后引入到车-桥系统中进行耦合动力分析。此处，我们采用无量纲的气动力系数予以表达，在体轴坐标系下静力三分力系数定义如下：

$$C_S = F_y \Big/ \left(\frac{1}{2} \rho V_{res}^2 A \right)$$

$$C_L = F_x \Big/ \left(\frac{1}{2} \rho V_{res}^2 A \right) \tag{1}$$

$$C_R = M_z \Big/ \left(\frac{1}{2} \rho V_{res}^2 A h \right)$$

其中：C_S，C_L，C_R 分别为列车模型的阻力系数、升力系数和力矩系数；A 和 h 分别为列车中车模型的侧面积和高度；F_y，F_x，M_z 分别为列车模型的侧向阻力、升力和力矩；ρ 代表空气密度；V_{res} 是合成风速，如图 4 所示。来流风为风向角 α、风速 V_w 的横风；合成风 V_{res} 与列车运行方向的夹角定义为偏航角 β。

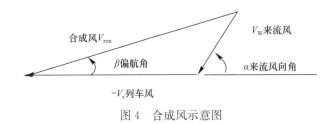

图 4　合成风示意图

3.3　静、动态列车气动特性

为对比静、动态列车模型在模拟复杂风环境下移动列车气动特性方面的差异，试验分别针对静止、移动模型进行了移动列车的气动力测试，如图 5 所示。图中绘制了两种模型下测试获得的列车气动力系数随偏航角的变化规律。在偏航角小于 60° 时，移动模型测试所得列车的侧向阻力系数要小于静止模型测试的结果，而后其取值有所增加，要大于同偏航角度下静止模型测试结果；对升力系数而言，采用移动模型测试结果要明显大于静止模型测试的结果，尤其当偏航角大于 60° 时，这种差异更为明显；对力矩系数而言，采用移动模型测试的结果要大于静止模型测试的结果。从总体上看，动静模型在模拟列车气动力方面存在较为明显的差异。一方面是由于桥梁结构在不同风向角下对列车遮蔽效应的差异所致；另一方面列车的移动会引起列车底部气流的变化，从而引起升力的变化。

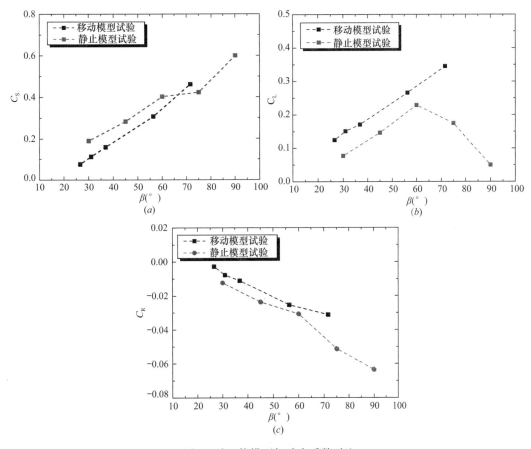

图 5　动、静模型气动力系数对比

（a）侧向阻力系数；（b）升力系数；（c）力矩系数

3.4　桁架桥遮蔽效应

桥梁结构对移动列车存在明显的气动遮蔽效应，尤其考虑到列车由无桥区进入有桥区时，这种遮蔽效应更为明显。图6绘制了各级风速下，列车模型由无桥区以前行方向进入有桥区时，列车气动力系数变化值随偏航角的变化规律。图中 ΔC_S、ΔC_L、ΔC_R 分别代表列车由无桥区进入有桥区时的阻力系数变化值、升力系数变化值和力矩系数变化值。

移动列车由无桥区进入有桥区时，列车的阻力系数、升力系数和力矩系数变化值随偏航角的增大而增大，即当偏航角增大时，钢桁梁对移动列车的气动遮蔽效应表现得更为明显。

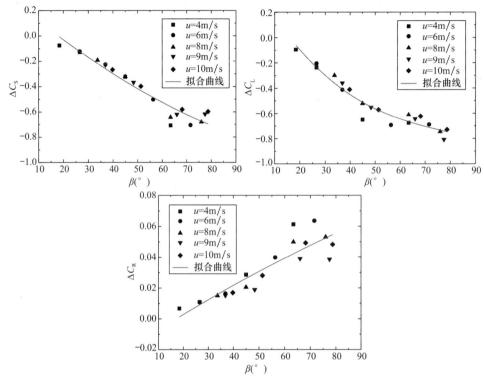

图6 钢桁梁对移动列车气动力系数的遮蔽效应

4 桥上移动高速列车行车安全控制

4.1 风—车—线—桥耦合振动仿真分析

根据车桥耦合振动分析理论，运用西南交通大学桥梁结构振动研究室自行研制的风-车-线-桥动力分析软件 WTTBDAS，以沪通铁路长江大桥为工程背景，采用空间有限元建立全桥动力分析模型，如图7所示，对桥梁的空间自振特性进行了计算，同时借助于风—车—线—桥振动分析手段，对该桥客运专线单线高速列车作用下的风—车—线—桥空间耦合振动进行了分析。

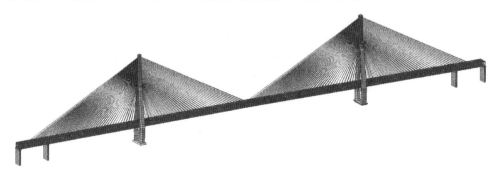

图7 沪通铁路大桥全桥有限元模型

图 8、图 9 示出了 CRH3 在不同风速下，以车速 250km/h 通过桥梁时主跨跨中响应的时程曲线。总体而言，桥梁典型截面处横向、竖向及扭转响应总体上随车速和风速的增大而增大，但都满足评价指标。

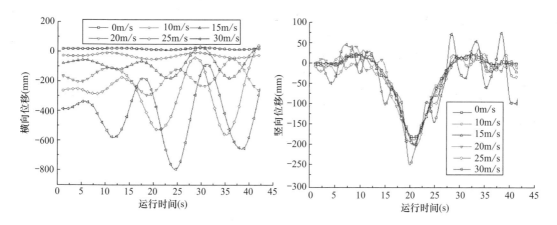

图 8　不同风速下桥梁中桁下弦跨中横向、竖向位移时程曲线

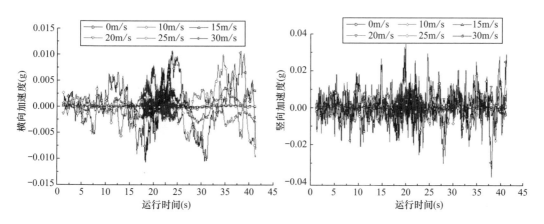

图 9　不同风速下中桁下弦跨中横向、竖向加速度时程曲线

对列车动力响应而言，车辆响应随车速和风速的增加而增大，但桥面平均风速达到 20m/s 后，车辆的安全性和舒适性主要由风控制。图 10、图 11 分别示出了风速为 20m/s 时，CRH3 以车速 250km/h 通过桥梁时动车、拖车的脱轨系数和倾覆系数时程曲线。

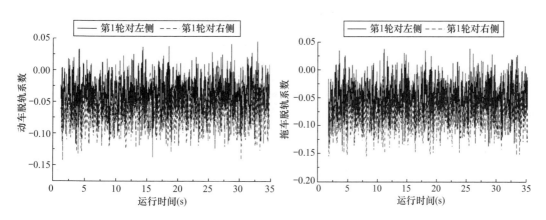

图 10　风速 20m/s、CRH3 单线行车时脱轨系数时程曲线（车速 250km/h）

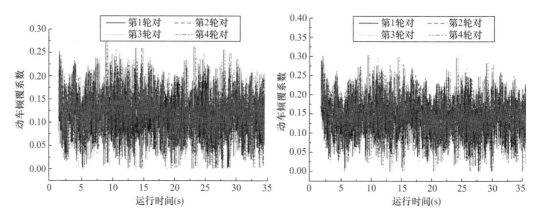

图 11　风速 20m/s、CRH3 单线行车时倾覆系数时程曲线（车速 250km/h）

4.2　风速（车速）阈值的确定

根据横风作用下车辆和桥梁的动力响应仿真结果，采用相应的评价指标，确定不同列车及车速的风速阈值分布曲线，总结出保证桥上列车运行安全性和平稳性的风速-车速包络曲线，在此基础上提出沪通铁路长江大桥桥上高速列车安全行车的预报风速与封闭风速。

具体而言，保证列车运行安全性和乘坐舒适性的风速阈值确定步骤如下：

（1）保持桥面风速不变，列车在这一恒定风速作用下以不同速度通过桥梁，计算车辆的各项运行安全性指标（主要包括车辆脱轨系数、轮重减载率、倾覆系数、轮轴横向力、车体加速度、舒适度/平稳性等），直至有某一项指标超出规范要求。将此时的车速作为该风速下保证列车在桥上运行安全的临界车速。

（2）依次增大或减小桥面平均风速的数值，对于每一平均风速均按上述方法计算保证列车在桥上运行安全的临界车速。根据不同风速下的临界车速即能得到桥面风速和车速阈值之间的对应关系。其分析流程如图 12 所示。

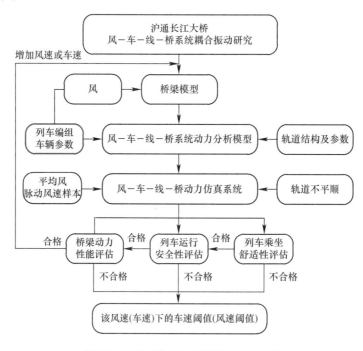

图 12　风速（车速）阈值确定分析流程

根据前述计算分析结果及相应的评价指标，得到平均风速及瞬时风速下单车运行时的风速标准和车速标准，如表 1 所示。

单线行车时风速（车速）阈值   表 1

列车位置	平均风速	瞬时风速	车速
客运专线侧	$U{\leqslant}20\text{m/s}$	$U{\leqslant}24.6\text{m/s}$	设计车速 250km/h
	$20{<}U{\leqslant}22.5\text{m/s}$	$24.6{<}U{\leqslant}27.68\text{m/s}$	${\leqslant}225\text{km/h}$
	$22.5{<}U{\leqslant}25\text{m/s}$	$27.68{<}U{\leqslant}30.75\text{m/s}$	${\leqslant}200\text{km/h}$
	$25{<}U{\leqslant}27.5\text{m/s}$	$30.75{<}U{\leqslant}33.83\text{m/s}$	${\leqslant}180\text{km/h}$
	$27.5{<}U{\leqslant}30\text{m/s}$	$33.83{<}U{\leqslant}36.9\text{m/s}$	${\leqslant}160\text{km/h}$
	$U{>}30\text{m/s}$	$U{>}36.9\text{m/s}$	封闭

5 结语

本文探讨了复杂风环境下高速移动列车的气动特性，研制了桥上移动列车风洞试验系统，结合风洞试验开展了桁架桥上移动列车气动特性研究，并结合实际工程对沪通铁路长江大桥开展了行车安全性分析，结论如下：

（1）研发的桥上移动列车风洞试验测试系统具有良好的测试稳定性，配合伺候驱动及无线数据采集，测试系统可实现复杂风环境下高速移动列车的气动力测试，列车最大运行速度可达 15m/s；

（2）静、动态列车模型在测试复杂风环境下的移动列车气动特性上存有明显差异，因此，对类似桁架桥上高速列车气动力测试，宜采用移动列车模型进行模拟分析；

（3）桁架桥对高速列车具有明显的气动遮蔽效应，侧风作用下，随偏航角的增大，列车由无桥区进入有桥区时气动力系数变化增大；

（4）对沪通长江大桥开展了风-车-桥耦合动力分析，确定了客运专线列车的风速（车速）阈值。

参考文献

［1］ Joseph A S，胡宗民，张德良，等. 高速列车空气动力学. 力学进展，2003，33（3）：404-423.

［2］ 刘德军，李小珍，马松华，等. 沪通长江大桥主航道桥风-车-轨-桥耦合振动研究. 桥梁建设，2015，45（6）：24-29.

［3］ 刘堂红，田红旗，金学松. 隧道空气动力学实车试验研究. 空气动力学学报，2008（01）：42-46.

［4］ 周丹，田红旗，杨明智，等. 强侧风作用下不同类型铁路货车在青藏线路堤上运行时的气动性能比较. 铁道学报，2007，（05）：32-36.

［5］ 周丹，田红旗，鲁寨军. 大风对路堤上运行的客运列车气动性能的影响. 交通运输工程学报，2007，（04）：6-9.

［6］ 郗艳红，毛军，李明高，等. 高速列车侧风效应的数值模拟. 北京交通大学学报，2010，（01）：14-19.

［7］ Wang B，Xu Y L，Zhu L D，Li Y L. Crosswind effect studies on road vehicle passing by bridge tower using computational fluid dynamics. Journey of Engineering Applications of Computational Fluid Mechanics，2014，8（3）：330-344.

［8］ 郑史雄，袁达平，张向旭，等. 大跨桥梁桥塔遮风效应对列车气动参数的影响研究. 桥梁建设，2016，46（03）：63-68.

［9］ 邱晓为，李小珍，沙海庆，等. 钢桁梁桥上列车双车交会气动特性风洞试验. 中国公路学报，2018，31（07）：76-83.

[10] 周立，葛耀君. 上海长江大桥节段模型气动三分力试验. 中国公路学报，2007，20（5）：48-53.

[11] 韩艳，胡揭玄，蔡春声，等. 横风下车桥系统气动特性的风洞试验研究. 振动工程学报，2014，27（1）：67-74.

[12] 邹云峰，何旭辉，辉郭向，等. 横风下流线箱型桥-轨道交通车辆气动干扰风洞实验研究. 振动与冲击，2017，36（5）：95-101.

[13] 王铭，李小珍，沙海庆，等. 侧风下钢桁梁对移动高速列车气动特性影响的风洞试验. 中国公路学报，2018，31（07）：84-91.

[14] 李永乐，汪斌，徐幼麟，等. 侧风作用下静动态车-桥系统气动特性数值模拟研究. 土木工程学报. 2011（S1）：87-94.

[15] 韩艳，胡揭玄，蔡春声，等. 横风作用下考虑车辆运动的车桥系统气动特性的数值模拟研究. 工程力学，2013，30（02）：318-325.

[16] 李永乐，廖海黎，强士中. 车桥系统气动特性的节段模型风洞试验研究. 铁道学报，2004（03）：71-75.

[17] 李小珍. 高速铁路列车-桥梁系统耦合振动理论及应用研究. 西南交通大学，2000.

[18] 郭薇薇. 风荷载作用下大跨度桥梁的动力响应及行车安全性分析. 北京交通大学，2004.

[19] 刘德军. 风—列车—线路—桥梁系统耦合振动研究. 西南交通大学，2010.

[20] 韩万水，陈艾荣. 风-汽车-桥梁系统空间耦合振动研究. 土木工程学报，2007（09）：53-58.

[21] 王少钦，夏禾，郭薇薇，等. 考虑桥梁几何非线性的风-车-桥耦合振动分析. 工程力学，2013（04）：122-128.

[22] Wang M，Li X Z，Xiao J，et al. An experimental analysis of the aerodynamic characteristics of a high-speed train on a bridge under crosswinds. Journal of Wind Engineering & Industrial Aerodynamics，2018，177：92-100.

[23] Li X Z，Wang M，Xiao J，et al. Experimental study on aerodynamic characteristics of high-speed train on a truss bridge：A moving model test. Journal of Wind Engineering & Industrial Aerodynamics，2018，179：26-38.

[24] Baker C. J. Train aerodynamic forces and moments from moving model experiments. Journal of Wind Engineering and Industrial Aerodynamics，1986，24（3）：227-251.